흔히 인류가 두 발로 서게 되면서 얻게 된 행운은 두 손이 자유로워지며 도구를 쓸 수 있게 된 것이라 이야기한다. 하지만 진짜 중요한 행운은 따로 있었다. 허리가 세워진 덕분에 우리는 고개만 살짝 들어 올려도 밤하늘, 즉 우주를 만끽할 수 있는 존재가 되었다. 하루하루 맹수로부터 도망치며 허기를 달래기 위해 살아갔던 지구적인 존재는 고개를 들어 올린 순간, 순식간에 우주적인 존재가 되었다.

호모 사피엔스의 척추가 세워지고 눈동자에 수백수천 광년을 날아온 빛이 담기기까지의 모든 역사가 이 한 권 안에 자세히 담겨 있다. 부디 다른 동물들이 이 책을 훔쳐보지 않기를 바란다. 호모 사피엔스가 쟁쟁한 유인원 종들과의 경쟁에서 어떻게 살아남아 이 행성의 지배종으로 자리 잡을 수 있었는지 그 모든 비밀이 적나라하게 적혀 있기 때문이다. 말 그대로 밤하늘에 숨겨 놓았던 인류의 비밀을 천기누설하는 책이다.

_지웅배(우주먼지)

우리는 별에서 시작되었다

일러두기

- 본문의 각주는 옮긴이의 보충 설명입니다.
- 본문의 위 첨자는 저자의 주를 표시한 것입니다.
  자세한 내용은 부록에서 확인할 수 있습니다.
- 인명, 지명 등 외래어는 국립국어원의 표기법을 따랐으나
  해당되지 않는 경우 실제 발음에 가깝게 표기했습니다.
- 국내에 출간되지 않은 외서의 경우,
  책 제목 뒤에 한글 가제를 붙였습니다.

STARBORN

우리는
별에서 시작되었다

문명의 탄생부터 과학의 진보까지

로베르토 트로타 지음
김주희 옮김 | 지웅배 감수

와이즈베리
WISEBERRY

엘리사, 벤저민, 에마에게.
위에서 그러하듯 아래에서도 그러하리라.

오, 영원한 별들이여. 네 마음을 가르쳐다오!
별은 매일 밤 고대의 하늘을 오르며
우주에 그늘도 상처도 남기지 않고
노화를 드러내거나 죽음을 두려워하지도 않는다네.

— 랠프 월도 에머슨Ralph Waldo Emerson,
〈Fragments on Nature and Life자연과 삶에 대한 단상〉 중
〈Nature자연〉

차례

프롤로그

1. 창백한 푸른 점

2. 잃어버린 하늘

3. 구름 아래의 생명

7. 아름다움과 질서로부터

8. 악마가 풀려나다

9. 우리 자신을 비추는 거울

10. 별을 다시 바라볼 시간

에필로그

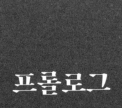

프롤로그

지금도 유성을 기억하는가?
재빠른 말처럼 장애물을 뛰어넘어
하늘을 가로지르던 그때
우리가 빌었던 소원을… 지금도 기억하는가?

— 라이너 마리아 릴케Rainer Maria Rilke,

〈falling star유성〉

내 인생을 바꾼 밤

내 인생을 바꾼 밤은 그리 대단하지 않은 상황에서 시작됐다.

그날 관람한 연극은 희극으로, 세 남자가 서로의 약혼자를 임신시킨 사실을 숨기고 결혼하려 한다는 내용이었다. 낭만과는 거리가 먼 연극이었지만, 학생이었던 나에게는 빨간색 벨벳으로 덮인 계단식 좌석의 극장이 고급스러운 데이트 장소로 느껴졌다.

우리가 함께 외출한 것은 이번이 처음은 아니었다. 우리는 가을밤이 깊어질 때까지 걷고 이야기하며 서로의 곁에 있음을 기뻐했다. 둘 사이의 신비로운 공명은 별에 불붙일 불꽃을 기다리는 행성 상성운 planetary nebula 같았다. 우리는 사랑에 빠졌다.

11월의 그날 저녁, 우리는 서로를 곁눈질하느라 무대에 거의 집중하지 못했다. 연극은 마치 먼 은하에서 펼쳐지는 듯했다. 벨벳 팔걸이 위에서 손이 닿았고, 그녀의 우아한 손가락은 새로운 영역을 탐험하는 작은 동물처럼 조심스럽게 움직였다. 연극이 끝났을 때, 그녀의 장난기 어린 미소는 그녀 또한 손끝으로 전해진 전류 이외에 기억나는 것은 없음을 드러냈다.

이후 강 쪽으로 향하던 우리는 발걸음을 멈추고 어둠 속에서 흐르는 강물에 생각을 실어 보냈다. 달이 뜨지 않아 별이 쏟아지는 듯 반짝이는 밤하늘을 배경으로 종이를 오려서 만든 것처럼 보이는 산이 솟아 있었다. 우리 두 사람은 수십억 년의 세월이 쌓여 만들어진 무대 위의 유일한 등장인물이었다.

그녀의 베레모 위로 오리온자리^{Orion}가 어두컴컴한 산봉우리 사이를 맴돌았다. 나는 그녀의 어깨를 잡고 부드럽게 돌리며 그 거인의 윤곽을 가리켰다. 거인의 오른쪽 어깨에는 주황색으로 빛나는 별 베텔게우스^{Betelgeuse}가, 왼쪽 발에는 파란빛을 내뿜는 리겔^{Rigel}이 있었다. 거인의 허리띠는 민타카^{Mintaka}, 알닐람^{Alnilam}, 알니타크^{Alnitak}로 이뤄져 있고, 거기에는 별로 만든 검이 걸려 있었다. 검을 장식하는 오리온성운^{Orion nebula}은 지구로부터 1,300광년 떨어져 있지만, 우리의 입술 앞에 서린 하얀 입김과 같은 크기로 보였다.

5,000년 전 수메르인은 오리온자리를 바라보며 불멸을 추구하고, 근처 별자리인 황소자리^{Taurus}이자 하늘의 위대한 황소를 죽인 신화 속 영웅 길가메시^{Gilgamesh}의 초상을 떠올렸다. 4,000년 전 중국인은 오리온의 허리띠를 '삼^{參, 3개의 별}'이라고 불렀다. 3,000년 전 이집트인은 오리온을 오시리스[*]로 여겼고, 파라오가 사후에 오시리스에게 가도록 피라미드를 설계했을 것이다. 그리고 2,000년 전 그리스인은 오리온을 제우스의 조카로 여겼다.

오리온의 죽음에 대해서는 많은 설화가 있는데, 여신 아르테미스를 화나게 했거나 아틀라스의 딸인 플레이아데스에게 사랑을 강요한 죄로 전갈에 쏘여 죽었다고 한다. 이후 오리온자리와 전갈자리는 하늘의 반대편 반구에서 살게 됐으며, 숙적인 전갈자리가 저물어야 오리온자리가 떠오르게 됐다.

나는 오리온자리에서 (실제 그리스 신화에서는 사자 가죽으로 묘사되지만) 방패를 움켜쥐고 왼팔을 뻗은 남자가 보인다고 말했다. 그녀는 오리온이 저승에서 '아스포델 들판 위의 야수'를 뒤쫓는 장면을 떠올리며, 고대 그리스 시인 호메로스Homeros가 언급한 깨지지 않는 청동 곤봉을 휘두르는 대신 오른손으로 화살을 당기는 거인을 상상했다.[1]

어둠 속에서 한 줄기 빛이 오리온의 어깨에 걸쳐졌다. 마치 흰색과 파란색 빛에 담겼던 커다란 붓이 별자리를 아름답게 꾸미는 듯했다. 1~2초였지만 유성이 느리게 이동하는 듯 보였기 때문에 그동안 관측한 어느 유성보다 길게 느껴졌고, 흔적도 없이 사라지는 모습에서는 그저 경이로움을 느꼈다.

우리가 서로를 향해 고개를 돌렸을 때, 그녀의 눈 속은 유성의 잔상이 여전히 반짝이는 듯했다. 우리 둘은 그 순간 같은 소원을 조용히 빌었고, 그 소원은 이뤄졌다.

---

* Osiris, 고대 이집트 신화에서 풍요·부활·생명 등을 상징하는 신.

별이 형성한 것

별이 나를 이끌었던 수십 년의 시간을 되돌아볼 기회가 생겼다. 내가 오랫동안 공부한 임페리얼칼리지런던Imperial College London에는 교수 임용 후 1년 내에 자신의 연구 분야를 공개 강연하는 전통이 있다. 이러한 취임 강연은 그 자리에 이르기까지의 모든 과정을 되돌아보는 계기가 됐고, 특히 나에게는 20년에 걸쳐 성취한 꿈을 기념하는 자리기도 했다.

나는 2020년 1월 취임 강연에서 관측천문학과 맞지 않는다는 사실을 깨달은 학부생 시절을 이야기했다. 당시 나는 스위스 산악지대에서 진행된 일주일간의 관측 여행에서 쌍성계stellar binary system의 특징을 관측할 수 있으리라 기대했다. 하지만 악천후가 모든 것을 망쳤고, 눈보라가 조금 잦아들었을 때는 야간 관측이 불가능했으므로 구름 사이에서 쌍성 대신 흑점을 찾았다.

"망원경 접안렌즈로 태양을 직접 보면 안 된다! 한쪽 눈에 한 번씩!"

교수가 엄하게 경고했다.

허리 높이만큼 쌓인 눈을 삽으로 퍼내며 길을 뚫고 관측 장비를 설치한 다음, 안전한 관측을 위해 태양을 골판지 표면에 투영하려 했지만 잘 되지 않았다. 당시 나는 하늘에서 가장 큰 천체조차 정확하게 조준하지 못했다! 당황한 나는 경솔하게도 반드시 피해야 하는 일을 저질렀다. 접안렌즈를 들여다보면서 무엇을 잘못하고 있는지 파악하려던 나는 곧 실수를 알아차렸다. 즉각적으로 실명할 수도 있다는 사실을 깨달은 나는 공포에 질려 몸을 똑바로 세우고 눈을 깜빡였다. 시력은 내 서툶덕분에 지킬 수 있었다. 망원경 렌즈 뚜껑이 줄곧 덮여 있었기 때문이다.

나는 관측천문학을 뒤로하고 이론우주론theoretical cosmology 박사 학위를 취득했다. 물리학이 자연의 근본 작용을 탐구하는 과학이라면, 우주 전체보다 더 장대한 탐구 대상은 없다. 나를 매료시킨 것은 별도 은하도 은하단galaxy cluster도 아니었다. 그것은 아주 오래전, 즉 별이 태어나고 은하가 생성되고 생명의 구성 요소가 출현하기 이전의 단순하고 매끄러운 우주였다. 이는 시간의 시작과 팽창하는 우주의 시작을 알리는 원시 폭발인 빅뱅Big Bang에서 나온 우주였다.

나는 철저한 이론가가 아니었고, 11차원의 초공간에 익숙한 동료 대학원생들이 지닌 수학적 재능도 갖추지 못했다. 하지만 우주론cosmology이 정밀과학 분야로 자리 잡던 시기에 나는 학문 경력을 쌓았다. 우주마이크로파배경cosmic microwave background, 빅뱅의 잔광, 은하 분포, 별의 폭발과 관련된 새롭고 자세한 관측 결과가 빠르게 쏟아져 나오며 우주의 나이, 최근 거론된 우주의 가속 팽창, 암흑물질의 특성 그리고 실재의 본질에 대한 다양한 측면을 알리는 정보를 제공했다.

당시 새로운 디지털 기술이 탑재된 고성능의 거대 망원경은 어느 때보다 먼 우주를 보여줬다. 거의 하룻밤 사이에 우주론은 데이터 부족 상태에서 데이터 중심 학문으로 바뀌었고, 시급한 문제는 그러한 숫자의 대홍수에서 과학적 지식을 어떻게 추출하느냐였다. 나의 일은 어두운 천문대가 아닌 컴퓨터 화면에서 쏟아지는 숫자를 통해 우주를 바라보는 것이 됐다.

강연을 준비하면서 태양 관측 실패 후 망원경을 거의 들여다보지 않았음을 알아차렸다. 하지만 내 삶이 형성되는 과정에 별이 얼마나 깊이 관여했는지 뒤늦게나마 깨달을 수 있었다. 나는 우주의 근본적 본질을 밝히려는 과학자 공동체의 일원이 됐다.

우리가 사용하는 장비는 1610년 갈릴레오 갈릴레이가 손으로 연마한 렌즈를 나무 관에 장착해 만든 기구에서 유래했다. 우리의 사고는 혜성의 움직임에서 만유인력 법칙을 밝힌 아이작 뉴턴이 형성했고, 16세에 우주 여행을 상상하며 처음으로 상대성이론에 대한 감각을 지니게 된 알베르트 아인슈타인이 재구성했다.[2] 천문학적 문제는 심지어 수많은 수학적 도구에 직접 영감을 주기도 했다.

내가 몸담은 분야는 수천 년간 인류의 호기심이 쌓아올린 건축물 위에 자리 잡았다. 이탈리아 시인 자코모 레오파르디Giacomo Leopardi는 "인간이 지구에 발을 디딘 이래로 하늘을 숭배하는 자들이 있었다"라고 썼다.[3] 세월이 흘러 이 '하늘 숭배자'는 먼저 과학 혁명을 이끈 자연철학자가 됐고, 오늘날에는 미국 항공우주국National Aeronautics and Space Administration, NASA의 화성 탐사차를 운용하는 우주공학자가 됐다.

별은 나에게 학자로서의 길 외에도 많은 선물을 가져다줬다. 강연이 끝나자 나의 아이들은 청중석에서 달려나와 나를 껴안았다. 나는 눈앞이 뿌옇게 흐려졌지만 아이들이 건넨 꽃다발을 꼭 쥐고 청중을 향해 고개를 들었다.

청중석 앞줄에는 조심스럽게 빗어넘긴 하얀 머리카락의 노인이 있었다. 아버지는 평생 육체노동을 했음에도 여전히 힘이 넘치는 손으로 일부러 천천히 박수를 쳤다. 아버지 곁에서 아내가 무언가를 속삭이자 아버지는 미소 지었다.

아내가 나에게 고개를 돌렸을 때, 그녀의 반짝이는 녹색 눈동자는 오래전 우리를 하나로 만들었던 유성 궤적을 떠오르게 했다. 아이들의 엄마이자 아내인 그녀에게 인사를 보내며, 세상에 별이 없었다면 나의 삶은 지금과 전혀 달랐으리라 생각했다.

과학의 산파

별들은 나의 삶을 조용히 이끌어줬다. 그래서 마찬가지로 궁금해졌다. 별은 인류의 여정을 어떻게 이끌어왔을까?

과학은 나의 자연스러운 출발점이었다. 나를 이끄는 질문들, 이를테면 '우주는 무엇으로 구성됐을까?', '우주는 빅뱅에서 어떻게 탄생했을까?', '우주는 궁극적으로 어떤 운명을 맞이할까?' 같은 질문은 현대과학이라는 나무의 가지 끝에 자리한다. 그리고 이 나무의 뿌리는 뉴턴이 위와 아래가 동일한 이성적 법칙을 따른다고 선언했을 때의 가장 근원적 토대까지 거슬러 내려간다.

과학사학자 루이스 멈퍼드 Lewis Mumford 는 다음과 같이 썼다.

"별은 왜곡될 수 없다. 별의 경로는 맨눈으로도 보이고, 인내심 있는 관찰자라면 누구나 따라갈 수 있다."[4]

말하자면 천문학은 모든 과학의 산파이며, 이후 물리학과 지질학, 화학과 생물학이 차례로 명료한 법칙에 근거해 우주를 밝혔다.

　자연이 법칙에 지배받는다는 개념과 함께, 인간은 자연을 지배하려는 야망이 생겼다. 이제 인간은 변덕스러운 하늘의 신 앞에서 움츠러드는 복종자가 아니라 지구를 재구성하고, 질병을 퇴치하고, 로켓에 탑승해 아리스토텔레스가 상상했으나 존재하지 않는 단단하고 투명한 구체를 통과하는 지배자가 되었다. 그런데 과학의 나무는 달콤한 동시에 독이 있는 열매를 맺었다. 오늘날 인간은 탐욕을 부리며 지구를 위협하고 있다. 그리고 별에 동력을 공급하는 원자의 불을 지구로 가져와 손가락 하나만 까딱하면 그 불을 뿜어낼 수 있도록 준비를 마쳤다. 하늘은 인간이 가장 원대한 꿈을 이룰 수 있는 수단인 동시에 스스로 파멸할 수 있는 수단을 부여했다.

　별이 인류 역사에 미친 영향은 과학 혁명에서 시작되지 않았다. 그 뿌리는 과학 혁명의 발판이 된 기술적 근대성, 신화와 종교라는 어둡지만 비옥한 토양을 거쳐 선사시대로 거슬러간다. 세계의 기원과 그 안에서 우리의 위치를 묻는 질문은, 우주 궤도를 돌며 빅뱅의 희미한 속삭임을 밝히는 우주마이크로파 탐지기가 개발되기 훨씬 전부터 인류를 사로잡았다.

　별의 행렬, 아침에 다시 떠오르는 태양, 달의 주기적 위상 변화, 고대 그리스어로 '떠돌이wanderer'를 의미하는 행성의 밝은 빛 등은 모든 문화에서 구름 위 우주를 지배하는 영원하고 전능하며 고귀한 힘을 자명하게 드러내는 표현으로 자리 잡았다. 종교사학자 미르체아 엘리아데Mircea Eliade는 "인간의 손이 닿지 않는 곳이자 별이 빛나는 영역은 영원하고 초월적이며 신성한 위엄이 깃들어 있

다"라고 말했다.[5]

신은 천둥 속에 숨거나, 숲을 배회하거나, 바다에서 솟아오르거나, 바람을 타고 다녔다. 그중에서도 가장 고귀한 신은 하늘을 다스렸다. 제우스는 '빛나다', '낮', '하늘'을 뜻하는 오래된 산스크리트어에서 이름을 따왔다. 로마인은 제우스를 '유피테르Jupiter'라고 불렀으며, 이는 산스크리트어로 '하늘의 아버지'를 의미했다. 히브리어로 샤마임Shamayin, 그리스어로 우라노스Ouranos는 모두 '하늘'을 뜻하고, 하늘은 기독교에서 '하늘에 계신 아버지'라는 말처럼 하느님이 있는 장소로 여겨진다.

1,000년에 걸쳐 지구 곳곳에서 점토판에 쐐기문자로 새겨지고, 파라오 무덤에 금박으로 장식되며, 아즈텍의 양피지 문서에 기록된 끝에 하늘과 신은 거의 동의어가 됐다. 신은 핀란드인에게 주말라Jumala, 수메르인에게 안An, 몽골인에게 텡그리Tengri, 토고의 에웨족에게 마위Mawu라고 불렸다. 이처럼 불리는 이름은 다양하지만 이름에 담긴 정서는 동일하며, 이에 대해 에웨족은 다음과 같이 말했다.

"나는 항상 눈에 보이는 하늘을 신처럼 우러러봤다. 신을 말할 때는 하늘을 말했고, 하늘을 말할 때는 신을 생각했다."[6]

하늘의 신은 높은 곳에서 만물을 볼 수 있었고, 따라서 만물을 알 수 있었다. 그로부터 수천 년이 지난 지금도 우리는 여전히 절망에 빠지면 하늘을 향해 고개를 들면서 두 팔을 뻗는다. 단테 알리기에리Dante Alighieri의 《신곡The Divine Comedy》에서는 하늘의 아홉 구체 위에 엠피레오가 있으며, 엠피레오에 도달한 시인이 '태양과 다른 별

들을 움직이는 사랑'인 신과 마주하게 된다.[7]

그렇다면 고대인이 별들을 면밀히 살펴본 것은 놀라운 일일까? 왕의 운명이 달린 별의 움직임을 예측하기 위해 특히 많은 노력을 기울였다는 점은 경이로운 일일까? 그리스어로 '포기하다', '사라지다'를 의미하는 단어에서 일식eclipse이 유래했으며, 개기일식 중 낮이 밤으로 바뀌면서 우주의 질서가 전복됐을 때 고대인이 두려움에 떨었다는 사실은 어떠한가?

9장에서 자세히 살펴보겠지만 점성술은 하늘에서 일어나는 일이 인간의 삶에 영향을 미친다는 믿음에서 나왔다. 이는 수메르의 사제, 이집트의 시간 관찰자, 중국의 관리가 하늘에서 발생한 일들을 자세히 기록하도록 했다. 파라오와 왕, 황제가 점성술에 관심을 가진 덕분에 오늘날 과학자의 조상들이 탄생했다. 점성술 덕분에 튀코 브라헤Tycho Brahe는 최초의 연구용 천문대를 건설할 수 있었으며, 그곳에서 관측된 데이터는 독일의 천문학자 요하네스 케플러Johannes Kepler의 '행성 운동 법칙'에 활용될 수 있었다.

내 인생에 대한 개인적 성찰에서 시작된 이번 작업을 통해, 과거로 깊이 파고드는 뿌리를 따라가며 현대 우주론과 연결되는 다양한 요소를 발견했다. 별과 행성은 수학의 발명을, 달은 달력의 발명을 촉진했다. 하늘에 관심을 기울이는 행동은 5만 년 전 호모 사피엔스가 네안데르탈인보다 우위를 점하도록 이끈 비밀 무기가 아니

---

*   Empireo, 중세 유럽을 지배한 아리스토텔레스의 우주론에서 천구의 가장 높은 최고층이다.

었을까?

행성에서 생명체를 탐색하는 동료들은 행성에 조성될 수 있는 여러 환경을 설명했다. 이를테면 태양이 여러 개 떠 있는 행성, 황혼이 영원히 지속되는 행성, 갈라지지 않는 구름에 둘러싸인 행성 등이다. 여기서 갈라지지 않는 구름에 둘러싸인 행성이란, 다시 말해 그곳에서 진화하는 어느 생명체도 별을 볼 수 없는 행성이다. 이런 환상적인 '대체 지구'에 관한 강연을 들으며 나는 '인류가 별을 보지 못하는 운명이었다면 어땠을까?' 하는 생각이 들었다.

별이 보이지 않는 세상에 관한 생각이 나를 괴롭히기 시작했다. 나의 시선이 닿는 범위에서는 하늘에 과학을 초월하는 의미가 담긴 듯 보였다. 하늘이 영감을 준 시, 음악, 예술 작품이 없었다면 인류는 얼마나 위축됐을까? 하늘의 신이 없었다면 영성은 어떤 형태였을까? 별이 보이지 않는 세상에서는 인류의 전설, 위대한 소설, 우주에 대한 개념이 얼마나 달랐을까? 우리 자신은 얼마나 다른 모습이었을까?

기원전 8세기경, 눈먼 시인 호메로스는 별이 부족할 때 인류에게 어떤 일이 벌어질지 상상했다. 그의 문학 작품에서 영웅 오디세우스는 마녀 키르케의 섬을 떠나 북서쪽의 '지구를 둘러싼 깊고 넓은 바다'에 도달한다. 키르케가 알려줬듯 그곳에서는 지하세계와의 장벽이 얇아지는 까닭에, 오디세우스는 술과 제물로 죽은 자의 영혼을 불러내 고향인 이타카섬으로 돌아가기 위해 도움을 요청한다.

호메로스는 이 경계 지역을 '킴메리오이족Cimmerians의 땅과 도시'라고 설명한다. 킴메리오이족은 오늘날 크림반도에 해당하는 흑해 연안의 거주민에게 영감을 받은 신화 속 종족이며, 크림반도는 춥고 혹독한 날씨와 자욱한 안개로 그리스인들 사이에서 악명을 떨쳤다.[8] 지중해의 푸른 바다와 맑은 하늘에 익숙한 호메로스는 킴메리오이족을 '비참한 종족'이라 부르며, "그들의 땅은 영원한 안개와 구름에 싸여 있다. 찬란한 태양은 별 많은 하늘로 떠오를 때도 다시 저물 때도 빛을 그들에게 비추지 않으며, 위에는 사악한 밤이 펼쳐진다"라고 묘사한다.[9]

'안개와 구름에 싸여' 태양이나 별을 보지 못하는 킴메리오이족은 죽음에 한층 가까워진 반인간semihuman에 불과하다. 오디세우스가 바친 제물에 이끌려 그를 찾아온 영혼들처럼 말이다.

나는 인류도 별을 보지 못할 운명이었다면 킴메리오이족과 같았으리라 의심하기 시작했다.

1

·

창백한 푸른 점

목성처럼 지구의 하늘이 구름에 뒤덮여 있다면
인류는 얼마나 위축됐을까.
인류는 아마도 별을 영원히 모르고 살았을 것이다.
이런 세계에서 우리는 어떤 존재가 돼 있었을까?

— 앙리 푸앵카레 Henri Poincaré,
《과학의 가치 The Value of Science》

우주에서 온 엽서

보이저 1호는 1990년 밸런타인데이에 NASA의 심우주 통신망에서 독특한 지시를 받았다. 그로부터 13년 전 목성과 토성을 지나는 궤도로 발사된 이 우주 탐사선은 3년 뒤 상세한 이미지와 여러 데이터를 입수해 두 거대 기체 행성과 위성에 대한 인간의 이해에 혁명을 일으켰다. 임무를 완수한 보이저 1호는 향후 약 5년 동안 우주를 탐색하며 고독한 여정을 계속하리라 전망됐다.

10여 년이 흐른 후, 보이저 1호는 모든 사람의 예상을 뛰어넘었다. 태양계의 머나먼 곳에서 이 우주 탐사선은 변함없이 고향에 신호를 보내고 있었다.

그 독특한 지시는 천문학자이자 작가인 칼 세이건Carl Sagan의 아이디어였다. 세이건은 NASA에 아이디어를 8년간 6번 제안했고, 이를 받아들인 NASA는 보이저 1호에 장착된 정밀 카메라를 과학 외의 용도로 사용하기로 했다. NASA로부터 독특한 지시를 받은 당시 보이저 1호는 해왕성 Neptune 궤도를 지나 매년 5억 킬로미터의 속력으로 심우주를 향해 나아가고 있었다. 이 우주 탐사선은 10년 만에 카메라를 다시 켜고 조용히 방향을 틀어 고향을 비췄다. 먼 우주의 파수꾼은 카메라를 움직이고 초점을 맞추며 어둠 속을 탐색해 희미한 점 6개를 세심히 포착하고, 태양계 가족 행성 8개 가운데 6개가 담긴 특별한 사진을 찍었다(수성은 태양에 지나치게 가까워서, 화성은 너무 어두워서 사진에 나타나지 않았다).

이는 우주 탐사 역사에서 가장 상징적인 사진이다. 보이저 1호가 우주에서 바라본 우리의 아름다운 행성은 햇빛 한 줄기 속에서 떠다니는 먼지 한 톨, 나방 한 마리에 불과하다. 세이건은 "저 점을 다시 생각해보자. 저 점이 우리가 있는 이곳이다. 저 점은 우리의 집이자 우리 자신이다. 우리가 사랑하는 사람, 알거나 소문으로 들었던 사람, 존재했던 모든 인류가 저곳에서 삶을 영위했다"라는 글을 통해, 우주에서 인류가 고향이라 부를 수 있는 유일한 장소인 '창백한 푸른 점'을 돌보는 것이 중요하다고 강조했다.[1]

보이저 1호는 여행 사진작가로서 짧은 경력을 마친 뒤 앞으로의 여정에 대비하기 위해 카메라를 껐다. 이 우주 탐사선은 오늘날 우주에서 인류와 가장 멀리 떨어져 있는 인공물로, 2012년 태양계의 흐릿한 가장자리를 벗어났다. 그리고 지구를 떠난 지 40년이 넘은 지금도 여전히 데이터를 지구로 전송하고 있다. 보이저 1호는 4만 년이 지난 뒤에야 다른 항성을 만날 것이며, 그때쯤이면 보이저 1호의 제작자는 기억에서 오래전 사라졌을 것이다.

역사의 구덩이 아래로

두 발로 걷는 생명체는 동굴 속에서 허둥대다가 어떻게 눈 깜짝할 사이에 우주선을 발사하고, 60억 킬로미터 떨어진 곳에서 고향 행성의 사진을 찍을 수 있었을까? 생명이 없는 분자들은 원시 지구의 바다에서 어떻게 서로 충돌해 생명체라 불리는 존재로 도약할 수 있었을까? 중력은 어떻게 50억 년 전 소용돌이치는 기체 구름에서 우리에게 생명을 선사하는 항성인 태양을 형성해 불을 붙였을까? 불과 140억 년 만에 어떻게 무에서 공간과 시간과 입자와 빛이 만들어지며 우주가 탄생했을까?

우주에서 인류에게 주어진 조건을 이해하려면 태초로 거슬러 올라가 우주 역사 전반을 탐구해야 한다.

이론물리학, 천문학, 진화생물학, 화학, 고생물학, 인류학, 신경과학에서 얻은 통찰을 융합하면 그 과정이 드러난다. 이를 가까이에서 들여다보면 무수히 많은 개별 영역으로 단절돼 보이지만, 멀리서 바라보면 그림 전체가 눈에 들어온다. 그런데 이러한 총체적 관점을 얻으려면 먼저 우주의 연대기를 인간이 이해할 수 있는 규모로 압축해야 한다.

인간의 수명은 오늘날 서구 국가에서 평균적으로 약 4,000주 동안 지속된다. 우리는 1년을 52주의 묶음으로 생각할 수 있고, 4,000주 또한 인간의 직관이 닿는 범위 내에 있다. 이제 1주를 1,000분의 1초로 압축해보자. 수면 7회, 아침 식사 7회, 근무 5회, 저녁 식사 7회, 토요일 저녁에 예정된 외출, 평온한 일요일 휴식, 이 모든 요소가 고작 1,000분의 1초 안에 압축됐다. 1,000분의 1초, 다른 말로 1밀리초millisecond는 우리가 지속 시간을 직접 파악하기에는 극도로 짧다. 1주를 1밀리초로 압축하면 인간의 삶은 평균적으로 기껏 4초 남짓한 시간 안에 스러진다. 이처럼 압축된 연대기에서 인류 문명은 약 9분간 꽃을 피웠다. 호모 사피엔스는 1시간 30분 전 무대에 등장했다. 지구 생명체는 6년 6개월 전에 출현했고, 우주는 22년 6개월 전에 탄생했다.

과거의 구덩이를 파고 내려가며 발견의 여정을 시작해보자. 고대 그리스 로마 시대부터 바빌로니아 시대까지 여정 초기에는 문명에 관한 기록이 우리를 수월하게 데려다주는 덕분에 명확하게 이해할 수 있다. 아래로 내려갈수록 문자의 빛은 사라지고 유물, 석기, 뼈 화석, 동굴 벽화 같은 어렴풋한 흔적으로 대체된다. 이제 우리는 고생물학자의 영역에 들어섰다. 구덩이를 파고 내려온 지 1시간 30분이 지나면 진화생물학자의 영역에, 그다음에는 지질학자의 영역에 도달한다.

우리는 압축된 연대기를 따라 빠른 속도로 미끄러져 내려가며 지구 생명체의 시작점에 도달한다. 시간에 가속이 붙어, 인간의 모습은 단 3일 만에 유인원 형태로 변화한다. 캥거루만 한 나무늘보와 덩치가 하마보다 큰 아르마딜로는 등장했다가 순식간에 사라진다. 새는 깃털을 잃으며 공룡으로 변신하고, 상어는 한결같이 헤엄친다. 압축된 연대기를 구성하는 하루는 실제 시간으로는 수백만 년에 해당하고, 그런 하루하루를 보내는 동안 지구 생명체는 장대한 시간에 걸쳐 존속한다.

빙하는 몸집을 불렸다가 쪼그라들고, 수많은 생명체는 진화의 무자비한 경쟁에 참여해 생존 도박에 도전한다. 압축된 연대기를 따라 내려온 지 40일 뒤 소행성이 공룡을 멸종시키며 포유류에게 새로운 길이 열렸듯, 재앙적 변화는 이따금 생명체 역사의 판도를 뒤바꾼다. 때로는 생명체의 변이가 지속적인 영향을 미치기도 한다. 약 80일 뒤에는 현화식물˙이 처음 등장한다. 이들이 등장하며 새롭게 조성되는 생태계는 초원과 새와 곤충과 과일로 이뤄져 훗날 인류에게 식량을 공급한다.

지구의 과거로 파고들수록 기후가 변화하고 있음을 깨닫는다. 빙하기가 왔다 가고, 해수면이 상승하고, 대륙이 이동해 판게아 Pangaea라고 불리는 하나의 육지 덩어리로 합쳐진다. 그리고 산소를 생산하는 남조류 blue green algae가 진화하기 전인 시점에 도달하면 우리는 대기에서 호흡할 수 없다.

구덩이를 파고 내려온 지 6년 6개월이 지나면 심원한 변화가 일어난다. '생명'이라 불리는 점액질의 거품, 즉 자기 내부의 화학적 환경을 통제하는 동시에 번식이라는 마법을 부릴 수 있는 단순한 세포가 자취를 감춘다. 여기서 우리는 생물학자의 영역에서 벗어나 행성과학자의 영역으로 들어간다. 행성과학자의 영역에서 지구는 용암 덩어리고, 지구와 다른 원시 행성과의 강력한 충돌로 지구에서 달이 떨어져 나간다. 이제 더 깊은 과거로 내려가자.

˙   Flowering plant, 생식 기관인 꽃을 피우고 열매를 맺어 씨로 번식하는 고등 식물.

구덩이를 파고 내려온 지 약 7년 6개월이 지나면, 길을 밝히는 주요 도구로 물리학과 컴퓨터 모의실험이 활용된다. 소용돌이치는 기체 구름에서 태양계가 형성되고, 태양이 중력 붕괴를 일으키며 점화된다. 이제 우리는 천체물리학자의 영역에 도달해 태양계에서 우주로 시야를 확장한다. 현실에서는 수십억 년에 해당하는 시간이 압축된 연대기에서는 1년 6개월로 짧아져 쏜살같이 지나간다.

압축된 연대기를 따라 내려온 지 약 10년 뒤에는 우주 팽창을 가속하는 암흑에너지의 신비한 반발력이 눈에 띄지만, 우리는 이를 못 본 척 지나간다. 우주론학자가 암흑에너지에 얽힌 수수께끼를 해결하는 중이기 때문이다. 영겁의 시간이 순식간에 흐르지만, 우리는 여정을 멈출 수 없다. 구덩이를 파고든 지 거의 20년이 지나면, 우리 은하인 은하수가 암흑물질의 도움을 받아 형성되기 시작한다. 이때 젊고 푸른 항성들은 이전에 존재했던 더욱 거대한 조상별의 잔해에서 재활용된 무거운 원소들을 재료로 빛을 낸다.

역사의 구덩이에서 가장 밑바닥에는 빅뱅이 숨어 있다. 빅뱅의 경계면이 명확한지 불명확한지는 아직 밝혀지지 않았다. 여기서는 이론물리학자와 우주론학자가 미지의 장막을 더욱 뒤로 밀어내기 위해 힘을 모은다. 빅뱅의 잔광은 구덩이 밑바닥으로부터 불과 5시간 30분 떨어진 거리에서 희미하게 빛나는데, 이는 구덩이 아래로 향하는 여정에 놓인 마지막 견실한 발판이다. 이보다 더 아래로, 더 먼 과거로 향할수록 우리의 시야는 흐릿해지고 현실에 대한 이해는 불확실해진다.

입자물리학자는 원시 용광로에서 헬륨과 수소가 생성되는 현상을 또렷하게 규명하고, 우주에 존재하는 네 가지 기본 힘* 가운데 세 가지가 초기 우주에서 통합되는 과정을 어렴풋이 이해하며, 우주의 첫 순간을 추론한다. 하지만 이들도 우주의 첫 순간에 관해서는 암흑 속을 더듬고 있으며, 세 가지 기본 힘에 중력을 통합하지 못하고 있다. 지금까지 지나온 여정 대부분을 안내한 물리학은 우주가 시작된 첫 순간, 즉 우주 시간 '0초'에 직면하면 우리를 실패로 이끈다. 항성들 너머에서, 시간의 시작점에서, 우주의 기원에서 종교와 과학은 서로 만나 수수께끼에 싸인 채 충돌한다.

비밀 재료

인류가 출현하기까지는 우주에 방대한 시간과 공간이 필요했다. 빅뱅으로 물질 입자 10억 개 중 1개는 남고 나머지 입자가 모두 순수한 에너지 형태로 사라진 뒤, 우주는 팽창하며 온도가 낮아질 시간이 필요했다. 그뿐만 아니라 입자로 이뤄진 우주 원시 수프에 불균일한 지점이 미세하게 발생해 생명체가 살 수 있는 행성, 오래 지속되는 항성과 은하로 성장하기까지 걸리는 시간도 필요했다. 매일 우리의 머리 위를 드리우는 밤하늘은 그 모든 시간과 공간이 고스란히 남아 있는 기록이다.

---

* 중력, 전자기력, 강한 핵력, 약한 핵력을 가리킨다.

오늘날 가시 우주*는 지름이 약 1,000억 광년**으로, 은하 500억 개를 아우른다. 은하는 각각 항성 약 3,000억 개를 포함하고, 항성 중 절반은 행성을 거느릴 가능성이 있으며, 그 행성 가운데 하나가 지구다. 의식이 작동하는 데 필요한 복잡성을 만들어내려면 우주에는 수십억 년이라는 시간이 필요하다. 그만큼 오랜 시간 팽창한 우주는 거대하며, 상상을 초월할 만큼 광대하다.

창백한 푸른 점은 진정 운이 좋았다. 태양과 적당한 거리를 두고 생성돼 액체 상태의 물이 지표면에 존재할 수 있었고, 중력이 충분히 작용해 대기를 붙잡을 수 있었다. 또한 거대한 달을 지녀서 기후가 오랜 세월 안정적으로 유지될 뿐 아니라, 강한 조류가 발생해 바닷속에서 출현한 생명체가 바닷가에 다다를 수 있었으며, 목성처럼 소행성 방어벽 역할을 하는 거대 행성 형제가 있어 소행성과의 충돌을 대부분 피할 수 있었다. 암흑물질은 정체가 명확히 밝혀지지 않았으나 지구를 향해 일정한 간격으로 혜성을 보내며 당시 상대적으로 열등했던 생명체, 이를테면 포유류와 인류가 진화하는 환경을 주기적으로 재설정하는 중대한 역할을 맡았는지도 모른다.[2]

게다가 별이 선명하게 보이는 행성에서 등을 꼿꼿이 세우고 걷기 시작했다는 것은 얼마나 큰 행운인가. 호모 사피엔스가 모닥불 주위에 웅크리고 앉아 고개를 든 이후로 밤하늘은 인류의 변함없는 동반자이자 신뢰할 수 있는 안내자였고, 아름다운 볼거리이자 경이

---

*   visible cosmos, 광학적으로 관측 가능한 우주.

**   light-years, 1광년은 빛이 진공 상태에서 1율리우스년 동안 이동하는 거리다.

로움의 원천이자 신비로우면서도 두려운 지배자였다. 인간의 물리적 존재를 가능하게 한 우주의 장대함은 또한 경외심을 불러일으켰다. 인류가 밤하늘을 올려다볼 때면 종교학자 미르체아 엘리아데Mircea Eliade의 말처럼 "밤하늘은 힘과 초월성과 거룩함을 직접적으로 드러냈고", 이를 통해 인간의 마음은 처음으로 종교적 경험을 했을 것이다.[3] 인류는 신체뿐만 아니라 영혼도 광활한 우주적 무대가 필요했다.

오늘날의 인류를 만들어낸 비밀 재료는 별을 보고 사랑하며 연구할 수 있다는 단순한 사실이다. 별 읽는 법을 아는 사람들에게 하늘은 한동안 시계이자 달력이자 연감이자 지도였다. 점성술사는 미래를 예언하기 위해, 왕과 파라오는 자신의 권력을 정당화하기 위해 하늘을 이용했다. 하늘의 규칙적이고도 신비로운 움직임은 인류 조상의 두뇌에 합리적 사고의 틀을 형성하고, 수학의 획기적 발전과 과학 혁명을 촉발하며, 탁월한 예술 작품에 영감을 줬다.

오늘날 천문학자는 별빛의 미세한 흔들림과 흑점을 참고해 다른 항성 주위에 창백한 푸른 점이 있는지 분석하고, 천체물리학자는 블랙홀 2개가 서로 포옹할 때 발생하는 시공간의 떨림을 감지한다. 또한 우주론학자는 빅뱅의 심장 박동 소리에 귀 기울이며, 데이터 과학자는 행성상성운의 형성과 진화를 컴퓨터로 모델링한다. 이제 우리는 수확 시기를 알리는 별을 기억하지 않고, 은하수의 구불구불한 신비에 감복하지 않으며, 먼바다를 항해하는 동안 별자리를 도구 삼아 길을 찾지 않는다.

별이 빛 공해 때문에 우리 시야에 들어오지 않는다는 이유로,

밤하늘이 인공위성으로 뒤덮였다는 이유로, 그리하여 컴퓨터 속 이미지로만 발견된다는 이유로 쉽게 간과된다. 그러나 달빛을 받아 반짝이는 거미줄처럼 가냘픈 가닥이 인간과 별을 여전히 팽팽하게 연결한다. 휴대전화와 자동차에 장착되는 GPS는 알베르트 아인슈타인의 일반상대성이론이 나오지 않았다면 부정확했을 것이다.

일반상대성이론은 수성이 그리는 꽃잎 형태의 신비로운 궤도, 개기일식 동안 별의 위치가 바뀌는 현상, 그리고 '우주 등대'라고도 불리는 회전 중성자별의 신호가 완만하게 느려지는 현상을 토대로 검증됐다. 따라서 별이 보이지 않는 세계에서는 GPS와 관련된 모든 기술이 불가능했을 것이다.

별은 석기 시대부터 인공지능AI에 이르기까지, 인류 역사가 형성되는 과정에 놀라운 역할을 했다. 이 책은 그러한 과정에 관한 이야기다. 또한 인류 역사가 그런 과정을 밟지 않았다면 어떻게 됐을지에 관한 이야기다.

프랑스의 물리학자이자 수학자인 앙리 푸앵카레는 1905년《과학의 가치》에서 천문학을 모든 과학 가운데 가장 근본적인 학문으로 칭송했다. 푸앵카레는 천문학이 실용적 측면에서 유용하지만, 천문학 자체의 가치가 실용성을 압도한다고 주장한다. 그는 "천문학이 유용한 이유는 우리를 현재의 위치에서 더욱 높이 올려주기 때문이다. 천문학은 웅장한 까닭에 가치 있다"라고 단언한다.[4] 이어서 푸앵카레는 호메로스가 묘사한 킴메리오이족에서 영감을 얻어 구름으로 뒤덮인 가상 세계를 제시한다.

목성처럼 지구의 하늘이 구름에 뒤덮여 있다면 인류는 얼마나 위축됐을까. 인류는 아마도 별을 영원히 모르고 살았을 것이다. 이런 세계에서 우리는 어떤 존재가 돼 있었을까. … 별의 가르침이 없다면, 짙은 구름 아래에서 우리 영혼이 이토록 빠르게 변화할 수 있었겠는가? 적어도 이보다는 훨씬 느리게 진행되지 않았겠는가?[5]

인류의 시야에서 하늘이 사라지게 되면 역사 궤도에 어떤 파급효과가 일어날지 상상해보자. 하늘이 온통 구름에 덮여 별이 보이지 않는다면 지구에서는 모든 상황이 달라진다. 당연하게 여겨지던 요소를 제거하면 우리는 별을 새로운 관점에서 보게 될 것이다. 앞으로 '칼리고Caligo'라고 지칭하게 될 '별이 보이지 않는 세계'에서 인류는 경험해보지 못한 역사의 갈림길에 서게 될 것이다.

"사물을 있는 그대로 보려면 그 사물이 어떤 모습일지 상상해야 한다."[6]

이러한 가상 시나리오는 미국 민권 운동가 데릭 벨Derrick Bell이 인종적 불의를 부각하려고 의도적으로 사용한 장치였지만, 나는 별이 빛나는 인류의 역사가 얼마나 독특한지 깊이 설명하기 위해 이 장치를 활용할 예정이다.

2장에서는 별과 단절된 현대에서 여정을 시작해, 하늘과 인류 조상을 이어준 연결 고리를 되찾고 이전 세대에 별이 불러일으켰던 경외심을 다시 일깨울 것이다.

3장에서는 인류가 실제로 겪은 우주 역사를 탐구하는 동시에,

별이 보이지 않는 세계를 전제하며 하늘에 장막을 드리울 것이다.

4장에서는 다시 한 번 역사의 구덩이 아래로 내려가 호모 사피엔스가 출현한 시기에 도달한 다음, 푸앵카레의 말처럼 하늘의 '질서정연한 빛점의 군대'가 선사 인류에게 어떠한 의미였는지 살펴볼 예정이다.[7] 하늘의 주기적 변화는 인류 최초의 시간 측정기이자, 루이스 멈퍼드가 말한 '현대 산업 시대의 핵심 기계'인 시계로 이어지는 중요한 효시였다.[8]

5장에서는 오늘날 인류의 삶 대부분을 형성하는 하늘 기반의 시간 기록이 어떤 다양한 결과를 불러왔는지 탐구할 것이다. 인류 조상은 하늘을 바라보면서 시간뿐 아니라 공간 내에서의 위치와 방향을 파악한 덕분에, 창백한 푸른 점을 파랗게 만드는 광활한 바다를 항해할 수 있었다.

6장에서는 호모 사피엔스가 하늘을 또렷이 관측하는 능력을 활용해 연안 바다를 건너고 지구 곳곳으로 퍼져나가며 지평을 넓힌 과정을 살펴볼 예정이다. 폴리네시아의 전통적인 항해 방식과 서양의 항해술은 유사하지만 제각각 특징을 지니며, 두 방식에 별이 다른 형태로 필수적이었음을 깨닫게 될 것이다.

7장에서는 천문학이 모든 과학의 산파가 될 것이다. 그러나 별이 보이지 않는 세계의 불운한 칼리고인에게는 그렇지 못할 것이다. 니콜라우스 코페르니쿠스, 갈릴레오 갈릴레이, 아이작 뉴턴, 피에르 시몽 라플라스Pierre-Simon Laplace, 카를 프리드리히 가우스Carl Friedrich Gauss는 행성 운동과 하늘을 움직이는 법칙을 이해하고 설명하는 과학적 방법을 완성했다. 그러는 동안 이들 과학자는 새로운 수학적 도구를 개발했으며, 그와 마찬가지로 중요한 사실은, 이들이 규칙성과 측정과 예측에 초점을 맞추고 자연을 바라보는 새로운 방식을 제안했다는 점이다.

8장에서 논의하겠지만, 이러한 사고방식은 모든 과학적·기술적 노력에 들불처럼 퍼져나가며 인간 영역을 모조리 휩쓸었고, 인류와 사회에 영향을 미쳤다.

9장에서는 우리 내면으로 관심을 돌려 천체의 상징이 인류에게 어떤 영향을 미쳤으며, 지금도 여전히 인류의 삶에 스며들어 있는지 확인한다. 점성술에 대한 믿음은 역사 흐름을 바꿨고, 점성술 연구는 과학 혁명을 일으킨 사람들에게 물질적 지원과 번득이는 영감을 제공했다.

이제는 역사의 구덩이 위로 올라와, 인류가 하늘을 어떻게 재구성하기 시작했는지 살펴볼 것이다. 인류의 영향권이 우주로 확장하면서, 하늘을 보는 우리의 시야는 급속히 변화하고 있다. 과학 기술은 별에서 영감을 받았지만 생태계를 파괴할 위험이 있으며, 몇몇 사람은 그러한 문제의 해결책을 별에서 찾으려 한다. 10장에서는 우주 유산과 인류의 미래를 다룰 예정이다. 별 자체를 목표로 삼는 것이 정답일까, 아니면 다른 형태의 영감을 얻는다는 목적으로 별을 바라봐야 할까?

기후 변화, 생물 다양성 상실, 전쟁의 여파 등으로 오늘날 지구 생명체의 생존이 위태로운 상황에서 별이 인류에게 다시 한 번 길을 가르쳐주기를 바란다.

기억하기

빛이 사라졌다. 이제 기억해야 할 때다.

나는 마지막 숯덩이를 손에 쥐고 구름 위를 검게 덧칠해 둥근 천장에서 점점이 반짝이는 수정을 가렸다. 그러고는 한발 물러서서 새로운 풍경을 감상했다. 구름 카펫은 동굴 한쪽 벽을 타고 올라가 천장을 가로질러 맞은편 벽으로 미끄러지더니 시야가 허락하는 지점까지 내려갔다. 깜빡이는 불빛 속에서 구름이 뭉게뭉게 피어올라 흐르는 것처럼 보였다. 뿌듯했다.

칼리고인들이 차례로 동굴에 들어왔다. 가장 먼저 들소 수색자 Bison-Seeker가 오고, 다음으로 신발 재봉사Shoe-Sewing, 길 안내자Way-Finder, 창 던지는 자Spear-Thrower, 벌집Beehive, 빛을 기억하는 자Once-Upon-A-Glow, 마지막으로 구름 관찰자Cloud-Watcher가 들어왔다. 벌집은 잠시 멈춰 서서 내 작품을 살펴봤다. 그리고 언제나 그랬듯 여기는 선이 너무 굵고, 저기는 회색을 덧칠해야 하고, 저쪽은 색이 좀 더 밝아야 한다는 등 몇 가지 상세한 의견을 냈다.

우리는 모닥불 주위에 둘러앉은 다른 칼리고인과 합류했고, 나는 늘 앉던 자리에 앉다가 빈자리를 발견했다. 민물Freshwater은 전날 떠난 뒤로 아직 돌아오지 않았고, 우리가 그녀와 다시 만날 수 있을지 아는 칼리고인은 없었다. 나는 민물에게 가지 말라고 말했다. 떠나던 당시 그녀의 눈에는 어둠이 깔려 있었다.

불을 지키는 자Fire-Keeper가 장작을 지피고 있어, 높이 치솟은 불길이 동굴 천장을 검게 그을렸다. 양치기Shepherd의 피리 소리가 동굴을 가득 채우자, 우리 마음은 안개로 자욱해졌다.

여느 때처럼 기억 의식을 시작하며, 양치기는 불을 지키는 자에게서 숯이 가득 담긴 그릇을 받아 번개의 힘을 불러온 다음 그 위에 물을 부었다. 그릇에서 하얀 연기가 짙게 피어오르고, 칼리고인들 사이로 구름이 밀려들었다.

양치기의 모습은 흰 구름에 가려 거의 보이지 않았지만, 그의 목소리는 우렁차게 들려와 마치 구름이 말하는 것 같았다.

"딸과 아들이여. 우리는 기억하기 위해 빛의 마지막에 모였노라. 하지만 먼저 어둠 속에서 길을 잃을지 모르는 자매 민물에게 도움을 보내자. 번개가 어둠을 뚫고 그녀에게 길을 보여주기를!"

이에 우리는 최선을 다해 천둥을 부르는 주문을 외쳤다. 주문이 끝나자 양치기는 말을 다시 이어갔다.

"딸과 아들이여, 기억하라."

양치기는 모닥불 주위를 걷다가 하얀 구름을 뚫고 칼리고인 한 명 한 명에게 다가갔다. 허리를 굽히고 내 눈을 바라보던 그는 눈썹이 맞닿을 정도로 얼굴을 가까이 댔다. 그리고 한참 동안 내 눈을 응시하다가 자리를 옮겼다. 양치기는 벌집을 그냥 지나치더니 돌연 구름 관찰자에게 명령했다.

"구름 관찰자여, 그대는 누구보다 구름에 가깝노라. 구름의 방식을 기억하라!"

구름 관찰자는 자리에서 일어나 이야기를 시작했다.

2

✦

잃어버린 하늘

만약 누군가 홀로 있기를 원한다면 별을 보게 하라.
… 천체 속에 숭고함이 존재한다는 걸 인간에게 알리기 위해
대기가 투명하게 만들어졌다고 생각하게 될지도 모른다.

— 랠프 월도 에머슨, 《자연 Nature》[1]

개기일식을 찾아서

우리는 이곳에 오기 위해 바다를 건너고 산을 넘어 8,000킬로미터 넘게 여행했지만, 탐험의 최종 성패는 마지막 500미터에 달려 있었다.

구불구불한 흙투성이 오르막길 양옆으로 키 큰 풀숲이 펼쳐져 있었다. 전해 듣기로 이 풀숲에는 독사가 숨어 있을 가능성이 있었다. 마른 흙 내음과 소나무 향기가 오전의 공기를 가득 채웠고, 우리가 걸음을 내디딜 때마다 흙먼지가 땀으로 축축해진 몸에 들러붙었다. 아직 두 살이 채 되지 않은 아들 벤저민은 아기띠에 싸여 내 등에 업혀 있었고, 챙 넓은 분홍 모자를 쓴 다섯 살의 에마는 죽은 나뭇가지로 만든 지팡이를 자랑스레 들었다.

우리는 완벽한 개기일식을 보기 위해 오리건주의 외딴 지역에 왔다. 2017년 8월 21일의 일식은 '미국 대일식Great American Eclipse'이라고도 불리며, 1918년 이후 최초로 미국 전역을 가로질러 발생하는 개기일식이었다. 달과 태양이 정확히 일직선상에 놓이는 순간은 지구 표면의 좁은 띠, 다른 말로 개기일식의 경로path of totality에서 관측된다. 2017년에는 개기일식의 경로가 태평양 연안인 오리건주 뉴포트부터 대서양 연안인 사우스캐롤라이나주 찰스턴에 이르기까지 미국 전역을 가로지르며 13개 주를 통과했고, 그 덕분에 수만 명의 사람들은 가장 극적인 천문 현상을 목격할 수 있었다.

나는 과거에도 개기일식을 보려고 한 적이 있었다. 1998년 8월에 지구와 달과 태양이 고맙게도 내가 살던 지역 근처에서 일직선으로 정렬했다. 당시 물리학과 학부생이었던 나와 동료들은 카메라 망원렌즈를 통해 짙은 구름 사이로 개기일식을 살짝 엿볼 수밖에 없었다. 나중에 우리는 개기일식 현장에 있었다는 사실을 증명하기 위해 당시 촬영한 사진을 트로피 삼아 자랑하곤 했지만, 사진 속의 나와 동료들은 우리를 조롱하는 듯한 흐린 하늘을 배경으로 실망스러운 미소를 짓고 있었다. 우리가 진정한 개기일식을 경험했다고 느껴지지 않았기 때문이다.

내가 이번에 조사한 바로는, 캐스케이드산맥이 태평양 내륙의 습한 공기를 막아주는 덕분에 2017년 8월 21일 오전 10시 21분, 하늘이 맑을 가능성이 높은 오리건 동부가 개기일식을 관찰하기에 최적이었다. 그런데 공교롭게도 인터넷 시대를 사는 미국인 및 일식 추격자 수백만 명이 같은 결론에 도달했다.

하지만 내게는 비장의 카드가 있었다. 동료 천문학자 타일러 노드그렌Tyler Nordgren은 일식에 푹 빠져서 자신을 '코로나 애호가

coronaphile'라고 지칭하는 보기 드문 인물이다(코로나는 태양이나 별의 바깥층에 있는 엷은 가스층으로, 특히 개기일식 때 달 가장자리 너머 빛의 모습으로 쉽게 볼 수 있다). 일식을 수십 차례 관측한 그는 미국 대 일식에 대한 계획을 세워두며 나의 기대를 저버리지 않았다. 내가 연락하자 그는 킴벌리 인근 개인 목장에 일식 관측 캠프 조성을 요청했다. 그곳은 티끌 하나 없이 푸른 하늘 아래에서 1분 58초 동안 개기일식을 볼 확률이 가장 높았다.

드디어 그날, 아침에 눈을 떴을 때 아드레날린이 솟구쳤다. 복숭아빛 하늘은 구름 한 점 없는 날을 예고했다. 성공이 눈앞에 있었다. 우리는 달 그림자가 다가오는 풍경을 감상하기 위해 언덕을 오르기로 했다.

하늘과 연결되려면 맑은 시야만큼이나 고립과 침묵이 필요하다. 그런데 우리가 관측 장소로 선택한 언덕은 예상보다 더 멀리 떨어져 있었고, 경사는 예상보다 가팔랐으며, 어린 탐험가 두 명이 마지막 여정을 준비하는 과정에 계획보다 긴 시간이 걸렸다. 그 결과 오전 9시 10분이 됐고, 일식이 시작됐을 무렵 우리는 언덕 중간쯤에 있었다. 달이 태양 원반에 닿기 시작하는 첫 번째 접촉은 놓쳤고, 달이 태양을 완전히 가리는 개기일식의 순간에 맞춰 언덕 정상에 도착하려면 서둘러야 했다.

파멸의 전조

아이작 아시모프Isaac Asimov는 1941년 소설《전설의 밤Nightfall》에서 일식을 이용해 문명 전체를 붕괴시켰다. 이 이야기는 별들이 끊임없이 빛을 비추는 행성 라가시Lagash에서 펼쳐지며, 이 행성 주민들은 별의 존재를 알지 못한다. 그런데 라가시의 위성이 2,050년마다 개기일식을 일으켜 라가시를 어둠 속에 빠뜨리면, 별이 가득한 밤하늘이 드러난다. 몇몇 과학자는 그러한 밤 풍경을 예측하고 진실을 알리지만, 대중에게 조롱당하며 일식이 세상의 종말이라 믿는 사람들에게 폭행당한다. 어둠이 낮을 집어삼키고 별 수천 개가 나타나자, 라가시 주민들은 걷잡을 수 없는 공포에 굴복하고 지평선은 도시를 파괴하는 화재로 붉게 물든다.

라가시 주민들의 극단적인 반응은 아주 조금 과장됐을 뿐이다. 개기일식은 항상 불길한 징조로 여겨졌으며 이따금 파멸의 전조로 치부됐다. 빛과 열과 생명의 원천인 태양이 하늘에서 예고 없이 사라지면 세상의 자연 질서는 무너졌다. 때때로 일식은 사악한 세력의 공격으로 여겨졌다. 여기서 사악한 세력이란 중국인에게는 용, 마야인에게는 뱀, 바이킹에게는 늑대 한 쌍, 시베리아 타타르인에게는 흡혈귀였다. 예언자 요엘Joel은 다음과 같이 경고했다.

"여호와의 크고 두려운 날이 이르기 전에 해가 어두워지고 달이 핏빛같이 변하리라."[2]

일식이 두렵게 여겨진 이유는 고대에 누구도 일식을 명확하게 예측할 수 없었기 때문이다. 일식을 예측하는 방법은 18세기에 이르러 에드먼드 핼리Edmond Halley가 밝혔다. 일식은 달이 태양 앞을 지나갈 때 발생하며, 평균적으로 18개월에 한 번씩 일어난다.[3] 일식의 유형은 달의 궤도 변화에 따라 달라진다. 개기일식(태양이 완전히 사라짐)은 놀라움을 일으키지만, 부분일식(태양 원반이 완전히 가려지지 않음)과 금환일식(빛의 고리가 어두운 달의 원반을 둘러쌈)은 그리 극적이지 않다. 심지어 부분일식은 특별히 찾지 않는 한 눈에 띄지 않는 경우도 많다.

개기일식은 일식 발생 횟수 가운데 3분의 1도 되지 않고, 더욱이 달과 태양이 완벽하게 일직선으로 정렬한 모습을 관측할 수 있는 지구 표면의 좁은 띠인 개기일식의 경로는 폭이 대개 100~200킬로미터에 불과할 만큼 상당히 좁다. 또한 개기일식의 경로 밖에서는 개기일식이 부분일식으로 강등된다. 따라서 지구 표면의 한 지점에서 개기일식을 목격하며 머리털이 쭈뼛 서는 순간을 경험할 수 있는 기회는 평균적으로 1,000년당 두세 번 정도뿐이다. 반면, 달이 지구 그림자에 가려질 때 발생하는 월식은 어느 위치에서나 평균적으로 1년에 한 번은 볼 수 있다.

많은 고대 문명은 예측을 위해 일식과 월식의 패턴을 신중하게 기록했다. 중국인은 기원전 2000년부터 달력을 만드는 체계적인 방법인 역법曆法을 토대로 월식을 예측하려 했으나, 일식은 하늘의 예측 불가능한 현상인 천문天文의 일부로 간주했다. 일부 문명은 패턴 해석에 성공했다. 바빌로니아 점성술사는 기원전 2000년에 동일한 지점에서 다음 월식이 관측되기까지 정확히 6,585일(18년이 조금 넘는 기간) 주기로 반복된다는 사실을 발견했다. 이러한 주기는 오늘날 사로스_{saros}라고 불리고, 사로스 주기가 한 번 지나는 동안에는 초승달이 223번 뜨며, 사로스 주기가 시작할 때와 끝날 때는 태양과 지구와 달의 상대적 위치가 거의 똑같이 재현된다. 바빌로니아인은 중국인과 마찬가지로 일식을 예측할 수 없었지만, 개기일식이 항상 월식 전후에 발생하며 그럴 때면 두 천문 현상이 14일 간격으로 일어난다는 점을 깨달았다. 따라서 월식이 언제 발생할지 알면 개기일식이 일어날 가능성에 대비하는 데 도움이 됐을 것이다.

이처럼 월식과 일식이 발생하는 간격을 적용해, 그리스 천문학자이자 수학자인 밀레토스의 탈레스_{Thales of Miletus}는 일식을 예측했을 수도 있다. 헤로도토스에 따르면, 탈레스는 리디아인과 메디아인의 전쟁이 6년째 되는 해인 기원전 585년 오늘날의 튀르키예 북부에서 일어난 개기일식을 예언했다. 그리고 양측 군대는 "낮이 밤으로 바뀌는 이변을 목격하고 전쟁을 멈춘 뒤 평화조약을 체결하고 싶어했다."[4]

인류가 일식에 품었던 두려움은 프란치스코회 수도사 프레이 베르나르디노 데 사아군_{Fray Bernardino de Sahagún}이 남긴 이야기에서 생생하게 되살아난다. 그는 아스테카 제국이 스페인군에게 정복당하기 전까지 60년 동안 그곳에 머무르며 아스테카인의 관습을 기록했다. 아스테카 사람들은 악의 세계가 하늘에 있지만 빛나는 태양에 가려져 보이지 않는다고 믿었다. 그런데 개기일식이 일어날 때면 어둠의 악령이 풀려나 세상을 파멸시키리라 생각했다. 16세기에 발생한 일식 때 태양 빛이 사라진 현상을 두고 아스테카인이 보인 반응은 아시모프 소설 속 라가시 주민들을 연상시킨다.

"사방에서 비명이 들렸다. 피부색이 밝은 사람은 살해당하고, 포로는 처형당했다. 모든 사람이 피를 바치고, 귓불에 구멍을 뚫어 짚을 꽂았다. 사원 여기저기서 성가가 불리고, 소란이 일고, 함성이 울려퍼졌다. 아스테카인들은 이렇게 외쳤다. '일식이 끝나면 어둠이 영원히 지속되리라! 어둠의 악마가 내려와 인간을 모조리 잡아먹으리라!'"[5]

개기일식은 권력자의 죽음과 관련 있는 현상으로도 여겨졌다. 누가복음에는 예수가 십자가에 못 박힌 뒤 3시간 동안 태양이 '어두워졌다'고 묘사돼 있다. 그런데 일식은 보름달이 아닌 초승달 단계에서만 발생할 수 있고 그날은 보름달 단계였으므로, 누가복음에 언급된 어둠은 천문학적 일식이 될 수 없다.[6] 누가복음은 아마도 일식이 지닌 강렬한 이미지를 빌려서 예수가 처형당하는 순간을 극적으로 표현하고, 이를 통해 이스라엘을 향한 심판의 순간이 언급된 성경 예언을 성취했을 것이다.

"여호와께서 말씀하시기를 그날 내가 대낮에 해를 지게 하고 밝은 낮에 땅을 캄캄하게 할 것이다."[7]

《Anglo-Saxon Chronicle 앵글로색슨 연대기》에 따르면, 1133년 8월 2일의 개기일식은 잉글랜드와 노르망디의 왕이었던 헨리 1세에게 영향을 미쳤다.

"헨리 왕은 라마스˙에 바다로 나갔다. 다음 날 왕이 배에서 잠

˙   Lammas, 8월 1일에 기념하는 기독교 축일.

자는 동안 사방이 어두워졌다. 해가 초승달처럼 희미해지자 한낮인데도 하늘에서 별이 보였다. 사람들은 소스라치게 놀라며 두려움에 떨었고, 이후 큰일이 일어나리라 믿었다. 실제로도 그랬다. 이후 12월 1일 노르망디에서 헨리 왕은 사망했다."[8]

헨리 1세는 1133년 일식 이후 2년여 만인 1135년 12월 1일에 사망했다. 의사의 조언을 무시하고 섭취한 칠성장어가 문제였지만, 당시 사람들은 일식과 연관성이 있다고 확신했다.

메소포타미아의 아시리아인은 일식이 가져오는 불행한 결과를 피하기 위해, 군주를 대신해 불길한 징조에 직면하는 대리인을 내세웠다.[9] 이러한 꼭두각시 왕은 일반적으로 범죄자나 평민이었으며 궁정 점성술사에게 추천받아 임명됐다. 그리고 기원전 763년 6월 15일의 일식(역사상 최초로 명확하게 기록된 일식) 때 그랬듯, 일식이 발생하면 왕위에 올라 왕실 예복을 입고 왕비를 맞이했다.[10]

진짜 왕이 숨어 있는 동안, 꼭두각시 왕은 '천상과 지상의 모든 징조를 자신이 받아들이겠다'는 특별한 맹세를 하고 최대 100일간 식사와 환대를 즐기며 경호원에게 둘러싸여 있었다(꼭두각시 왕이 탈출하지 못하도록). 하늘의 위험한 징조가 지나갔다고 판단되면, 꼭두각시 왕은 처형당하고 진짜 왕이 복귀했다. 그렇게 일식은 언제나 꼭두각시 왕에게 죽음을 안겼다.

생명의 원천

나는 작열하는 태양 아래서 땀을 뻘뻘 흘리며 딸의 짧은 다리와 아기띠에 싸인 아들의 무게가 허락하는 만큼 신속히 언덕을 오르는 동안, 별과 인류의 관계가 얼마나 변화했는지 곰곰이 생각했다. 오늘날 태양 숭배자라는 단어는 노을이 붉게 타는 하얀 모래사장에서 자외선 차단제를 바르고 차가운 칵테일을 즐기는 사람을 연상시킨다. 그러나 극심한 가뭄과 쏟아지는 폭우, 치명적인 홍수에 인류 생존이 좌우되었던 많은 고대 문명은 태양을 주요 신으로 숭배하며 생명의 원천으로 인식했다. 이것이 하늘에서 태양이 돌연 사라지는 일을 두려워해야 할 이유였다.

고대 이집트만큼 태양을 열렬히 숭배한 문명은 없었다. 이집트 신화에서는 매의 머리를 한 태양신 라가 배를 타고 의기양양하게 하늘을 건너고, 그 곁에서는 하급 신이 여정을 방해하는 적을 물리친다. 해가 질 무렵이면 라가 탄 배는 서쪽 지평선 아래로 뛰어들어 지하 세계를 통과하는 위험천만한 여정을 시작한다. 지하 세계에서 라는 거대한 뱀을 물리치고 불의 호수를 건넌 뒤 마침내 강력한 숙적인 죽음의 뱀 아포피스와 맞서 싸워야 한다. 라는 치열한 전투 끝에 승리한다. 그런데 다시 태어나려면 배를 타고 뱀 꼬리로 들어가 뱀의 입으로 역류해 신성한 쇠똥구리로 변신한 뒤, 어린 태양을 공처럼 굴려서 동쪽 지평선 위로 올려야 한다.

이처럼 매일 반복되는 죽음과 부활은 존재의 투쟁, 죽음 이후의 새로운 삶에 대한 희망을 상징했다. 하지만 놀랍게도 이집트인은 일식을 기록으로 남기지 않았다. 아마도 라의 정상적인 순환에 방해되는 현상은 신의 화신으로 추앙받은 파라오에게 수치스러운 일로 여겨졌을 것이다.[11]

가장 오래된 신화를 탐구해보면, 원래는 태양이 아닌 달이 종교적 경외의 대상이었다. 달이 차오르고 이지러지는 위상 변화는 단순한 낮과 밤의 교차를 넘어 더욱 복잡하고 확장된 시간 측정 방식을 제공했다. 4장에서 살펴보겠지만, 초기 달력은 달을 기반으로 만들어졌다. 그런데 이에 못지않게 중요한 측면은 달의 위상이 끊임없이 반복되는 생명의 주기, 보편적인 생성 법칙, 인간의 탄생·성장·노화·죽음이라는 피할 수 없는 수레바퀴와 연관돼 있다는 점이었다. 이와 관련된 내용도 뒤에서 자세히 탐구할 예정이다.

태양과 달을 아버지와 어머니, 신랑과 신부, 형제와 자매, 하늘의 왼쪽 눈과 오른쪽 눈 등으로 상징하던 것은 태양과 달이 지구에서 보기에 크기가 거의 같다는 점에서 비롯한다. 이는 태양이 달보다 약 400배 더 크지만 지구에서 훨씬 멀리 떨어져 있는 까닭이다. 이처럼 행복한 천문학적 우연은 인류에게 개기일식을 선사하고, 태양과 달이 똑같지는 않지만 적어도 비슷한 지위에서 각자의 역할을 한다는 수많은 신화의 근거를 마련한다.

그런데 이 섬세한 우연은 영원히 지속되지 않을 것이다. 달이 지구에서 매년 약 4센티미터씩 꾸준히 멀어지고 있으므로, 언젠가 달이 지구에서 지나치게 멀리 떨어져 달의 원반이 태양을 완전히 가릴 수 없게 될 것이다. 대략 6억 년 후에는 마지막 개기일식이 지구를 비추는 날이 올 것이다.[12]

빗자루 별과 뉴턴의 연

일식은 하늘에 느닷없이 나타나는 가장 극적인 현상이지만, 고대인이 인간사와 연관 지은 천문 현상은 일식만이 아니었다. 복음서의 저자 마태Matthew에 따르면, 동방박사는 "야곱에서 한 별이 나오며 이스라엘에서 한 왕이 일어날 것이다"라는 메소포타미아 예언자 발람Balaam의 말에 따라 새로 태어난 유대인의 왕을 찾기 위해 예루살렘의 헤롯 왕을 방문했다.[13] 동방박사는 다음과 같이 말했다.

"우리는 동방에서 유대인 왕의 별을 보고 그분께 경배드리러 왔다."

마태복음에 따르면, 그 별은 남쪽에서 다시 나타나 예수가 탄생한 베들레헴으로 동방박사를 인도했다.

"보라, 동방박사가 동방에서 봤던 별이 그들을 앞서가다가 아기가 있는 곳 위에 이르러 멈추었다."[14]

베들레헴의 별과 실제 천문 현상을 연관 지으려는 시도는 독일 천문학자 요하네스 케플러가 시작했다. 1604년 케플러는 뱀주인자리Ophiuchus의 발 부분에 출현한 새로운 별을 상세히 기록했다. 이는 크기가 작고 밀도가 높은 항성이 열핵 반응*으로 산산조각나며 죽어가는 과정, 즉 오늘날 '초신성 폭발'로 알려진 현상이었다. 지구에서 불과 약 2만 광년 떨어진 곳에서 생성된 케플러의 별은 우리 은

---

* thermonuclear reaction, 높은 온도로 발생하는 핵융합반응.

하에서 폭발한 마지막 초신성이었다.[15]

케플러는 토성과 목성과 화성 간에 드물게 일어나는 합* 현상을 연구하기 위해 관측하던 하늘 영역에서 새로운 별을 목격했다. 예수가 탄생한 무렵에도 행성들이 비슷하게 배열됐으리라 계산한 그는 다음과 같이 말했다.

"동방박사를 예수의 구유로 인도한 별은 내가 목격한 별과 비견할 만하다."

케플러는 목격한 초신성이 베들레헴 별의 재등장일 수 있으며, 이러한 두 천문 현상은 목성과 토성의 합 현상을 통해 자신과 동방박사에게 이미 예고돼 있었다고 믿었다.

"동방박사는 그들이 따른 관행이자 현존하는 점성술의 원리에 기반해 어떤 결론을 내릴 수 있었는가? 그것은 바로 가장 중대한 사건이 곧 일어난다는 것이다."[16]

많은 사람이 베들레헴의 별을 규명하기 위해 천문학 서적과 고대 기록을 샅샅이 뒤지고, 천체의 궤도를 다시 계산하며, 신학적 논쟁을 벌였다. 그런데 금성은 지나치게 평범했고, 핼리 혜성은 예수 탄생보다 수년 전에 나타났으며, 유성은 수명이 몹시 짧았다. 동방박사가 낙타 안장에 올라타도록 이끈 놀라운 징조를 '빗자루 별broom star', 즉 중국의 비단 두루마리에 예수 탄생 무렵 나타났다고 기록된 혜성으로 해석할 수 있을까? 베들레헴의 별이 오늘날 크리

---

* conjunction, 지구에서 볼 때 둘 이상의 천체가 하늘에서 겹쳐 보이는 상태.

스마스카드에서 혜성으로 묘사되는 이유는, 1301년 이탈리아의 화가 조토Giotto가 핼리 혜성에서 영감을 받아 스크로베니 예배당의 예수 탄생화에 혜성을 그려넣었기 때문일 수도 있다.

베들레헴의 별은 하늘에 기적처럼 출현해 기적적인 탄생을 알리는 징표이자, 하늘의 뜻을 인류에게 전달하는 신호이자, 예수가 십자가에 못 박히던 때 '빛을 잃은 태양'과 상반되는 희망의 상징이었다.

우주에 뜬 느낌표처럼 혜성은 다양한 천문학적 징조로 여겨졌다. 인류는 우주의 중대하고 이례적인 사건을 예고하는 경이롭고 기이한 대상으로서 혜성을 경외했다. 덴마크 천문학자 튀코 브라헤는 혜성을 다음과 같이 설명했다.

"이처럼 하늘에서 자연법칙에 어긋나는 방식으로 탄생한 존재는 지구상에 전달할 중대한 진리를 늘 품고 있었다."[17]

기원전 44년 5월에 나타난 거대 혜성은 역사상 가장 밝은 혜성으로 손꼽히는데, 당시 이를 목격한 로마인들은 두 달 전에 암살당한 율리우스 카이사르의 영혼이 하늘로 올라갔다고 믿었다. 시한부 환자였던 베스파시아누스 황제는 카이사르의 최후를 의식한 나머지, 기원후 79년 혜성이 예고하는 죽음의 징조를 다른 사람에게 돌리려 했다. 베스파시아누스는 혜성을 '머리털을 지닌 별hairy star'이라 지칭하며 다음과 같이 말했다.

"혜성은 내가 아닌 페르시아 왕을 암시하는 징조다. 나는 대머리지만, 그는 긴 머리털을 가졌기 때문이다."[18]

하지만 이 계략은 통하지 않았고, 베스파시아누스는 몇 주 후 죽음을 맞았다.

신학자 성 토마스 아퀴나스에 따르면, 이탈리아 출신의 성직자 성 제롬은 혜성을 종말의 징조로 간주했다.

"일곱째 날에는 행성과 고정된 항성을 포함한 모든 별이 혜성처럼 불타는 꼬리를 분출할 것이다."[19]

누가복음에 따르면 예수는 자신이 재림하기 전 "해와 달과 별에 징조가 있으리라"고 직접 경고하기도 했다.[20]

혜성은 역사적 사건을 예고하는 징조를 뛰어넘어, 실제로 사건에 영향을 주기도 했다. 이러한 사례가 1066년의 핼리 혜성으로, '핼리'라는 이름이 붙여지기 약 600년 전에 나타났다. 핼리 혜성은 대낮에도 눈에 띄었고 밤이면 놀라운 풍경을 연출했다. '빛줄기 세 개를 길게 늘어뜨려 열닷새 밤 동안 남쪽 하늘을 광범위하게 비춘 혜성'으로 언급됐으며, 그러한 혜성 꼬리 세 개가 '연기처럼 흐른다'라고 묘사됐다.

잉글랜드 왕국 웨식스 왕조의 마지막 왕인 해럴드 고드윈슨 Harold Godwinson은 불안정한 통치를 시작하고 4개월 뒤 출현한 '새로운 별'에 불길함을 느꼈고, 이에 백성들은 재앙을 막기 위해 기도했다. 989년 바이킹의 영국 침공을 예고한 핼리 혜성을 목격했던 몰멜스베리 수도원의 한 수도승은 다음과 같이 외쳤다.

"다시 왔구나, 많은 어머니를 눈물 흘리게 한 그대여. 그대를 마지막으로 본 지 오래됐지만, 지금 내 나라를 송두리째 파멸하겠다고 위협하는 그대를 보노라니 그때보다 훨씬 불길하구나."[21]

그로부터 남쪽으로 320킬로미터 떨어진 지역에서는 노르망디의 윌리엄*도 마찬가지로 새로운 별을 발견하고 깜짝 놀랐다. 그러나 윌리엄은 해럴드의 성을 가리키는 혜성 꼬리가 자신의 승전을 암시하는 신성한 징조라고 해석했다. 윌리엄의 군대는 '새로운 별, 새로운 왕!'이라는 구호에 힘을 얻어 결집했다. 5개월 뒤 핼리 혜성이 사라지자 헤이스팅스 전투에서 노르만 병사가 쏜 화살이 해럴드의 목숨을 앗아가고 윌리엄은 왕좌에 올랐다.

이 정복 전쟁을 기념한 자수 작품 〈바이외 태피스트리Bayeux tapestry〉에는 핼리 혜성의 출현부터 해럴드의 죽음에 이르는 일련의 장면이 연재 만화처럼 펼쳐진다.[22]

이로부터 6세기가 지난 뒤에도 혜성은 한 소년에게 영향력을 미쳤고, 이 소년은 혜성을 포물선 궤도에 대입해 혜성의 운동을 예측했다. 아이작 뉴턴은 학창 시절 집에서 만든 연에 종이 전등을 매달아 날리곤 했는데, 어두운 겨울밤에는 많은 마을 사람이 뉴턴의 연을 진짜 혜성으로 오해했다. 1664년 케임브리지대학교 학생이었던 뉴턴은 그해 나타난 혜성을 관측하기 위해 자주 밤을 새우다가 결국 건강을 잃었다. 1680년 말에 출현한 또 다른 혜성은 만유인력의 법칙을 고안하는 과정에 중추적 역할을 했으며, 이에 대해서는 7장에서 살펴볼 예정이다.[23]

---

* William of Normandy, 잉글랜드 왕국 노르만 왕조의 첫 번째 왕.

충격과 경외

　　나는 아내와 양쪽에서 딸의 손을 잡고 서둘러 언덕을 올랐다. 빨리 정상에 오르지 않으면 도중에 개기일식을 보게 될 것이었다. 우리 가족은 자주 멈춰 서서 숨을 고른 다음 뒤로 돌아 일식 관측용 안경을 쓰고, 달이 태양 원반을 삼키는 과정이 얼마나 진행되었는지 확인했다. 가파른 경사가 갑자기 완만해졌고 드디어 언덕 정상에 도달했다. 태양이 서서히 다가오는 검은색 원과 완벽하게 정렬되려면 아직 30분이 남았다. 나는 아들을 내려놓으며 아기띠에서 벗어난 것에, 그리고 언덕 정상에 도착한 것에 감사했다.

　　개기일식이 일어나기 몇 분 전이 되자 풍경은 색을 잃었고, 그림자 또한 한쪽이 선명해지고 다른 한쪽이 구부러지며 섬뜩하게 변했다. 이는 우리가 초승달 모양의 거대한 조명 아래에 서 있기 때문이었다.

　　개기일식은 '낮의 일몰'이라 표현되곤 하지만, 실제 개기일식은 일몰과 전혀 다르다. 해가 질 무렵에는 풍경이 붉게 변하면서 부드럽고 따뜻한 빛에 휩싸인다. 반면 개기일식 직전에는 빛이 불길한 회색으로 변하고 태양이 어둠에 잠식당해 무기력해진다.

　　달 그림자가 음속보다 빠른 약 3,200킬로미터 이상의 속력으로 우리를 향해 소리 없이 다가와 모습을 드러냈다. 그러자 우주의 생명 에너지가 지구에서 빠져나간 듯이 싸늘해졌다. 새도 변화를 감지했다. 새들이 지저귀는 소리가 잠잠해졌다. 일식 연대기에는 1652년 스코틀랜드에서 발생한 일식에서 "새들이 땅으로 급히 내려왔다"라고 기록돼 있다.[24] 그날 새들은 잠을 잤을까, 아니면 조용히 두려움에 떨었을까? 꽃은 다시 목격하지 못할 현상에 속아 마치 밤을 맞이한 듯 꽃잎을 닫았다.

이후 태양은 달의 어두운 원반에 가려져 완전히 사라졌다. 이 시간이 멈춘 듯한 순간의 고요함은 우리 가족의 감탄사로 산산조각 났고, 곧이어 언덕 아래 목장에 모인 군중의 환호와 함성이 들려왔다. 우리는 소리를 지르고, 탄성을 뱉고, 아우성치고, 포효했다. 그러면서 더욱 원시적인 상태로 회귀했다.

하늘이 잠시 어두워진 사이, 별들이 모습을 드러냈다. 태양 대기에서 바깥쪽 영역인 코로나는 태양 표면보다 수백 배 뜨겁지만 평소에 잘 보이지 않는다. 그런데 하늘에 부자연스러운 블랙홀이 생성되자 그 주위에서 코로나가 빛을 발산했다. 태양이 있던 자리에 출현한 불의 고리가 불길해보였다. 코로나의 형태가 고작 몇 분 사이에 변화하지 않는다는 것은 알고 있었다. 그런데 코로나가 차가운 에너지로 진동한다는 인상을 떨쳐버리기는 어려웠다. 개기일식은 최장 1분 58초 동안 지속되는데, 그날은 더 길게 느껴졌다.

태양이 다시 나타나지 않는다면 어떻게 될까? 나는 달 그림자 안에 서 있고, 어둠을 뚫고 온 빛줄기가 별과 나를 연결할 것이다.

나도 모르게 눈물이 흘러내렸다.

잊힌 하늘

요즘은 일식의 극적인 장면과 북극광의 춤사위가 관광객 수백만 명을 끌어들이고 있다. 일부 관광객은 콩코드 전세기에 탑승해 초음속으로 일식 경로를 따라가며 한 시간 넘게 개기일식을 관측하거나, 구름에서 갈라진 틈이 보이는 위치에 교묘히 자리 잡은 외항 유람선을 타고 40초간 개기일식을 관측하기도 한다. 또한 수면 부족에 시달리면서도 스노모빌을 타고 북극 밤하늘의 오로라aurora를 무리 지어 추격한다.

소셜미디어 시대에는 어느 현장에 있다는 사실보다 찰나의 순간을 실시간 업데이트해 전 세계에 알리는 일이 중요하다. 하늘을 생생히 경험하려면 많은 수고를 들여야 하지만, 오늘날 그 경험은 스마트폰 화면 속 화소화된 이미지로 격하되었다. 이러한 이미지는 인터넷에 연결된 사람이면 누구나 클릭 몇 번만으로 볼 수 있는 다른 이미지들과 차이가 없다. 에머슨이 표현한 '숭고한 존재인 천체'가 갈수록 두터워지는 인공 빛의 커튼 뒤로 물러나는 것이다.

천문학자 에드윈 던킨Edwin Dunkin의 저서 《The Midnight Sky한밤의 하늘》에는 런던 세인트폴 대성당 위에서 장엄하게 빛나는 은하수가 아름답게 묘사돼 있다. 던킨은 런던에서 별을 2,000개까지 볼 수 있으며, 그 황홀한 장관은 "그림처럼 아름다워서 하늘에 무관심한 관찰자의 마음에도 창조의 장엄함을 깊이 각인시킨다"라고 언급했다.[25]

《The Midnight Sky》가 출간된 1869년은 런던에 전기 가로등이 도입되기 20년 전이었다. 런던 시민들은 17세기에 존 밀턴 John Milton 이 묘사한 대상을 알아볼 수 있었다.

> 넓은 길의 흙은 황금이요, 포석은 별이니
> 그 별은 그대 앞에 나타나는 은하수의 별.
> 밤마다 그대 시야에 들어오는
> 둥근 띠 같은 하늘의 강에서
> 총총 빛나는 별과 같았다.[26]

존 밀턴은 40대 중반에 시력을 잃은 뒤, 더 이상 볼 수 없는 하늘의 풍경을 떠올리며 《실낙원 Paradise Lost》에 위와 같이 표현했다.

달이 없는 여름밤, 나는 런던에서 가장 넓은 공터에 서 있었다. 약 500만 제곱미터 달하는 광활한 이곳에서 수천 년간 사람들이 거주했다. 그런데 주변 도시에서 뿜어져 나오는 주황색 안개 탓에, 나는 별을 고작 150개밖에 헤아리지 못했고 그조차 희미했다.

인류의 선조는 별을 단순하게 여기지 않았으며 별의 다채로운 밝기와 빛깔을 보고 다양한 형상으로 상상했다. 영웅적 인물, 신화 속 존재, 신성한 동물, 매혹적인 물체가 별자리 형태로 하늘을 가득 채웠다. 이러한 상상력의 산물 가운데, 황소자리나 오리온자리는 여러 문화권에서 놀라울 정도로 많이 발견된다.

우리의 눈은 밤하늘에서 깊이를 인식하지 못한다. 별자리에서 나란히 보이는 별들이 3차원 공간에서는 수천 광년 떨어져 있을 수도 있다. 쌍둥이자리 Gemini 또는 the Twins 에서 가장 밝은 두 별인 카스토르Castor와 폴룩스Pollux는 20광년 떨어져 있으며, 겉으로 보이는 두 별의 근접성은 착각에 불과하다. 별자리는 또한 오랜 세월에 걸쳐 변형이 일어나는데, 우주에서 별이 움직이며 우리 눈에 띄지 않을 정도로 조금씩 별자리 모양이 바뀌기 때문이다. 100만 년 전 네안데르탈인이 별자리를 돌에 기록했다면, 현대인은 그 별자리를 식별하지 못했을 것이다(실제로 네안데르탈인은 기록을 남기지 않았다).

지중해 섬에서 강의하던 시절, 학생들과 어두운 밤에 걸어가고 있었다. 내가 은하수를 보며 무심코 별의 아름다움을 언급하자, 한 학생이 별을 본 적 없다고 말했다. 처음에는 그가 지금 같은 경험을 한 적 없다는 의미인 줄 알았으나, 뉴욕 인근에서 성장한 그는 대학원에 입학하기 전까지 망원경으로만 별을 볼 수 있으리라 믿었다고 설명했다.

나는 몹시 놀랐다. 물리학 학위 취득 후 우주론을 전공한다는 점에서 그에게 천문학 지식이 전혀 없는 것은 아니었다. 그러나 대도시의 불빛에서 벗어나 인내심을 갖고 기다리면 빛나는 별과 성운을 맨눈으로도 볼 수 있다는 사실을 전혀 알지 못했던 것이다. 별은 가로등, 탐조등, 디지털 광고판 등에 밀려 꾸준히 자취를 감추고 있으며, 인류가 어둠을 상대로 집요하게 벌이는 정복 활동에서 최후의 희생양이 됐다.

가장 먼저 모습을 숨긴 천체는 밀턴이 언급한 은하수로, 오래전 도시에서 쫓겨나 외곽으로 후퇴했다. 현대인은 은하수를 알아볼 수조차 없을 것이다. 1965년 11월 9일 밤, 뉴욕 전역에 정전이 발생해 평소라면 빛을 뿜었을 맨해튼 고층빌딩 위로 은하수가 모습을 다시 드러냈다. 돈 드릴로Don DeLillo의 소설《Underworld언더월드》에 등장하는 몇몇 인물은 '하늘에 그어진 줄무늬'가 실제로 무엇인지 정확하게 알지 못했으나 그것에 주목하지 않을 수 없었다.

"사람들은 대화를 나누다가도 자꾸만 하늘을 올려다봤다. 미드타운 맨해튼의 하늘을 관찰하거나 맨해튼섬 끝을 보려고 했지만, 빼곡한 건물에 시야가 가려 보이지 않았다. 그런데도 늘 하늘을 바라보며 이야기했다. … 줄무늬 하늘을 배경으로 미드타운 건물들의 반듯하고 또렷한 윤곽이 보였다."[27]

1994년 1월 17일 오전 4시 31분에 발생한 노스리지 지진의 여파로 전력이 끊긴 로스앤젤레스 상공에 수많은 별이 모습을 드러내자, 사람들은 별이 가득한 '낯선 하늘'에 당황해 그리피스 천문대에 전화를 걸었다.[28]

실제 하늘은 우리 기억에서 희미해졌지만, 가시 우주의 가장 먼 구석으로는 클릭 몇 번으로도 이동할 수 있다는 점은 현대의 역설이다. 가시 우주에서 가장 먼 입자는 수십억 년 동안 우주를 여행하다가 우연히 망원경에 포착돼 화소화된 이미지로 생성되고, 스마트폰은 이것을 제공하며 우리의 부족한 경험을 채워준다. 하지만 망원경과 우주천문대, 디지털카메라는 흔히 상상하듯 인간의 감각을 단순하게 확장시키지 않는다.

이러한 도구들은 강력하고 신뢰할 수 있으며, 400년 전 망원경을 활용해 인류 최초로 우주를 연구한 갈릴레오에게도 환상적으로 보였을 만한 우주 풍경과 통찰을 현대인에게 제시한다. 이들 도구는 또한 특정 현상에만 초점을 맞추고 그외 모든 현상을 생략하도록 설계됐다. 수집한 데이터에서 결함이 있는 부분은 수정하고, 관련 없는 신호는 제거하며, 유의미한 신호는 증폭한다. 과학 조사가 목적인 경우, 디지털 데이터는 복잡한 계산 시스템에 입력돼 과학자가 원하는 답으로 도출된다. 일반 대중에게 공개할 이미지는 구도에 맞게 편집하고 색을 보정해 온라인 갤러리에 전시한다.

그런데 개인이 깊은 하늘과 만나는 일은 이와 다른 문제다.

빛줄기 한 다발

수년 전 나는 스위스 아스코나 지역에서 학회를 주최한 적 있다. 이 아름다운 장소로부터 멀지 않은 지역에서 자란 까닭에, 나는 그곳의 역사를 잘 알고 있었다. 몬테 베리타는 호수가 내려다보이는 언덕 꼭대기의 평화로운 숲으로, 일찍이 이상주의자들은 자유와 채식주의, 그리고 자연 친화성에 기반해 새로운 삶을 시작할 장소로 이곳을 선택했다.

예술가 산티 샤윈스키Xanti Schawinsky는 몬테 베리타의 보헤미안적 환경을 두고 '눈썹은 하늘에 닿지만 하반신은 3등석을 타고 여행하는 곳'이라 표현했다*.[29]

나는 지역 천문학회와 함께 공개 천체관측회를 열었다. 몬테

---

* 몬테 베리타 사람들이 높은 이상과 지성을 추구하면서도 겸손하고 소박하게 살았음을 의미한다.

베리타의 밤은 다른 지역보다 어두우므로 하늘을 관찰할 필요가 있다는 생각에서였다. 망원경 위로 청명한 하늘에서 별들이 쏟아질 듯 반짝이는 가운데, 놀라운 일이 일어났다.

현지 천문학자가 추천하는 관측 목록이 모습을 드러내자, 카네기멜론대학교의 통계학자 크리스 제노베제Chris Genovese는 반사망원경을 부드럽게 움직여 무작위로 방향을 돌렸다. 사람들은 허리를 숙이고 망원경을 들여다보다가 탄성을 터트렸다. 크리스가 능숙하게 망원경을 한 번 더 조정하자 더 많은 사람이 감탄사를 연발하며 정적을 깼다.

떨리는 어둠 속에서 섬세한 성운이 모습을 드러냈다. 공중에 떠 있는 거미집과 닮은 빛줄기 한 다발이 손을 뻗으면 닿을 만큼 가까우면서도 멀리 떨어진 것처럼 보였다. 나는 내가 관측하는 푸른 안개의 구성 물질인 반짝이는 기체가 상상할 수 없을 정도로 광대한 우주에 걸쳐 있음을 알았다. 그 거리는 아마도 10조 킬로미터에 달할 것이다. 하지만 마치 미세 생명체를 들여다보는 느낌이 들었다. 천체의 크기와 거리는 망원경이 부리는 요술 탓에 비례에 맞지 않게 왜곡돼 있었다.

이때 나는 수많은 성직자가 갈릴레오의 망원경을 통해 관찰한 사실을 있는 그대로 믿지 않은 이유를 이해했다. 그것은 허블Hubble 우주망원경으로 얻은 선명하고 알록달록한 이미지와 전혀 다르게, 희미하고 자그마한 그림자였기 때문이다. 나는 시야에서 사라질 때까지 성운을 바라봤다.

2015년 미국 대학생을 상대로 조사한 결과, 과학을 전공하지 않은 학생들은 평균적으로 별자리 2개(가장 정확하고 빈번하게 식별되는 별자리는 오리온자리와 큰곰자리Ursa Major다)와 별 1개(무작위 추측보다 높은 비율로 식별되는 별은 오리온자리의 북극성과 베텔게우스뿐이다)만 식별할 수 있다고 밝혀졌다. 그런데 놀랍게도 밤하늘 아래에서 자란 학생들 또한 별과 별자리를 식별하는 능력에서 통계적 차이를 나타내지 않았다. 현대인이 별에 흥미를 잃었기 때문일 것이다.[30] 2050년에는 미국인 10명 가운데 9명이 도시에 거주할 것이고, 인공빛 돔은 밤하늘을 가려 사람들의 시야와 마음에서 별을 완전히 몰아낼 것이다.

자연 체험 전도사로 유명한 미국의 사상가 헨리 데이비드 소로Henry David Thoreau는 19세기 중반 월든 호수에서 은거하며 자신과 하늘 간의 관계를 탐구했다. 소로가 저술한 명상록에 따르면 그는 '맑고 깊은 초록빛 우물'에서 달빛을 받으며 낚시했는데, 어두운 밤에는 낚싯줄을 '아래쪽의 물속은 물론 위쪽의 하늘로도 던질 수 있을 것처럼' 느끼며 상념이 더 넓은 영역으로 떠돌았다고 한다.[31] 소로의 친구이자 멘토인 랠프 월도 에머슨 또한 '천상에서 쏟아지는 빛이 인간과 저속한 존재를 갈라놓을 것'이라 생각했다.[32]

우리는 상상력을 한껏 발휘해야만 그들의 경험을 간신히 이해할 수 있다. 소로가 월든 호수에서 낚시하고 별을 보던 무렵, 에드윈 던킨이 런던에서 어두운 거리를 걸으며 은하수를 올려다볼 수 있었다는 사실을 떠올리기는 더더욱 어렵다.

별과 더 이상 연결되지 않는다면 인류는 무엇을 잃게 될까?

이 질문에 답을 구하려면 우리는 하늘을 보며 느낀 경외심에서 무엇을 얻었는지 알아야 한다. 수천 세대를 거슬러 올라가 신화 속 괴물과 위대한 영웅, 그리고 아름다운 공주가 밤하늘을 수놓았던 소멸한 세계의 역사를 간략히 탐험해보자.

하지만 먼저 별이 보이지 않는 세계를 방문해야겠다.

구름 관찰자

구름 관찰자의 노래가 동굴을 채웠다.

우리 모두 그 노랫말을 기억하고 있었지만, 마음이 전율하기 시작했다.

딸과 아들이여!

우리가 누구인가, 우리는 구름에게 빚을 졌다네.

구름은 비를 뿌려 나뭇잎을 펼치네.

구름은 바람을 일으켜 대지를 건조하네.

구름은 번개의 힘으로 세상에 생명을 불어넣네.

구름을 관찰하는 법이 내가 기억하는 것.

구름은 새를 돌아오게 하네.

구름은 사과를 자라게 하네.

구름은 열매를 땅으로 떨어뜨리네.

구름이 부르는 노래는 숨결에 실려다니며

세계의 가장자리에서

곰을 긴 잠에 빠뜨리고,

구름이 낳은 천둥은 전쟁에서 우리에게 힘을 주며

구름이 비추는 빛은 어둠을 막아준다네.

구름을 관찰한다는 것은 구름을 이해한다는 것.

구름을 관찰한다는 것은 구름을 느낀다는 것.

구름을 관찰한다는 것은 살아 있다는 것.

잠이 짧아지고 빛이 강해질 때,

그때는 아기 사슴이 세계로 들어오는 시기.

그때는 파란색 반점이 있는 알에서 단맛을 느끼고

골수 가득한 부드러운 뼈를 씹으며 행복해하는 시기.

하지만 풀이 누렇게 시들고 들소가 사라지며

구름이 비추는 빛이 짧고 약해질 때,

그때는 우리가 땅에서 쓸쓸한 뿌리를 캐고

그 뿌리를 천천히 씹으며 오래 버티는 시기.

어둠이 짙어지고 빛이 우리를 저버릴 때

우리는 불 주위에 둘러앉아 돌로 가죽을 다듬는다네,

추위를 이겨낼 수 있도록.

빛이 오래 비치는 동안 나는 구름을 관찰하네.

구름이 모양과 색을 바꾸며 흘러가는 모습을 지켜본다네.

나는 구름을 관찰하면 알 수 있다네,

아기 사슴이 오고 곰이 잠드는 시기를.

나는 구름을 관찰하면 말할 수 있다네,

"산에 비가 내린다"고.

그리고 천둥소리가 어렴풋이 들릴 때

세계의 지붕 위로 바위가 굴러간다는 것을 나는 안다네.

구름 위로,

저 멀리 산봉우리 정상이 지붕을 떠받치는 곳이라네.

나는 구름을 관찰하며 번개의 둥지를 찾는다네,

어둠 속에서 간혹 반짝이는 하얀 불.

나는 구름이 비추는 빛을 오래 관찰했고, 마침내 봤다네,

천둥이 다가오고 있고, 번개를 데려오리라는 것을.

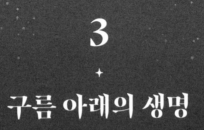

3

구름 아래의 생명

나는 태양의 왕좌를 뜨거운 장벽으로 가두고
달의 왕좌를 진주 띠로 포위한다네.
화산은 희미해지고 별은 휘돌고
회오리바람 불면 나의 깃발은 펼쳐진다네.
사납게 요동치는 바다 위로,
곶에서 곶까지 가로지르는 다리처럼,
나는 지붕처럼 매달려 햇빛을 막고
산은 기둥처럼 나를 떠받치네!

– 퍼시 B. 셸리Percy B. Shelley, 〈The Cloud구름〉

선돌 사이에서

나는 문을 열고 칠흑 같은 밤으로 걸어 나갔다.

바람이 강하게 몰아쳐 하마터면 넘어질 뻔했다. 오두막이 불과 몇 미터 거리에 있지만, 창문에서 쏟아져 나오는 빛은 물리 법칙이 허용하는 속도보다 훨씬 빠르게 사라지는 것 같았다. 나는 방향을 잡기 위해 지평선을 훑어보았다. 울퉁불퉁한 황무지는 밤하늘의 끝과 맞닿아 보라색 어둠이 깔렸다. 하늘을 샅샅이 뒤졌지만 빛은 보이지 않았다. 길을 잃은 기분이었다.

나는 2주 동안 밤하늘을 감상하며 천문학, 음악, 코미디, 음식, 예술을 즐기는 헤브리디스 밤하늘 축제Hebridean Dark Skies Festival에 참석하기 위해 스코틀랜드 루이스섬에 왔다. 북위 58도에 위치한 이곳은 인구 밀도가 낮으며 영국에서 가장 어두운 하늘을 자랑하는 지역으로, 은하수와 안드로메다은하까지 맨눈으로 감상할 수 있다.

하늘이 맑은 날은 북극광도 자주 발견된다. 그런데 같은 해 2월 스코틀랜드 북부에서는 가장 강력한 열대 저기압으로 손꼽히는 태풍 데니스Dennis가 발생했고, 별 관측 축제는 엉망이 될 위기에 처했다.

데니스는 밤하늘을 지워버렸고, 낮은 밤보다 상황이 아주 조금 나았을 뿐이었다. 구름이 너무 짙어서 태양 원반조차 보이지 않았다. 산란한 햇빛은 그림자를 드리우지 않았고 황무지와 호수는 빛깔을 잃었다.

태풍이 몰아치던 그날, 나는 '캘러네이스Calanais'라는 이름의 선사시대 환상열석*을 방문했다. 이 유적지에는 선돌standing stone인 거석 48개가 배열돼 있고, 높이 약 5미터짜리 중앙 거석이 묘실 위에 우뚝 서 있었다. 1680년 루이스섬에 거주하던 존 모리소네John Morisone의 기록에 따르면 "선돌은 한때 사람이었으나 마법사가 마법을 걸어 돌로 변했다"고 한다.[1]

선돌은 끝이 뾰족한 것도 있고, 윗부분이 둥글게 구부러진 것도 있었다. 작은 묘비 같기도 했고, 상어 이빨을 연상시키기도 했으며, 거대한 남근처럼 보이기도 했다. '헤브리디스의 스톤헨지Stonehenge'라고도 불리는 캘러네이스는 세계적으로 더 유명한 영국 남부의 스톤헨지보다 인상적이다. 아마도 캘러네이스의 형태가 우리에게 친숙하지 않아 첫인상이 한층 강할 것이다. 서쪽에서 캘러네이스로 다가가면 선돌이 하늘을 배경으로 능선을 따라 윤곽을 드

---

*   stone circle, 돌을 원형으로 배열한 고대 유적.

러내는데, 대지를 뚫고 나와 하늘을 향해 뻗은 거대한 편마암 손가락처럼 보인다.

태양이 드리우는 그림자를 이용해 지구 반지름을 최초로 측정한 에라토스테네스는 북쪽에 거주하는 휘페르보레아인˙의 '날개 달린 사원'에 관해 썼다. 여기서 '날개 달린 사원'이라는 표현은 캘러네이스에서 동서 방향으로 배열된 거석을 참고한 것으로 보인다.

기원전 55년 그리스 역사가 디오도로스Diodorus는 흥미롭게도 캘러네이스가 천문 관측을 위한 것이었다며 이런 글을 남겼다.

"이 섬(휘페르보레아인이 사는 섬)에서는 달이 지구에 무척 가까워 보인다. 아폴론 신은 19년에 한 번씩 섬을 방문하며, 이때 별들은 공전을 완료한다. 신은 이곳에서 하프를 연주하고, 춘분(약 3월 21일)부터 플레이아데스Pleiades 성단이 출현할 때(기원전 1750년 4월 10일경)까지 매일 밤 춤을 추며 성공을 자축한다."[2]

디오도로스는 배열된 선돌의 중앙에 선 관측자가 18.6년마다 목격하는 놀라운 현상을 언급하는 듯 보인다. 이는 달이 가장 낮게 떴다가 저무는 현상으로 '달의 정체a major standstill'라고 일컫는다.

1909년 노먼 록키어Norman Lockyer를 비롯한 여러 천문학자의 주장에 따르면, 캘러네이즈 건축가는 이 특별한 광경을 염두에 두고 천문학적 활동과 종교 활동을 겸할 수 있도록 거석을 배치했다고 한다. 달의 정체가 발생하는 해의 하지 무렵이면 보름달은 먼 남동

˙ Hyperborean, 고대 그리스인이 북풍 너머에 산다고 믿었던 신화 속 민족.

쪽 언덕 위로 떠오른 다음, 지평선을 가볍게 스치며 서쪽으로 이동한다. 이후 달은 언덕 능선 뒤로 사라졌다가 다시 나타나 선돌들 사이에 완벽히 배치된다. 신석기 시대의 천문학자이자 사제들에게는 보름달이 선돌 사이에서 현실화된 듯 보였을 것이며, 아마도 이는 아폴론이 나타난다는 신호로 여겨졌을 것이다(그리스 신화에서 아폴론은 달과 남매지간이다).

달의 원반은 지평선 근처에서 거대해보인다. 여신이 선돌 사이에서 숨바꼭질하는 듯 보이는 이 '슈퍼문' 착시는 우리에게만큼이나 신석기 조상들에게도 놀라웠을 것이다. 디오도로스가 언급한 19년이라는 기간은 실제 달의 정체 현상이 발생하는 주기인 18.6년과 꼭 맞아떨어지며, 따라서 신석기 조상에게는 이 감동적인 순간이 일생에 한두 번 경험할 수 있는 진기한 현상이었다.[3]

나는 선돌이 늘어선 길을 따라 환상열석이 배열된 중심부로 갔지만, 성역처럼 느껴지는 원 중심으로 들어갈 준비가 되지 않아 주위를 서성였다. 이 선돌은 신석기 사람들에게 어떤 의미였을까? 선돌 뒤에는 어떤 동기가 숨겨져 있을까?

중앙 거석을 등지고 원 안으로 들어가, 하늘이 팔레트에서 다양한 색조의 회색을 고르는 모습을 묵묵히 지켜보았다. 그러다 문득 궁금해졌다. 하늘이 구름과 동의어인 세계에서는 삶이 어떤 모습일까? 이에 답하기 위해 지구에서 구름이 가장 많은 곳을 찾아야 했다.

태양에 굶주린 도시

나는 아열대 기후에 가까운 스위스 남부에서 성장하며 연간 2,000시간이 넘는 일조 시간에 익숙해져 있었기에, 옥스퍼드와 런던 생활 중 계절성 정서 장애SAD를 경험했다. 여름철에 기대한 푸른 하늘과 영국의 하늘은 전혀 달랐고, 나는 우울함에 사로잡혔다. 처음에는 영국인의 날씨에 대한 집착이 당혹스러웠지만, 몇 년 뒤부터는 그런 관습적 잡담을 따분한 마음으로 받아들이게 됐다.

당연하게도, 구름을 체계적으로 분류한다는 아이디어는 영국인의 머리에서 나왔다. 아이디어의 주인공은 1783년 아이슬란드 라키 화산 폭발로 생성된 장엄한 일몰에 매료됐던 영국인 약제사 루크 하워드Luke Howard다. 화산 폭발에서 발생한 화산재와 먼지가 대기를 가득 채우자, 사람들은 그 후 1년여간 지평선 너머에서 큰불이 났다고 착각할 만큼 새빨간 일몰을 봤다. 이후 1883년에도 인도네시아 크라카타우 화산 폭발로 유럽에 이상 대기 현상이 발생했는데, 에드바르 뭉크Edvard Munch의 작품 〈절규The Scream〉의 배경이 이 화산 석양에 영향을 받은 것으로 추정된다.[4]

하워드는 동식물에 활용되는 방식과 유사한 구름 분류 체계를 고안해 '구름 명명자'라는 영원한 명성을 얻었다. 오늘날 구름은 10가지 주요 그룹, 다른 말로 속genera으로 구분된다. 속 안에서는 대개 구름의 구조로 해당 종species이 결정되며, 종 안에서는 모양과 투명도 차이에 따라 변종subspecies이 결정된다.

이를 토대로 탄생한 이름은 다른 어떤 단어보다도 자연을 감각적으로 묘사한다. 예를 들어 수직으로 발달하는 구름인 적란운 cumulonimbus은 대머리적란운 cumulonimbus calvus과 복슬적란운 cumulonimbus capillatus으로 나뉜다. 여기에서 대머리적란운의 'calvus' 는 라틴어로 대머리를, 복슬적란운의 'capillatus'는 털을 뜻한다.

적란운 밑에 소의 젖통처럼 생긴 유방운 mamma이 매달린 경우도 있다. 새털 같은 구름인 권운 cirrus은 명주실권운 cirrus fibratus, 갈퀴권운 cirrus uncinus, 농밀권운 cirrus spissatus으로 구분된다. 평평하고 넓게 펼쳐진 층운 stratus은 조각층운 stratus fractus, 파상층운 stratus undulatus, 인간 활동으로 만들어진 인공층운 stratus homogenitus으로 분류된다. 이처럼 무한히 변화하는 대상을 체계화하려는 돈키호테식 시도를 거치며, 구름 이름은 끝없이 이어진다.

특정 구름은 하늘을 가리는 데 특히 효과적이다. 나는 《The International Cloud Atlas 국제 구름 도감》에 묘사된 몽환적인 구름 형태에 푹 빠져 지내던 중, 내가 예전에 느꼈던 우울감의 주범이 일정한 회색층 구조에 눈과 이슬비를 뿌리는 안개층운 stratus nebulosus이었음을 깨달았다. 난층운 nimbostratus 또한 우울감을 유발하는 공범으로 안개층운처럼 넓게 퍼진 층 구조지만, 그보다 짙은 회색으로 발견될 확률이 높다. 안개층운과 난층운 모두 하늘에서 파란색을 지워버리며, 두께가 충분히 두꺼운 경우에는 태양 원반을 가릴 수도 있다. 밤에는 이들보다 더 얇은 구름도 별의 희미한 빛을 차단하는 장막을 드리울 수 있다.

1905년 연기 smoke와 안개 fog를 합쳐서 만든 신조어인 '스모그 smog'가 짙게 깔렸던 지난 세월이 남긴 집단 기억 때문인지, '런던'

하면 난층운에 뒤덮여 줄곧 이슬비가 내리고 안개가 자욱한 회색빛 도시를 떠올리는 사람이 많다. 하지만 놀랍게도 런던보다 마이애미, 시드니, 리우데자네이루 등 다른 여러 도시가 1년 중 비 오는 날이 더 많다고 밝혀졌다. 그런데 하늘이 구름에 가려질 확률이 가장 높은 도시를 찾으려면, 스코틀랜드와 아이슬란드의 중간 지점에 해당하는 북대서양 중심부로 이동해야 한다.

작은 페로 제도는 북대서양 한복판인 북위 62도에 위치해 바람의 영향을 많이 받고, 약 5,500만 년 전 화산 폭발에서 생성된 섬 18개로 이뤄진 군도다. 페로 제도의 극적인 탄생은 바다에서 수직으로 솟구치는 바위 절벽, 험준한 바위투성이 산, 현무암 지대, 고대 화산 지형에 형성된 피오르fjord에 여전히 흔적이 남아 있다.

페로 제도의 수도 토르스하운은 세계에서 일조량이 가장 적은 도시다. 나는 지구에서 가장 구름이 많은 곳을 찾기 위해 임페리얼 칼리지런던 소속 기후학자이자 구름 전문가인 에드워드 그리스피어트Edward Gryspeerdt에게 조언을 구했고, 그는 일조량이 가장 적다는 것이 구름이 가장 많다는 의미는 아니라고 경고했다. 이를테면 얇은 흰색 구름은 지상기상관측소에 '맑음'으로 기록될 만큼 빛을 충분히 통과시킬 수 있고, 국지적 구름은 '흐림'으로 잘못 기록될 수 있다.

그리스피어트는 정지궤도에서 관측해보면 지구에서 구름이 가장 많은 곳은 엘 다누비오 지역이라고 밝혔다. 이 지역은 태평양과 콜롬비아 서부 안데스산맥 사이에 자리하며 바다에서 유입되는 습한 공기가 갇혀 구름이 거의 일정하게 생성된다. 엘 다누비오는 구름양이 98.6퍼센트에 달해 토르스하운을 쉽게 능가한다. 2020년 엘다누비오를 촬영한 위성 사진을 확인하면 계속해서 흰 구름에 덮여 있는 모습을 볼 수 있다.[5]

그렇지만 페로 제도 또한 구름양이 많은 지역으로 손꼽힌다. 더욱이 1800년대 후반부터 2007년까지 페로 제도의 일조량을 측정한 캠벨 스톡스 기록장치Campbell-Stokes recorder 덕분에, 페로 제도는 엘다누비오보다 하늘을 기록한 역사가 길다.[6]

토르스하운의 일조량 측정 기록을 살펴보니, 1942년 12월과 1967년 1월에는 햇빛이 전혀 들지 않았다. 긴 밤 동안 구름이 갈라져 별빛과 북극광이 슬쩍 드러났을지 모르지만, 이는 기록으로 남지 않는다. 어쨌든 페로 제도 사람들은 몇 주간 하늘과 단절돼 있었다. 나는 이러한 단절의 심리적 영향이 언급된 문헌을 발견하지 못했으나, 페로 제도 출신 닐스 뤼베르 핀센Niels Ryberg Finsen은 그에 관한 단서를 남겼다.

피부 질환 치료에 광선 요법을 활용한 공로로 노벨생리의학상을 받은 핀센은, 몸이 쇠약해지는 희소 유전성 대사 질환을 앓으며 조국에 가장 부족했던 햇빛에 관심을 갖게 됐던 것이다.[7]

태양이 없는 두 달 동안 토르스하운의 날씨는 별이 보이지 않는 세계를 암시하는 좋은 청사진이지만, 다른 인공적인 환경도 동일한 청사진을 제시한다. 19세기 후반부터 20세기 전반까지 런던의 대기 오염은 상상 불가능한 수준에 이르렀다. 공장은 연기를 내뿜었고 사람들은 석탄 난로에 불을 지폈다. 하늘은 녹색 또는 노란색 안개에 뒤덮였다. 이는 그을음과 이산화황이 뒤섞인 독성 물질로,

광범위한 호흡기 질환을 초래하고 수천 명의 목숨을 앗아갔다.

1903년 런던을 방문한 미국 작가 잭 런던Jack London은 마르고 창백한 사람들의 모습과 큰 소리로 말하는 습관을 언급했다. 이 가운데 '큰 소리로 말하는 습관'의 원인은 머리뼈에 있는 공기 구멍인 부비동이 늘 막혀 있고 스모그 속에서 말소리를 알아들어야 했기 때문이었다.[8]

스모그는 모든 것을 검은 그을음으로 뒤덮었다. 그곳에 사는 한 여성은 다음과 같이 고백했다.

"쉬는 날 여행을 떠나기 전까지는 양이 원래 회색인 줄 알았는데, 흰색 양을 봤어요!"[9]

1952년 12월 런던에 치명적인 '그레이트 스모그Great Smog'가 발생한 당시, 5일 동안 런던 상공의 대기가 정체돼 스모그 농도가 큰 폭으로 상승했다. 모든 교통수단은 시야가 확보되지 않아 멈춰 섰고, 사람들은 낮인데도 본인의 손과 발을 볼 수가 없었다. 느릿느릿 운전하는 버스 운전사에게 길을 안내하기 위해 버스 앞으로 손전등을 비추어도 불빛이 스모그를 뚫지 못했다. 영화관 좌석은 앞쪽 세 줄까지만 앉도록 허용됐고, 그보다 뒤로 물러나면 화면이 보이지 않았다.

스모그가 모든 구멍을 통해 집 안으로 침투한 탓에 사람들은 벽조차 볼 수 없었다. 한 목격자는 다음과 같이 회상했다.

"복도에 들어서자 열린 편지함을 통해 스모그가 물처럼 쏟아져들어오는 모습이 보였다. 나는 문을 닫고 기침했다. 복도에 작은 스모그 바다가 생성돼 있었다."[10]

그레이트 스모그의 영향으로 1만 명 이상의 사람들이 사망했다고 추정된다. 그해 12월에 촬영된 사진은 그레이트 스모그의 파괴력을 입증한다. 소용돌이치는 검은 구름은 온 세상을 불길한 어둠 속으로 몰아넣었고, 낮인데도 불을 켠 가로등은 기둥이 거의 보이지 않는다. 달과 별은 물론이고 태양조차 희미해졌다. 이러한 런던의 악몽은 1956년 영국 정부가 공중보건 위기에 대응해 청정대기법Clean Air Act을 통과시킨 뒤 과거 속으로 사라졌다.

그러나 오늘날에도 많은 도시의 대기 오염은 위험한 수준이며, 세계보건기구에 따르면 가장 심각한 도시 15개 중 12개가 인도에 있다.[11] 인간이 초래한 오염 탓에 지구는 별이 보이지 않는 세계로 변화하고 있다.

사랑과 황산

푸른 하늘 없이 구름만 보는 것은 정신을 쇠약하게 만들 수 있지만, 별이 보이지 않는 세계가 담긴 현실적인 청사진을 원한다면 도전해야 했다. 행성이 온통 구름에 덮여 있다면 어떨까?

영감을 얻기 위해 조사한 실제 모델은 달을 제외하고 밤하늘에서 가장 밝은 천체인 금성Venus이었다. 1922년 스미스소니언천문대 책임자이자 천체물리학자인 찰스 애벗Charles Abbot은 다음과 같이 주장했다.

"금성의 높은 햇빛 반사율은, 금성이 지구와 흡사한 온도에서

습기가 풍부한 구름에 뒤덮여 있음을 암시하는 것 같다."[12]

금성은 태양에서 두 번째로 가깝고, 크기와 암석 성분이 지구와 비슷한 쌍둥이 행성이다. 그래서 20세기 초에는 금성에 생명체가 존재한다고 추정될 정도였다. 노벨화학상을 받은 화학자 스반테 아레니우스Svante Arrhenius를 비롯한 몇몇 과학자는 여기서 한 걸음 더 나아가, 금성의 표면은 열대 정글이며 사방에서 빗물이 떨어진다고 추측했다.[13]

이러한 시나리오는 레이 브래드버리Ray Bradbury가 1950년 발표한 단편 소설《끝없는 비The Long Rain》에 등장하는 가상 배경이 됐다. 이 소설에서는 우주에 고립된 여행객 네 명이 빠르게 번식하는 균류와 바다에 사는 적대적인 금성인을 물리치고, 열과 빛과 안전을 제공하는 태양 돔을 찾아 헤매다가 끝없이 쏟아지는 비를 맞고 광기에 휩싸인다.[14]

금성의 표면은 망원경의 시선에서 가려져 있어 19세기 말과 20세기 초 작가들은 상상력을 발휘할 수 있었다. 장·단편 소설 속 금성에는 용, 공룡, 지각이 있는 식물, 살아 있는 색, 바다에 사는 괴물, 날개 또는 촉수 달린 인간, 파란 피부색의 인간, 천사를 닮은 생물, (금성과 사랑의 여신을 연관시켜) 아름다운 여자 등이 살고 있다고 묘사됐다.

금성 문명을 다루는 이야기에서 구름의 역할은 고려되지 않는다. 에드거 라이스 버로스Edgar Rice Burroughs의 소설《Pirates of Venus금성의 해적》에서 금성 주민들은 구름이 갈라진 틈 사이로 간혹 보이는 별들이 원반형 행성을 에워싼 용암의 바다에서 튀어나오는

불꽃이라고 믿는다.[15]

제임스 발로우 James Barlow 목사가 '안타레스 스콜피오스 Antares Skorpios'라는 필명으로 1891년 출간한 공상 과학 소설에는 한층 더 흥미로운 이야기가 담겼다. 부모의 이혼으로 마음에 상처를 입은 발로우 목사는 자살한 어머니가 지옥에서 고통받고 있다는 생각에 사로잡혀 있었다. 그래서 그는 소설에서 금성인을 상호 합의에 따라 결혼을 계약하거나 종료하고, 신의 존재를 부인하는 불멸자로 묘사한다. 또한 '헤스페리안 Hesperian'이라고 지칭한 금성인들은 자녀를 낳지 않으므로, 그들의 이혼은 어린 세대에게 상처 주지 않는다.

헤스페리안은 미지의 신을 궁금해하며 구름 위 광활한 우주를 전혀 알지 못한다. 밖을 내다볼 수 없는 구름층이 머리 위에 있다는 것은 헤스페리안이 '신의 작품을 거쳐 신에게 도달하는 일이 금지돼 있음'을 의미하며, 여기서 발로우가 말하는 신의 작품이란 천체를 가리킨다고 추정된다.[16]

헤스페리안은 분투 끝에 32킬로미터 산봉우리 정상에 도달하고 마침내 구름 밖의 별과 아득한 지구와 불타오르는 태양을 본다. 아이작 아시모프가 묘사한 라가시 주민들과 다르게, 헤스페리안은 별을 보고 광기가 아닌 심오한 영적 위기에 휩싸인다. 이들은 천문학을 빠르게 발전시켜 19세기 지구인이 습득한 지식을 순식간에 뛰어넘었고, 이들이 처음 품었던 경외심은 차츰 퇴색돼 단절감으로 바뀐다. 헤스페리안은 장대한 우주 속 자신의 존재를 다음과 같이 깨닫는다.

"헤아릴 수 없이 깊은 곳에 존재하는 하찮은 얼룩에 지나지 않았다. 헤스페리안은 광막한 세계에서 자신이 무의미하다고 느꼈다. 신이 그 웅장한 우주를 책임지고 있다면, 신은 헤스페리안을 까맣게 잊었을지 모른다."[17]

경외의 대상을 갑작스럽게 접한 헤스페리안은 압도당한 나머지 정신적 위기를 겪게 된다.[18]

만약 헤스페리안이 존재했다면, 하늘이 보이지 않는 세계에서도 지적 생명체가 발달할 수 있음을 입증하는 귀중한 사례가 됐을 것이다. 하지만 현실은 그렇지 않았다. 우주 시대가 시작될 무렵 금성 대기 중 96퍼센트가 이산화탄소(오늘날 널리 알려진 강력한 온실기체)라는 사실이 밝혀지자, 1961년 칼 세이건의 결론처럼 금성은 습하고 황홀한 열대 낙원에서 '건조한 사막 행성'으로 바뀌며 생명체의 존재 확률이 낮아졌다.[19]

금성인의 존재 가능성을 종식시킨 결정타는 금성 구름이 대부분 황산으로 이뤄져 런던의 스모그보다 수백만 배 해롭고, 금성 표면이 지구 해저보다 압력이 높다는 사실이 밝혀진 것이었다. 금성 구름 아래에 도착한 정찰용 우주선들은 모두 높은 열과 압력으로 파괴됐고, 1985년 소비에트 연방이 발사한 탐사선이자 인류가 금성으로 보낸 마지막 탐사선 베가 2Vega 2는 금성 표면에서 한 시간도 채 버티지 못했다.[20]

구름이 흐르지 않을 때

나는 1992년 이후 발견된 외계 행성 수천 개 가운데 비교적 멀리 떨어진 행성들을 눈여겨보기로 했다. 아득한 항성을 공전하는 행성은 태양계에 속한 다른 어느 행성보다 무궁무진한 가능성을 지니기 때문이다. 이를테면 시속 9,700킬로미터로 바람이 맹렬하게 부는 행성, 녹은 유리가 빗물로 내리는 행성, 지금까지 알려진 가장 검은 물질 중 하나인 반타블랙Vantablack처럼 어두운 행성, 철을 녹일 정도로 평균 기온이 높아 용암에 휩싸인 행성 등이 있다. 그리고 분홍색 안개나 구름으로 뒤덮인 행성들도 있다.

외계 행성의 구름은 2014년 처음 확인됐다. 로라 크라이드버그Laura Kreidberg가 이끄는 연구팀은 허블 우주망원경으로 40광년 떨어진 외계 행성이 주인 항성 앞을 지나가는 동안 외계 행성 대기를 통과하는 항성의 빛을 분석했다. 그리고 관측한 외계 행성이 높은 고도에서 두꺼운 구름층으로 덮여 있고, 이 구름은 지구에 존재하는 물 기반의 권운과 다르게 염화칼륨(식물 비료로 흔히 쓰이는 흰색 가루)과 황산아연(인광성 물질)으로 이뤄졌을 가능성이 높다고 결론지었다.[21]

어둠 속에서 빛나는 구름이 있는 행성! 이러한 행성의 발견은 어둠으로부터 목성인을 구할 가능성을 상상한 앙리 푸앵카레를 기쁘게 했을 것이다.

"구름이 많은 행성에서 살았다면, 어두컴컴한 납골당(구름) 아래에서는 지구 생명체와 같은 유기체에게 꼭 필요한 태양 빛을 빼앗긴 채로 살아갈 것이다. 그런데 이러한 구름이 인광성을 지녀서 은은한 빛을 일정하게 발산한다고 하자. 이는 그저 가설이므로 다른 조건은 고려하지 말자."[22]

별이 보이지 않는 행성이 심우주에 숨어 있을 수도 있지만, 지금까지는 지적 문명은커녕 생명체 존재를 암시하는 단서조차 발견되지 않았다. 그런데 지구의 깊숙한 해저나 동굴과 같은 지하 서식지는 별이 보이지 않는 외계 환경의 사례를 우리 눈앞에 보여준다. 지하 서식지의 생물들은 환경에 영리하게 적응하며 진화했다. 햇빛이 들지 않는 깊은 바닷속에는 생물발광bioluminescence을 일으키는 생물들이 살고 있는데, 이들은 실험실 환경에서 살아남지 못하는 까닭에 아직까지 신비로운 존재로 남아 있다. 칠흑같이 어두운 동굴은 음파를 탐지하는 박쥐처럼 잃어버린 시력을 다른 공간 탐색 수단으로 보완하는 동물들의 서식지다.

몇몇 과학자와 탐구자들은 몇 달간 동굴에서 거주하며 자연의 햇빛 주기로부터 차단될 때 나타나는 신체적·심리적 반응을 조사했다. 당연하게도, 인공 빛만 있는 공간에서 거주하면 일주기 리듬*이 흐트러진다. 1965년 동굴에서 88일간 홀로 지낸 조산사 조시 로렐Josie Laurel은 다음과 같이 회고했다.

"뜨개질을 하고 또 하면서 마침내 태양을 보게 될 시간을 간절히 기다렸다."[23]

---

* 생물학적 과정이 약 24시간을 주기로 나타나는 현상.

이탈리아 사회학자 마우리치오 몬탈비니 Maurizio Montalbini는 동굴에서 3년 넘게 혼자 지내며 충격을 받았다고 했다.

"다시는 동굴로 돌아가지 않을 생각이다. 나에게는 태양이 필요하기 때문이다. 새벽을 맞이하는 꿈도 종종 꿨다." [24]

이러한 실험은 장기 우주여행에서 노출되는 환경을 모방한 것으로, 외딴 공간에 강제로 고립되면 생리적·심리적으로 일어나는 변화에 초점을 맞추었다. 더욱 극단적인 감각 결핍 연구에서는, 예를 들어 완전한 어둠 속에서 뇌 자극이 줄어들거나 제거되면 현실에 대한 이해도가 급속히 낮아진다는 사실이 입증됐고, 이는 고문의 한 가지 형태로 활용되기도 했다. 실험 참여자들은 감각이 최소한으로 입력되는 방음 칸막이에서 홀로 몇 시간을 지낸 뒤 극도의 불안, 편집장애, 환각 증상을 보였다.

이와 같은 연구는 인간 본성에 관한 깊고 흥미로운 통찰을 제시하지만, 별이 보이지 않는 세계를 상상하는 일에는 큰 도움이 되지 않는다. 내가 주목하는 세계, 즉 인류의 문화적·영적·심리적 진화에서 별의 역할을 또렷이 드러내는 세계는 철저히 어두운 세계가 아니라 '하늘이 보이는 선명한 시야'라는 한 가지 요소가 선택적으로 제거된 세계였다. 그러한 세계는 존재하지 않으므로, 나는 상상력에 의존해 마침내 나만의 세계를 구상했다.

별이 보이지 않는 세상, 칼리고에 온 것을 환영한다.

구름이 갈라지지 않는 곳

칼리고는 가상의 대체 지구로, 모든 면에서 우리 지구와 쌍둥이처럼 닮았지만 사소하고도 중요한 차이점을 지닌다. 금성처럼 온통 구름에 덮여 있다는 점이다. 그런데 금성과 다르게 칼리고의 구름은 인체에 무해한 수증기다.

칼리고는 라틴어로 안개, 어둠, 더 나아가 '사물을 명료하게 볼 수 없다'라는 의미로도 쓰인다. 칼리고에서는 근원을 알 수 없는 빛을 부드럽게 산란하는 구름이 하늘을 가로질러 이동해 서쪽으로 사라졌다가, 이튿날 아침 동쪽에서 다시 나타난다. 칼리고의 밤은 내가 루이스섬에서 경험했던 밤처럼 칠흑같이 어둡지만, 29.5일 주기로 수수께끼의 희미한 빛이 나타나 차츰 강해지다가 사라진다. 칼리고에는 별을 본 사람이 없다.

나는 물리학자로서 칼리고를 내가 원하는 대로 구상하려면 어떤 비과학적 가정을 해야 하는지 궁금했다. 칼리고는 실제로 가능할까? 지구에서 발견되는 대규모 구름 패턴은 지구 자전, 자전축 기울기(이는 일조량을 위도에 따라 변화시킨다), 육지와 바다와 산맥의 형태 등이 빚어낸 결과다.

목성의 대기에서도 줄무늬 구름 패턴이 비슷하게 나타나는데, 이 거대 기체 행성은 지구보다 자전 속력이 빨라서 구름 패턴이 더욱 선명하게 보인다. 칼리고 표면이 대부분 바다라고 가정하면, 온 행성을 감싸는 구름 덩어리를 쉽게 얻을 수 있다. 구름은 햇빛을 상당량 반사해 기후를 냉각시키지만, 대기의 화학적 성질을 변화시키면 칼리고를 생명체가 거주 가능한 행성으로 조성할 수 있다. 하지만 바다에 잠긴 칼리고에서는 육상 영장류가 진화할 수 없고, 별이 인간 본성에 미치는 영향을 알기 위해서는 최소한 우리와 비슷한 인간이 사는 세계에서 출발해야 한다. 물리학 관점에서 볼 때 그런 행성은 설계하기가 쉽지 않다.

생물학 관점으로 눈을 돌리면, 칼리고를 감싼 구름 덮개는 여러 방식으로 진화의 궤적을 수정하리라 예상된다. 다행스럽게도, 생태 피라미드의 토대인 광합성은 공룡을 6,600만 년 전 멸종시킨 소행성 충돌에 관한 연구에서 확인된 것처럼 칼리고를 비추는 산란광에서도 작동한다. 한 시나리오에서는 소행성 충돌이 초래한 대규모 산불에서 그을음이 대기 상층부로 뿜어져 나와 지구를 뒤덮었다. 어둠에 휩싸인 지구는 10년 동안 섭씨 16~18도까지 냉각됐고, 지표면에 도달하는 햇빛은 최대 2년간 약 80퍼센트 감소했다. 이는 아주 어두운 먹구름이 일으키는 효과와 거의 같다.[25] 공룡이 멸종한 직후의 지구는 칼리고를 구상하는 데 좋은 본보기였다.

어두운 빛 아래에서도 광합성은 깊은 바다를 제외한 나머지 구역에서는 효과적으로 작동했다. 칼리고에서는 적은 빛 에너지로도 광합성을 효과적으로 수행하는 활엽수나 해양 조류가 생존에 유리할 것이다.

칼리고 동물들은 직사광선이 없는 환경에서 진화하며 지구의 야행성 동물이나 동굴 및 해저 서식 동물이 지닌 특성을 기반으로 번성할 수 있다. 그러한 특성을 예로 들자면 희미한 빛을 최대한 활용하기 위한 커다란 눈, 어둠을 쫓기 위한 광발광*, 다양한 파장의 빛에 대한 민감도, 예민한 청각·후각·촉각, 반향정위[**], 지구 자기장을 이용한 방향 탐색 등이 있다. 진화적 압력은 지구에서 영장류 계통을 변화시키다가 마침내 인간을 형성했듯, 온통 구름에 덮인 환경에서 살아가는 데 가장 효과적으로 적응한 생명체를 여러 세대에 걸쳐 선택할 것이다.

칼리고 주민들은 햇빛이 부족해도 인간처럼 고통받지 않을 수 있는데, 그들은 애초에 햇빛이 부족한 환경에서 진화해왔기 때문이다. 만약 칼리고 주민이 인간과 동일한 생물학적 성질을 지녔다면, 영구히 지속되는 구름 아래에서는 계절성 정서 장애(우울증) 외에 비타민 D 부족에도 시달렸을 것이다. 비타민 D는 자외선에 노출되면 피부에서 합성되는 필수 호르몬으로, 부족하면 칼슘과 인이 흡수되지 않아 뼈가 약해지고, 특히 어린이에게 구루병이라는 심각한 결핍성 질환을 일으킬 수 있다.

칼리고에는 인간 또는 인간과 닮은 생명체가 존재하리라는 보장이 없다. 생물학자이자 진화론학자인 스티븐 J. 굴드 Stephen J. Gould 는 진화 현상이 더욱 복잡한 생명체를 향해 직선형으로 진행되지 않는다고 설명했다. 그러면서 약 40억 년 전 탁한 연못에서 출현한 단세포생물이 진화 과정을 거쳐 정점에 이른 결과가 인간이라고 자

---

[*] photoluminescence, 물질이 전자기파에서 에너지를 얻어 특정 파장의 빛을 방출하는 현상.

[**] echolocation, 음파나 초음파를 발생시키고 되돌아오는 반향을 감지해 지형지물을 파악하는 능력.

처하는 '편협한 초점parochial focus'에 우리들이 사로잡혀 있다고 지적했다.

6,600만 년 전 공룡을 절멸시킨 소행성 충돌이나 12,800년 전 거대 동물 멸종에 기여했으리라 추정되는 혜성 충돌 등 예측 불가능한 사건들은, 생존 도박의 승자와 패자를 결정하는 과정에서 무작위 유전자 변이와 자연 선택 못지않게 중대한 역할을 한다.[26]

굴드의 말처럼 우리는 "호모 사피엔스란 우거진 나무 덤불에서 근래에 자라난 아주 작은 가지이자, 씨앗을 재차 심어 나무를 키운다 해도 다시 나타나지 않을 조그마한 새싹일 가능성이 높다는 것을 받아들여야 한다."[27]

만약 호모 사피엔스가 동일한 진화 조건에서도 다시 나타날 가능성이 거의 없다면, 지구와 다른 칼리고 하늘 아래에는 생명의 씨앗을 심어도 인간이 출현하지 않을 것이며, 설령 진화한 생명체가 있다고 해도 분명 인간으로 인식되는 형태는 아닐 것이다. 칼리고를 감싼 구름은 진화 과정에 영향을 미치며 생명의 나무를 가지치기하거나 지구에서와 다른 형태로 변형할 것이다.

물리학, 화학, 생물학은 나의 사고 실험이 자연에서 수행될 수 없다고 입을 모아 외쳤다. 구름이 온 지구를 감싸면 생명체를 탄생시킨 초기 조건이 큰 폭으로 변화하므로, 세계 역사는 별안간 혼란에 빠지며 인류의 출현으로 이어지지 못할 것이다.

나는 앙리 푸앵카레의 방식을 따르기로 했다. 이미 한 가지 가설을 세웠기 때문에 몇 가지 가설을 더 추가해도 큰 차이는 없었다. 따라서 칼리고와 지구의 지질학적·생화학적·진화적 역사가 특정 시점까지, 즉 우리 이야기가 시작되는 5만 년 전 시점까지 똑같다고 비과학적으로 가정하기로 했다. 물리학은 사고 실험에 익숙하며, 이를 시스템이 지닌 뚜렷한 특징을 파악하는 도구로 빈번히 활용한다. 심지어 수학자는 정리를 증명하기 위해 역설을 이용하기도 한다. 특정 명제가 거짓이라고 가정한 다음, 그러한 가정은 논리적 모순으로 이어진다는 것을 증명한다. 그러면 기존 명제가 참이어야 한다는 결론이 도출된다.

따라서 칼리고는 나의 사고 실험을 위한 무대이자, 머지않아 모든 것을 변화시킬 구름을 제외하면 지구의 선사시대에 존재한 모든 배우가 등장하는 친숙한 무대다. 칼리고 주민들은 선사시대부터 오늘날까지 인류가 걸어온 여정을 따라가다가, 잠재적으로 무수히 많은 대안 역사 가운데 한 가지를 그려낼 것이다. 인류가 현대 세계를 구축하고 자기 정체성을 형성하는 과정에 별이 어떻게 보탬이 됐는지 탐구하는 동안, 내가 그린 '칼리고 설화'는 인류 궤적에 대한 반례가 아니라 실제 역사와 대조되는 가상의 역사를 제시하며 우리의 사고를 자극할 것이다.

캘러네이스에 방문한 날, 몰아치는 태풍에 몸을 부르르 떨며 자동차 안으로 피신했다. 이때의 떨림이 바람 때문만은 아니었다. 나는 고개를 들어 구름을 바라보았다. 그리고 고개를 내려 선돌들을 응시했다. 돌기둥들의 오래된 배열과 대지를 비추는 섬세한 별빛이 이어져 있었다. 이때 나는 예측 불가능한 생명의 나무에 돋은 호모 사피엔스라는 꽃봉오리가 어둠 속에서 별빛을 받아 활짝 피어났음을 깨달았다.

민물

구름 관찰자는 자기 자리로 돌아가 둥글게 둘러앉은 칼리고인 들 틈에 앉았다. 양치기가 기억해야 할 자를 고르기 위해 다시 한 번 일어서자, 어둠 속에서 그림자가 떠올랐다. 모두 자리에서 일어 나 칼을 준비하는 사이, 모닥불 쪽으로 비틀거리며 걸어오는 자의 정체가 이내 밝혀졌다.

벌집과 내가 서둘러 민물을 부축했지만, 그녀는 우리에게 조금 도 관심이 없었다. 몸을 다치지는 않은 것 같았다. 민물은 우두커 니 서서 두 팔을 힘없이 늘어뜨린 채 공허한 눈으로 모닥불을 응 시했다. 벌집과 나는 눈빛을 주고받았다.

양치기 또한 무슨 일이 있었는지 단번에 눈치챘다. 그는 민물의 어깨를 잡고 부드럽게 이끌어 우리가 둘러앉은 원 안에 세웠다. 그 리고 구름의 목소리로 다음과 같이 말했다.

"민물이여, 어둠 속에서 돌아온 것을 환영한다! 기억의 원에 합 류하고 이야기하라. 무엇을 봤는가? 우리가 기억할 수 있도록 말하라!"

나는 양치기가 무엇을 하려는지 알았다. 구름의 힘을 이용해 심원한 어둠에서 민물을 되찾으려는 것이다. 하지만 민물은 생기를 완전히 잃었고, 눈앞에 보이는 그녀의 육신은 영혼 없는 빈 껍데기 같았다. 그래서 나는 민물이 말문을 열었을 때 깜짝 놀랐다.

그녀의 느릿하고 나직한 목소리는 모닥불이 타닥거리는 소리와 겹쳐 간신히 귀에 들려왔다.

"양치기, 당신께 경의를 표합니다. 나는 빛이 두 번 떠오르기 전에 동굴 밖으로 나와 오록스* 발자국을 따라 숲속으로 들어갔습니다. 최근 우리가 물을 구하는 시냇물이 거의 말라버렸기에 나는 오록스의 샘을 오랫동안 찾아다녔죠. 샘에 도착했을 때 빛은 사라졌고, 그때 나는 돌아갈 길을 찾지 못하리라는 걸 깨달았습니다. 이제는 샘이 어디에 있는지도 가르쳐드릴 수 없어요."

민물은 중요한 기억을 떠올리려는 듯 잠시 멈추었다. 그리고 말을 이어갔다.

"아무 소용 없습니다. 샘이 있든 없든, 어둠이 우리 내면에 자리 잡았어요. 아무런 의미가 없어요. 어둠뿐이고 의미는 없죠. 더는 할 수 없습니다. 나는… 할 수 없어요."

민물은 목소리를 차츰 낮추더니 원 밖으로 빠져나갔다. 나는 민물을 붙잡기 위해 일어서려 했지만, 양치기가 나의 어깨에 손을 얹

---

* aurochs, 소의 조상에 해당하는 거대한 솟과 동물.

으며 제지했다. 내가 짐작한 대로 심원한 어둠은 지난번 박쥐가 깨어났을 때 가죽을 벗기는 자Skinner와 창을 만드는 자Spear-Maker를 데려간 것처럼, 그 이전에 수많은 자들을 데려간 것처럼 민물을 데려갔다.

심원한 어둠이 누군가의 내면을 잠식하면, 그들을 구할 방법은 없다. 머지않아 그들은 이리저리 방황하다 종적을 감추거나, 가죽을 벗기는 자처럼 까마귀에게 눈을 파먹힌 채 절벽 아래에서 발견된다.

우리는 다시 둘러앉았고, 양치기는 재차 명령했다.

"빛을 기억하는 자여, 그대는 칼리고인에게 가장 큰 위험이 무엇인지 들었노라! 요술쟁이Trickster와의 전투를 기억하라!"

빛을 기억하는 자가 일어서서 이야기를 시작했다.

4

·

별빛의 무게

다른 동물들은 모두 고개를 숙이고 대지를 내려다보는데

신은 인간에게만 위로 들린 얼굴을 주며

별을 향해 얼굴을 들어 하늘을 보라고 명령했다.

― 오비디우스Ovidius,《변신 이야기Metamorphoses》

구석기시대의 대결

런던자연사박물관 동관에서 인간의 진화가 전시된 구역은 여느 때와 마찬가지로 관람객이 드물었다. 이곳에는 머리뼈가 피라미드 형태로 깔끔하게 배치돼 있다. 피라미드 가장 아래에는 작은 원숭이와 닮은 호모 하빌리스 Homo habilis, 튀어나온 광대뼈를 지닌 호모 에렉투스 Homo erectus, 길고 넓적한 호모 루돌펜시스 Homo rudolfensis 가 전시됐다. 이들 위에는 이후에 등장한 호모 하이델베르겐시스 Homo heidelbergensis, 하이델베르그인 와 그의 사촌이 있고, 그 위에는 머리뼈 용량이 크고 눈썹 부분이 돌출된 호모 네안데르탈렌시스 Homo neanderthalensis, 네안데르탈인 가 있다. 피라미드 맨 위에는 매끄러운 계란형 이마에 속이 비어 있는 안구로 무심히 미소 짓는 호모 사피엔스 Homo sapiens 가 있다.

나는 마음속으로 '프레드 Fred'라고 부르기 시작한 네안데르탈인의 나체 모형 앞에서 강렬함을 느꼈다. 프레드의 존재감은 자세에서 느껴지는데, 그는 선사시대 다비드 조각상처럼 벌거벗은 몸으로 왼쪽 다리를 구부린 채 양손을 등 뒤에서 맞잡고 있다. 덥수룩한 수염과 머리카락에 가려진 짧고 강인한 목에는 두꺼운 근육이 튀어나왔다. 평균 키의 호모 사피엔스인 나는 프레드보다 낮은 위치에서도 그보다 조금 더 크다.

프레드의 시선을 따라 고개를 돌려보니 건너편에 키가 더 크고 날씬한 체격의 두 번째 모형이 있었다. 우리의 직계 조상인 호모 사피엔스였다. 고생물학자 에이드리 케니스Adrie Kennis와 알폰스 케니스Alfons Kennis는 네안데르탈인과 호모 사피엔스 모형을 만들어 5만 년 전 선사시대에 벌어진 대결을 재현했다.

문득 나는 어쩌다 유리 전시대 안에 진열되는 대신 밖에서 나 자신을 발견하게 됐는지 의문이 들었다. 우리 종을 꼭대기에 둔 머리뼈 피라미드는 호모 사피엔스가 점진적 개선의 정점에 도달했으며, 초기에 등장한 열등한 종이 진화를 통해 무자비하게 제거됐다는 것을 암시한다. 그런데 문제는 그리 단순하지 않으며, 우리 종의 우월성은 보장되지 않을 수 있다. 고고학자 레베카 랙 사익스Rebecca Wragg Sykes 말처럼 "진화는 호미닌 고속도로를 화살처럼 직진해 우리를 탄생시킨 것이 아니다."[1]

우리가 호모속Homo Genus에서 마지막으로 살아남은 종이긴 하지만, 현재 진화적 화살표에 맞춰 배열된 머리뼈들은 한때 지구의 주인 자리를 놓고 싸운 경쟁자였다. 우리 종은 오늘날 자취를 감춘 사촌들과 비교하면 생각만큼 크게 다르지 않다. 유전자 분석에 따르면 현대 유럽인과 아시아인은 네안데르탈인의 유전 물질을 1~2퍼센트 지니고, 호주 원주민의 DNA에는 20만 년 전부터 5만 년 전까지 아시아에서 살았던 데니소바인Denisovan의 DNA가 3~6퍼센트 포함돼 있다.[2]

최근 고인류학에서 발견한 결과에 따르면, 네안데르탈인은 우리와 비슷한 정신적 능력과 뛰어난 체력을 갖춘 다른 형태의 인류였다. 랙 사익스의 말처럼 네안데르탈인은 '유형만 다른 최신형 인간'이었다.[3] 우리 안에 네안데르탈인의 DNA 흔적이 남아 있다는 것은 우리 조상이 그들과 만났고, 적어도 몇몇 경우는 그들과 짝짓기했음을 의미한다.

네안데르탈인은 약 7만 년 전 우리 조상인 호모 사피엔스가 아프리카에서 이주하기 전까지 수십만 년간 유럽과 중동에 걸친 광활한 영토에서 살았다. 사피엔스와 만난 당시, 네안데르탈인은 빙하가 확장하면 남쪽으로 물러났다가 기온이 다시 상승하면 북쪽으로 돌아가는 식으로 빙하기를 여러 번 극복했다. 네안데르탈인의 크고 납작한 코는 차가운 공기에 적응해 호흡할 때 공기를 따뜻하게 데웠을 것이다.

또한 이들은 탁월한 사냥꾼으로, 탄탄한 근육과 굵은 골격을 타고난 덕분에 우리보다 부상을 잘 견뎠다. 게다가 현생 인류보다 눈이 30퍼센트 더 커서 야간 시력이 뛰어나 올림픽 선수만큼 창을 잘 던졌다. 네안데르탈인 치아에서 발견된 미생물 화석을 분석한 결과, 그들은 육식만 고집하지 않았으며 야생 보리죽 등 전분이 풍부한 음식도 섭취했다. 특히 식물과 덩이줄기를 익혀서 먹는 방식은 60만 년 전부터 네안데르탈인의 뇌가 현생 인류보다 크게 성장하는 데 도움이 됐을 것이다.[4] 네안데르탈인은 광활한 영토를 지배하며 식량뿐 아니라 도구를 제작할 돌, 불을 붙일 나무, 보온용 가죽, 약용 식물, 조개껍데기와 맹금류의 발톱 등을 채취한 자신감 넘치는 유목민이었다.

하지만 네안데르탈인은 4만 년 전 거의 사라졌고, 그들의 존재는 동굴 바닥에 묻힌 뼈와 우리 세포 속 흔적으로만 남았다. 그렇다면 프레드와 그의 동료는 박물관에만 존재하고, 호모 사피엔스 같은 약자가 홀로 살아남게 된 이유는 무엇일까?

실제로 네안데르탈인이 멸종하기 전 빙하기에는 기후가 극심하게 추워지며 빙하가 남쪽으로 확장하긴 했지만(오늘날 런던에 해당하는 지역의 겨울 기온이 영하 16도까지 낮아졌다), 당시 추위가 네안데르탈인이 이전에 경험하지 못한 수준의 추위는 아니었다. 아마도 4만 5,000년 전~4만 년 전에 기후가 급격히 변화하자 네안데르탈인이 적응하기에는 식량 자원의 가용성이 너무 빠르게 바뀌었고, 이 무렵 호모 사피엔스가 등장했을 것이다. 하지만 네안데르탈인의 악력은 사람 손을 으스러뜨릴 만큼 강했기 때문에, 우리 조상은 그들을 무력으로 제압할 수 없었고 무기는 아마도 두뇌였을 것이다.

호모 사피엔스는 예측 불가능한 환경에서 희소 자원을 놓고 네안데르탈인과 경쟁한 시기에 아주 사소한 기발함을 발휘했을 것이다. 소박한 재봉용 바늘을 예로 들겠다. 동물의 뼈로 만든 바늘은 사피엔스가 일으킨 기술 혁신으로, 아시아에서 약 4만 년 전에 등장했다. 호모 사피엔스가 주기적으로 확장하는 빙하와 차츰 길어지는 겨울에 맞서야 하는 상황에서, 이 보잘것없는 도구는 막대한 변화를 불러왔다. 호모 사피엔스는 바늘로 의복을 겹겹이 꿰매 바람을 잘 막도록 만들고, 말의 질긴 힘줄과 가죽을 바느질해 내구성 강한 신발과 가방을 만들어 어린아이와 음식과 도구를 운반하며, 움집을 제작해 은신처를 마련했다.[5]

선사시대 바늘은 세월의 풍파를 견딜 수 있는 내구성 강한 소재로 만들어진 덕분에 현대인에게도 널리 알려졌다. 그런데 사피엔스는 화석 기록으로 남지 않은 일종의 지식, 즉 하늘에 관한 지식을 자신에게 유리하게 활용했을 수도 있다.

네안데르탈인이 멸종할 무렵 기후가 급격히 변화한 시기에, 네안데르탈인과 호모 사피엔스의 창의력은 극단적인 시험대에 올랐다. 먼저 영양가 있는 야생 열매를 채취할 수 있는 능력은 젖먹이 아기의 생존을 결정했다. 적당한 종류의 돌, 나무, 뼈, 조개껍데기를 발견하는 능력은 창부터 손도끼에 이르는 도구 제작 능력으로 이어졌다. 이동 중 물과 은신처와 땔나무를 찾을 수 있으면 포식자로부터 살아남을 수 있었다. 계절이 변화할 때 적당한 시점에 맞춰 적절한 장소에 머무는 방법을 아는 자는 생존 경쟁에서 유리했다.

그런데 물질적 생존력만 중요한 것은 아니었다. 석기 도구가 얼마나 멀리 운반됐는지 살펴보면, 호모 사피엔스는 네안데르탈인보다 더욱 폭넓고 탄탄한 사회적 연결망을 구축했으리라 추정된다. 사피엔스는 무리 지어 모일 때 장소와 시간을 정하고, 구성원들과 의견을 나누고 조율할 수단이 필요했다. 또한 문자가 없는 사회에서 지식과 경험을 여러 세대에 걸쳐 물려주려면, 누구나 언제든 접근할 수 있고 영원히 신뢰할 수 있는 기억법을 고안해야 했다.

이 모든 문제를 해결하는 과정에서 특정한 별의 출현, 달빛, 하늘에 상상으로 그려진 별자리 모양, 태양의 연간 주기는 이를 해독하고 기억하고 예측할 수 있는 사람들에게 잠재적으로 큰 도움이 됐을 것이다.

달이 가져다준 고기

선사시대의 호모 사피엔스에게 하늘에 관한 깊은 지식이 어떻게 도움이 됐는지 조사하기에 가장 적합한 대상은 달이다. 달은 밤하늘에 멀리 떠 있는 별을 기준으로 관측하면 27.3일마다 같은 위치로 돌아오고, 태양 빛을 여러 각도에서 받아 위상이 변화한다. 예컨대 지구에서 햇빛을 받는 면과 태양과 일직선상에 놓이고 새로운 주기를 시작한 달은 어둡게 보인다. 반면 태양이 저무는 동시에 떠오르는 달은 둥글고 밝게 빛난다.

그런데 달이 지구를 공전하는 동안 지구는 태양을 중심으로 1년간 공전하므로, 달은 27.3일에 걸쳐 지구를 한 바퀴 공전한 뒤에도 태양과 일직선상에 놓이며 새로운 주기를 시작하려면 조금 더 이동해야 한다. 그러므로 초승달에서 다음 초승달까지의 주기는 27.3일보다 길며 평균 29.5일이다.

인공 빛에 익숙한 현대인은 완전히 어두운 세상에서 달빛이 불러오는 극적인 차이를 인식하지 못할 수 있다. 보름달은 태양보다

40만 배 희미하다. 그런데 네안데르탈인을 비롯한 수많은 경쟁자, 포식자, 사냥감보다 야간 시력이 떨어지는 사피엔스에게 보름달의 서늘한 빛은 어둡고 위험한 밤에 주위를 탐색하며 이동하는 데 도움이 된다. 하지만 보름달이 매일 뜨지는 않으므로, 사피엔스는 달의 주기를 추적하고 이동을 계획한 후 효과적으로 사냥하는 방법을 익혀야 했을 것이다.

인간이 사냥을 시작했을 때, 달이 빛나는 밤은 사냥에 가장 유리한 환경이었다. 사냥감은 클수록 바로 죽이기 어려웠기에, 상처를 입힌 후 지쳐 쓰러질 때까지 추적하는 방법이 훨씬 덜 위험했다. 칼라하리 사막에 사는 부시맨은 이제 막 새로운 주기를 시작한 달을 향해 죽은 동물의 뼈를 던지며 사냥의 성공을 기원한다.

"뼈에 붙은 고기를 바치오니, 내일 우리가 길을 잃고 방황하지 않도록 인도하소서. 매일 우리를 살찌게 하소서!"[6]

생존이 위태로운 상황에서는 탁월한 사냥꾼도 우리 대부분이 알지 못하는 사실, 즉 초승달과 그믐달의 차이를 눈치채지 못할 것이다. 서쪽 태양을 향한 요람처럼 생긴 초승달은 해가 저문 직후 하늘에 떠올라 희미한 빛을 비추며 어둠을 저지한다. 초승달은 밤이 거듭될수록 빛이 강해지고, 일몰이 거듭될수록 하늘에서 더 높은 위치에 도달한다. 사냥꾼의 탐조등은 해가 진 뒤에 더 밝아지며 오랫동안 지속되는데, 사냥꾼은 필요한 경우 사냥감의 체력이 바닥나는 한밤중까지 추격을 이어나간다. 보름달은 달의 주기에서 정점에 해당하며, 가장 밝은 빛이 밤새 지속되므로 사냥하기에 가장 유리하다.

하지만 보름달이 이지러지면, 환경은 사냥꾼에게 불리해진다. 보름달이 그믐달로 기우는 주기에는 달빛이 나날이 약해지고, 달이 일몰 뒤에 뜨기 시작하며, 달 뜨는 시각이 매일 밤 50분씩 지연된다. 아직 사냥감을 손에 넣지 못한 방심한 사냥꾼과 일몰이 끝날 때까지 피난처를 찾지 못한 불운한 여행자는 희미해진 달빛이 비치기 전 새카만 어둠에 파묻힌다. 달의 새로운 주기가 시작되기 전까지 좋은 시절은 오지 않는다.[7]

사피엔스는 달의 주기를 읽을 줄 아는 덕분에 포식자로부터 자신을 지키며 밤에 빠르게 이동하고 식량을 구할 수 있었을 것이다. 처음에 사피엔스의 그러한 능력은 다른 동물의 '길과 방향을 찾는 능력'과 흡사했을지도 모른다.

제왕나비 monarch butterfly는 장거리 비행에서 태양을 나침반으로 삼고, 적어도 한 종의 나방은 달과 별을 기준으로 방향을 잡는다고 밝혀졌다. 명금류 songbird에 속하는 일부 야행성 철새는 일주운동[*]의 중심을 나침반으로 사용하고, 겸손한 쇠똥구리는 쇠똥 덩어리를 멀리 운반하는 동안 달빛과 별빛을 참고해 방향을 유지한다. 심지어 어느 쇠똥구리 한 종은 은하수의 방향을 기준 삼아 이동한다. 분명 쇠똥구리는 은하수의 빛이 아득히 먼 항성 수천억 개에서 기원한다는 사실을 알지 못한다. 그러나 진화의 시행착오를 거치며 은하수를 하늘의 표지판으로 활용하는 법을 '학습'한 쇠똥구리는 그렇지

---

[*]　지구 자전 때문에 하늘의 별이 지구상 관측자 시야에서 회전하는 것처럼 보이는 운동.

못한 경쟁자보다 적은 노력을 들이고도 쇠똥 덩어리를 더 멀리 운반할 수 있었다. 이는 더 많은 식량을 구하고, 더 높은 확률로 생존하고, 더 강한 힘과 번식 능력을 획득해 더 많은 자손을 남기는 결과로 이어졌다. 몇 세대 만에 천문학자 쇠똥구리는 해당 종에서 우세해졌다.

은하수를 학습한 쇠똥구리처럼, 깨닫지 못한 사이에 하늘과 친숙해진 초기 천문학자 사피엔스는 네안데르탈인을 포함해 그렇지 못한 자들을 발판 삼아 번성했을 것이다. 따라서 인간의 별에 대한 관심은 여기저기서 사소한 이익을 얻으며 시작됐을 가능성이 높다.

고래는 지구의 철로 이뤄진 중심핵이 방출하는 자기장을 감지해 바다 밑에서 길을 찾고, 쇠똥구리는 은하수가 그리는 경로를 따라 똥을 굴리고, 찌르레기는 여름이 끝나는 무렵 기후가 따뜻한 지역으로 이주할 때 북극성을 뒤에 두고 날아간다.

사피엔스는 별을 읽는 능력을 발휘해 더 많은 식량을 획득하고 위험에서 몸을 피했다. 그러면서 몇 세대가 지나자, 사피엔스의 개체수는 하늘을 잘 모르는 사촌 네안데르탈인의 개체수보다 더 많아졌다. 결정적으로 사피엔스는 계절, 달의 위상, 동서남북 방위, 별을 참고하는 항법 등에 관한 지식을 토대로 생존 확률을 높이고 자손의 수를 늘렸는데, 이러한 지식은 유전자가 아니라 그보다 훨씬 더 유연하고 강력하며 신속한 정보 전달 수단인 '언어'를 매개로 전파됐다.

달의 주기를 헤아리다

언어가 어떻게 생겨났는지는 여전히 수수께끼로 남아 있다. 몇몇 사람은 사피엔스가 아프리카에서 벗어나기 시작한 시기인 7만 년 전~5만 년 전에 돌연 발생한 신경 또는 유전자 변이로 사피엔스에게 언어 사용 능력이 생겼다고 주장한다. 다른 몇몇 사람은 15만 년 전 시작된 점진적 변화를 통해 사피엔스가 언어 능력을 얻었다고 주장한다.

고고학자 프란체스코 데리코Francesco d'Errico는 유전자나 신체 변화가 없어도, 문화적 혁신이 뇌를 재구성할 수 있다고 주장했다.[8] 프란체스코의 관점에서 문화는 인류 진화의 부산물이 아닌 원동력이었다. 확실해보이는 것은, 복잡한 언어가 음악이나 신체 장식 같은 예술적 표현과 추상적 사고, 집단 사냥을 위한 협력 등이 특징인 초기 인류 사회의 전제 조건이자 결과였다는 점이다.

언어의 기원에 상응하는 해답은 언어의 사회적 기능과 언어를 가능하게 하는 긴밀한 협력에서 일부분 찾을 수 있다. 사회 집단의 역학 관계를 쉽게 이해하고 활용하는 사람들은 이성으로서도 인기가 많으므로, 인지 능력은 진화 과정을 거치며 빠르게 발달했을 것이다. 이것이 인류학자 브라이언 헤어Brian Hare가 '가장 다정한 자의 생존'이라 지칭한 과정이다.[9]

인류 문명이 아무것도 없는 상태에서 발전하는 동안, 별은 인지 능력이 있는 사람에게 일종의 영향력을 부여했을 것이다. 파라오부터 루이 14세에 이르는 통치자는 자신의 권력을 하늘에서 부여받았다고 주장하며 별을 이용해 정당화하려 했다. 선사시대의 초기 인류 사회에서도 그와 비슷한 일이 일어났을 것이다. 별을 따라서 부족을 피난처로 정확히 이끌거나, 보름달이 뜨는 동안 고기를 안정적으로 제공하거나, 낮이 다시 길어지기 시작하는 시점을 알아맞히는 사람은 부족 내에서 높은 지위를 차지하고 결국 지도자가 됐을 것이다. 별은 말 그대로 '최초의 킹메이커'였다.

인류학자 크리스 나이트Chris Knight에 따르면, 사피엔스의 초기 사회는 전체적으로 달의 주기를 중심으로 돌아갔을 것이다. 앞서 살펴봤듯, 달의 주기는 사냥 활동에 주기적인 영향을 미칠 뿐 아니라 번식 행위에도 반영됐다. 사피엔스는 사냥 주기가 절정에 이르는 보름달 시기에 맞춰 영적 의식을 의무적으로 거행했으며, 어쩌면 그러한 주기와 여성의 생식 주기를 연관시켰을 수도 있다.[10]

나이트는 달의 위상과 여성의 평균 월경 주기가 일치하는 신비로운 현상을 설명하고자 했다. 월경 주기가 약 30일로 달의 주기에 근접한 고릴라와 오랑우탄을 제외하면, 사피엔스는 그러한 현상이 관찰되는 유일한 영장류다. 그리고 논란의 여지가 있긴 하지만, 4만 년 전~3만 5,000년 전에 사피엔스가 달의 주기를 신중하게 관찰했다는 증거가 있다.

1960년대 저널리스트이자 과학저술가인 알렉산더 마샥Alexander Marshack은 구석기 유물 수천 개에서 발견되는 표식이 '달의 주기에 관한 기록'이라고 최초로 주장하며 고고학계에 파장을 일으켰다. 마샥은 식각etching된 조약돌과 동굴 벽화, 조각된 순록 뼈와 매머드 엄니에 새겨진 표식이 단순한 장식용 낙서가 아니라, 달의 주기가 정교하게 관측된 증거라고 봤다. 일부 사례에서는 달의 위상과 계절 변화, 심지어 지평선 너머로 달이 지는 위치까지 상세하게 기록돼 있다고 주장했다.[11] 이는 파급력이 강한 가설이었다. 선사시대 사람들은 문자도 없고 추상적 사고 능력도 미숙했는데, 어떻게 수와 셈법을 익힐 수 있었을까?[12]

마샥이 수집한 표본 중에서 논쟁거리가 가장 많은 사례는 남아프리카공화국과 에스와티니왕국의 국경에 자리한 레봄보 산맥에서 1973년 발견된 개코원숭이의 오른쪽 종아리뼈다. 이 표본이 주목받는 이유는 일정한 간격에 맞춰 연속적으로 새겨진 표식과 매끄럽게 마모돼 있는 표면이 오랫동안 지속적으로 사용됐음을 암시하기 때문이다. 표식이 연속으로 새겨진 개수는 뼈가 중간에 부러져 있는 까닭에 원래 더 많았는지 확인할 수 없지만, 통틀어 29~30개 새겨져 있으므로 달의 주기(정확한 기간은 29.54일로 29일에서 30일 사이) 또는 월경 주기를 나타낼 수 있다.

종아리뼈의 나이는 4만 3,000년 전으로 거슬러 올라간다. 이 시점은 마지막 네안데르탈인이 삶의 무대에서 물러날 즈음으로, 이때 사피엔스는 어쩌면 천체의 공전 주기를 헤아려 기록하고 있었는지도 모른다. 이 종아리뼈 표본이 실제로 달 또는 월경 주기를 기록한 최초의 달력인지는 알 수 없다. 다만 현미경 분석에 따르면 종아리뼈의 표식은 각각 다른 시기에 다른 도구로 새긴 4개의 그룹으로 구분할 수 있으며, 이는 제작자가 표본에 숫자 정보를 기록하는 데 관심이 있었음을 시사한다. 뼈로 달력을 만들면, 어둠 속에서도 새겨진 표식을 촉각으로 감지할 수 있다. 따라서 뼈 표본의 표면이 매

끄럽게 마모된 이유는 여러 사람이 뼈를 공유하고 소중히 간직하며 오랜 세월 매만졌기 때문일 것이다.[13]

레봄보의 뼈는 유일무이한 유물이지만 선사시대의 비너스 조각상 Venus figurine은 영국에서 이탈리아, 스페인, 우크라이나에 이르는 유럽 전역에서 수백 개 발견된 유물로, 달의 위상과 여성의 월경 주기 그리고 인류의 문화 발전 사이의 연관성을 드러낸다. 비너스 조각상은 가슴과 엉덩이가 풍만하고 임신한 배를 지닌 나체 여자를 묘사한 것으로, 여성의 생명력과 다산을 상징하며 그리스 사랑의 여신에서 이름이 유래한다.[14]

가장 흥미로운 비너스 조각상은 프랑스 도르도뉴 지역의 석회암 동굴에 새겨진 46센티미터 높이의 조각상 '로셀의 비너스 Venus of Laussel'다. 이 조각상은 왼손을 배꼽 바로 위에 얹었는데, 아직 태어나지 않은 뱃속 아기를 쓰다듬는 듯 보인다. 오른손은 들소 뿔을 들고 있으며, 뿔의 뾰족한 끝이 위쪽을 향한다. 조각상의 얼굴은 사라졌지만, 오른쪽 위를 바라보는 머리 위치로 볼 때 들소 뿔을 응시하는 것 같다.

2만 5,000년 전 제작된 이 조각상을 꼼꼼히 살펴보면 들소 뿔에 표식 13개가 일정한 간격을 두고 세로로 새겨져 있음을 알 수 있다. '13'이라는 숫자는 중대한 의미를 지닌다. 1태양년 기준으로는 일반적으로 보름달이 한 달에 한 번씩 총 12번 뜨는데, 달의 주기는 29.5일이므로 이를 12번 더하면 354일이 돼 1태양년보다 11.25일 부족하다. 따라서 2년 8개월 주기로 1태양년에 보름달이 13번 뜨는데, 이 13번째 보름달을 '블루문 blue Moon'이라고 부른다.[15]

달 기반 달력을 태양력과 동기화하려면 보름달이 뜨는 횟수를 추적하는 것이 중요하다. 13은 또한 달의 새로운 주기가 시작돼 초승달이 보이지 않는 시점에서 출발해 보름달이 완전히 둥글게 보이는 시점에 도달하기까지 흐르는 밤의 횟수다(거의 둥글게 보이는 보름달과 완전히 둥글게 보이는 보름달은 구별하기 어려우므로, 우리가 보름달을 인식하는 날은 실제 완전한 보름달이 나오는 날보다 약 하루 전일 수도 있다).

로셀의 비너스에는 처음에 황토색 페인트가 칠해졌던 흔적이 남아 있다. 이 흔적이 월경혈과 같은 붉은색이라는 점에서, 조각상의 과장된 성적 특성은 어쩌면 월경과 달의 주기 사이의 연관성을 암시하는 것일 수도 있다. 크리스 나이트의 견해가 옳다면 로셀의 비너스는 월경 주기, 우주 주기(들소 뿔이 초승달을 표현함), 수학적 추상성(달의 주기와 생물학적 주기로 이어지는 숫자 13)을 상징하며, 이러한 요소들은 훗날 음력으로 발달할 씨앗으로 간주될 것이다.

앞에서 언급했듯 선사시대 사냥꾼은 보름달이 뜨는 시기에 고기를 가장 풍족하게 획득할 수 있었고, 이 시기 거행하는 영적 의식에서 여자들은 생식 능력이 최고조에 달했을 것이다. 즉, 선사시대 초기 사회는 달의 우주적 주기에 기반해 활동 패턴을 구성했으며 사냥과 이동뿐만 아니라 영적 의식, 번식 행위에도 달의 리듬을 반영했다.[16]

인류가 처음으로 수를 집계해 표식으로 남긴 대상은 보름달에서 다음 보름달까지의 주기(이는 여성의 생식 주기와 놀라울 정도로 유사하다)인데, 이 주기는 개인의 생존뿐만 아니라 선사시대 사회

전체의 활동에서 가장 중요했기 때문이다. 개별 또는 집단 여성의 생식 주기는 하늘에 떠오른 달의 위상이 상징적으로 혹은 문자 그대로 반영된 까닭에, 달을 관찰하고 음력 달력을 만드는 데 결정적 역할을 한 인물은 여자였을 가능성이 크다.

사회철학자 윌리엄 톰슨William Thompson은 "자연의 기본 주기, 다시 말해 훗날 모든 과학적 관찰의 기초가 되는 주기적 성질을 최초로 관찰한 사람은 여자"라고 주장했다. 또한 그런 여자들이 달의 주기를 달력의 기준으로 삼았을 뿐만 아니라, 탐구하며 자연 세계를 이해하는 토대를 마련했다고 강조했다.[17]

톰슨의 주장은 이름이 기록된 최초의 작가인 아카드 제국의 공주 엔헤두안나Enheduanna를 보면 사실처럼 들린다. 기원전 23세기 엔헤두안나가 쓴 시는 이후 수천 년에 걸쳐 전승됐고, 그녀는 사후 수백 년 동안 작은 신으로 추앙받았다. '엔헤두안나'라는 이름은 신성한 의식에서 달의 신 난나Nanna의 지상 배우자로 여겨진 그녀의 역할이 반영됐다. 엔en은 '여성 대제사장', 헤두hedu는 '장식품', 안나anna는 '하늘의'를 의미한다. 엔헤두안나는 오늘날 이라크에 해당하는 수메르 도시 우르에 살았으며, 그녀의 의무는 '하늘을 관측'하고 첫 초승달이 서쪽 지평선 위에서 발견될 때 새로운 달이 시작된다고 선언하는 일이었다.[18]

고대 로마인은 다이아나Diana를 사냥, 다산의 여신이자 달의 여신으로 숭배했다. '다이아나'라는 이름은 '낮'을 뜻하는 단어 디우스dius에서 유래한다고 추정된다. 밤에 보름달이 떠올라 낮처럼 밝아지면 다이아나 여신은 사냥이 성공하도록 축복하고, 이후 남자와 여자가 모여 의식을 거행했다.

크리스 나이트와 알렉산더 마샥의 가설이 옳든 그르든, '측정하다to measure'라는 뜻의 고대 어근 me-와 단어 월month, 식사meal, 월경menstruation, 그리고 달moon이 오랜 세월에 묻혀 어렴풋해진 연결고리의 흔적을 현재까지도 간직한 채 서로 연관돼 있다는 점은 시사하는 바가 크다.[19]

하늘의 이정표

하늘의 유용성을 시사하는 단서를 더 찾기 위해, 고인류학 영역에서 빠져나와 민족지학ethnography 영역으로 눈을 돌려보자. 현대 수렵·채집인은 도시인과 마찬가지로 선사시대 사람들과 동떨어진 시대를 살지만, 어떤 면에서는 조상과 비슷한 조건에서 유사한 과제를 해결하며 하늘로부터 복잡한 지혜를 얻었다. 그렇다고 해서 구석기시대 사피엔스가 현대 수렵·채집인과 동일한 방식으로 하늘을 이해했다는 의미는 아니다. 하지만 역사 시대를 살았던 수렵·채집인에게 별이 어떤 의미였는지 탐구하면, 적어도 오래전 인류의 조상에게는 별이 어떤 역할을 했는지 추정할 수 있다.

민족지학적 단서를 제공하는 가장 훌륭한 사례는 유목 수렵·채집인 퍼스트네이션First Nation으로, 이들은 약 4만 5,000년 전 조상이 호주를 식민지로 삼은 이후 18세기까지 거의 완전한 문화적 고립 상태로 살았다. 기원전 7만 년 전부터 초기 사피엔스는 중앙아프리카에서 출발해 중동을 거쳐 인도와 중국 해안을 따라 이동하다가 파푸아뉴기니에서 사훌Sahul 대륙으로 건너갔다. 사훌은 당시 해수면이 낮아지면서 현재의 호주, 뉴기니, 태즈메이니아가 하나로 연결돼 있었던 대륙이다. 알려진 바에 따르면 네안데르탈인은 호주에 발을 들인 적이 없었다.[20]

퍼스트네이션 문화는 지속됐으나 1788년 영국의 침공 이후 기근과 질병, 대량 학살로 원주민 공동체가 무수히 파괴됐다. 결국 약 300만 명이었던 원주민 수는 1900년 93만 명으로 감소했다. 하지만 일부 공동체는 오늘날까지 문화와 언어, 전통을 보존할 수 있었다. 민족지학 연구자는 수백 년간 거의 무시하고 간과해온 고대 지식을 최근에야 '발견'했다. 원주민은 하늘에 관한 깊은 지식이 그들의 전통적 삶의 방식에 얼마나 핵심적이며 유용한지 알리는 놀라운 사례를 제공한다.

원주민들은 별에 관해 상세하고 방대한 지식을 보유했다. 몇몇 원주민 원로는 맨눈으로 볼 수 있는 별 약 3,000개의 이름을 거의 알고 있으며, 각 별에 얽힌 전설과 이야기도 기억한다. 별에 관한 지식은 신성하게 여겨졌으며, 원로들은 소년이 성인으로 성장하는 과정의 일부분으로 여기며 해당 지식을 전수한다.

많은 원주민 공동체가 천문학 지식에서 가장 중요하다고 생각하는 건 '하늘의 에뮤'라고도 불리는 가와르가이Gawarrgay다. 가와르가이는 은하수를 가리는 두 개의 어두운 먼지구름으로, 구름의 형태가 몸집이 크고 날지 못하는 새인 에뮤Emu와 닮았다. 민족지학 연구에 참여한 원주민은 다음과 같이 회상했다.

"옛사람들은 하늘에서 이 모양을 보면 에뮤가 알을 낳는다고 생각했기에 덤불 안으로 들어가 에뮤의 알을 찾았다."[21]

카밀라로이 Kamilaroi 부족은 2월에 에뮤의 머리가 나타나면 여름 거주지에서 떠나, 4월에 에뮤의 다리가 나타날 무렵이면 겨울 거주지에 도착한다. 동트기 직전 출현한 특정 별은 철새 떼, 식물의 개화와 결실, 알과 열매의 수확 임박을 암시하는 계절 변화 신호이기도 하다. 날이 밝기 전 플레이아데스성단이 나타나면, 호주 중앙 사막에 사는 피짠짜짜라 Pitjantjatjara 부족은 딩고의 번식기가 시작돼 딩고 새끼를 잡아먹고 다산 의식을 거행할 수 있는 시기가 왔음을 깨달았다.[22]

하늘의 이정표는 특히 밤사냥 때 중요한 역할을 했다. 와다만 Wardaman 부족의 한 원로는 다음과 같이 설명했다.

"매일 밤 거주지로 돌아가는 길을 알려주는 길잡이는 별뿐이었다. 이동 방법은 없다. 별을 따라가면 된다."[23]

먼 거리를 횡단할 때는 별이 가득한 밤하늘을 탐구하며 이동을 준비했다. 이우아흘라이 Euahlayi 부족과 와다만 부족은 특정 이정표, 이를테면 건너야 하는 강이나 물웅덩이, 길의 구부러짐, 돌의 배열, 표식이 새겨진 나무 등과 별을 제각각 연관시켜서 경로를 외웠다.

각 여정에는 이정표들이 서로 연결된 경로를 따라 고유의 송라인 songline이 펼쳐지는데, '송라인'이란 노래로 하늘과 땅 사이에 살아 있는 다리를 놓는 영적 길잡이였다. 몇몇 송라인은 호주 대륙 전역에 뻗어 있고, 횡단하는 구역에 따라 언어가 달라지기도 한다. 예를 들어, 이우아흘라이 부족의 쐐기꼬리수리 eagle hawk 송라인은 호주

중부의 앨리스스프링스에서 출발해 수천 킬로미터 떨어진 동부 해안의 바이런베이까지 이어졌다.

유럽 정착민은 원주민의 길을 뒤따랐고, 송라인을 따라 도로를 냈다. 이후 그러한 도로를 기반으로 정착지가 조성돼 마을과 도시로 성장했다. 현재 북부 빅토리아 고속도로와 그레이트웨스턴 고속도로를 비롯한 몇몇 고속도로는 원주민의 송라인을 따른다고 한다.

호주와는 지구 반대편에 위치한 북극권은 천체 관측 환경이 열악하다. 그런 까닭에 별이 전통 이누이트 문화에서 중요한 역할을 차지했음에도 그 중요성은 간과됐다.

북위 70도에 위치하며 수천 년간 사람이 거주한 작은 이누이트 공동체 이글루릭 Igloolik, '여기 별이 있다'라는 의미에서는 11월 말부터 1월 중순까지 지평선 위로 태양이 떠오르지 않는다. 긴 겨울밤에는 구름이 없어도 눈바람, 얼음 안개, 달빛, 오로라, 얼음에 반사된 빛 때문에 별이 가려지는 경우가 많다. 봄과 여름에는 지평선 아래로 지지 않는 해와 황혼이 별을 가리므로, 별의 움직임은 1년에 3개월 정도만 추적 가능하다. 온대 및 적도 지역에 사는 사람에게는 친숙한 수많은 천체가 이누이트족에게는 거의 보이지 않는다.

예컨대 은하수, 전갈자리 Scorpius, 궁수자리 Sagittarius는 관측이 불가능하다. 극북 지역의 많은 사냥꾼에게 북극성은 천정zenith에 너무 가까워서 유용한 이정표가 되지 못한다. 그린란드 북서부에 사는 이누이트족은 북극성에 이름조차 붙이지 않았다.[24]

이누이트족이 보유한 밤하늘 관련 지식은 별 관측 조건이 유리한 호주 원주민과 비교하면 크게 떨어진다. 호주 원주민은 3,000개의 별을 알지만 이누이트족은 33개만 인지할 뿐이며, 그중 고유한 이름을 붙인 별은 6~7개 정도다.

이처럼 칼리고와 흡사한 환경에서도 여전히 이누이트족은 별과 별자리를 길잡이 보조 도구로 활용하며, 지역을 대표하는 지형지물이나 눈더미 등 다양한 요소들을 동원해 길잡이 지식을 보완한다. 이글루릭 원로 노아 피우가툭Noah Piugattuk은 장거리를 여행할 때 "한동안 별 하나를 따라가다가… 그 별의 왼쪽을 향해 이동하기 시작한다"라고 설명했다.[25]

또한 호주 원주민과 이누이트족은 별을 시간 측정기로 활용했다. 호주 작가인 빌 하니Bill Harney는 호주 북부에서 보낸 어린 시절을 회상하며 다음과 같이 말했다.

"당시에는 시계가 없었다. 그래서 시간을 파악하려고 늘 별을 따라다녔다. 에뮤, 악어, 메기, 쐐기꼬리수리 등 하늘의 모든 별을 시계로 삼았다."[26]

호주에서 빌 하니가 하늘의 별을 시계 삼아 여름에 야간 사냥을 하는 동안, 이글루릭의 이누이트족은 북극의 태양이 뜨지 않는 길고 긴 겨울 별에 의존해 일어나거나 잠드는 시간을 알아냈다. 이글루에는 별을 관찰하기 위한 용도의 작은 구멍 핍홀peephole이 뚫려 있었다. 북극성을 중심으로 회전하며 시간을 나타내는 북두칠성은 순록처럼 보였는데, 뒷다리로 몸을 지탱하며 고개를 높이 들고 서 있는 듯 보이면 자정이 다가오는 시간이었다.

잃어버린 자매

문화와 지식은 시간의 흐름에 따라 진화하고 변화해왔으며 하늘도 마찬가지다. 앞서 설명했듯 별자리의 모양은 별의 고유운동 proper motion 으로 수천 년에 걸쳐 변화하고, 특정 별과 그 별이 나타나는 계절은 춘분점의 세차운동*으로 점차 어긋난다. 이는 4만 년 전원시 호주에 살았던 사피엔스가 하늘에 관해 알고 있었던 것이, 우리에게 전해내려온 내용과는 다를 수밖에 없음을 시사한다.[27]

그런데 하늘에 관한 지식이 현대 수렵·채집인에게 중요하다는 점을 고려하면, 별은 선사시대 조상들의 삶에서도 길잡이 보조 도구, 시간 측정기, 계절 안내판, 심지어 최초의 신화에 영감을 주는 근원으로 작용하며 분명 존재감을 드러냈을 것이다.

물 위를 떠다니는 유빙을 보고 집으로의 길을 찾거나, 오지에서의 긴 여행 중에 필요한 별 지식은 문자가 발명되기 전부터 구전됐다. 전설과 신화, 이야기와 노래는 선사시대 사피엔스가 생존하는 데 필요한 모든 요소, 이를테면 별, 계절, 행성, 달, 태양과 이들 간의 복잡한 연관성에 관한 풍부한 지식을 암호화하는 기억술이었을 수 있다. 오늘날 이누이트족 원로들은 "별은 별과 관련된 전설로 기억될 수 있다"고 주장한다.[28]

사피엔스는 인류 역사를 관통할 정도로 오랫동안 별에 매료돼

---

* precession of the equinoxes, 태양의 이동 경로인 황도가 천구 적도와 만나는 두 점 중 하나인 춘분점이 서서히 이동하는 현상.

있었으며, 이를 암시하는 증거도 있다. 원주민이 조성한 열석 유적은 호주 전역에서 발견되는데, 일부는 북유럽 거석 구조물에 맞먹는 크기이며 적어도 몇몇 유적은 의식을 거행하는 데 쓰였다고 추정된다.

특히 뉴사우스웨일스의 선형 열석은 동서남북 방위에 맞춰 배열돼 있으며, 이러한 구조는 하늘에 대한 설계자의 관심이 반영된 것으로 보인다. 호주 남동부의 또 다른 유적인 보라bora는 남자의 성인식에 쓰였으며, 한쪽은 크고 다른 한쪽은 작은 환상열석 두 개가 길로 연결된 형태다. 환상열석 두 개는 '하늘의 에뮤'로 묘사되는 검은 구름 두 개를 나타낸다고 알려졌다. 에뮤는 수컷이 새끼를 키운다는 점에서 남자 성인식의 상징으로 적합했다. 성인식은 하늘의 에뮤가 '물을 마시기 위해' 내려오는 시점, 즉 1년 중에서 에뮤의 머리가 지평선에 닿는 시점에 시작됐다.[29]

이처럼 별은 의식이 거행돼야 하는 시점을 암시하고, 사람들이 의식 장소에 도착하도록 안내했으며, 의식을 위한 천상의 징조를 드러내며 하늘과 땅, 시간과 공간, 현실과 상징을 서로 연결했다.[30]

유럽으로 돌아가면, 사피엔스가 3만 년 전 하늘에 주목했다는 단서는 프랑스 도르도뉴 베제르 계곡에서 발굴된 다수의 동굴과 은신처에서 얻을 수 있다. 여기에는 세계적으로 유명한 라스코 동굴과 로셀의 비너스가 발견된 동굴 등이 있다. 미술 장식이 없는 동굴은 입구가 무작위로 배치돼 있고, 독특한 미술 장식이 있는 동굴은 입구가 동지에 뜨는 해와 하지에 지는 해의 방향으로 배치된 경우가 많다.[31] 선사시대 동굴 거주자들은 하늘에서 태양이 지나가는 특별한 지점에 맞춰 생생한 미술 작품으로 장식할 장소를 선택했고, 이를 통해 수천 년 뒤 등장하는 스톤헨지와 이집트 피라미드 같은 정교한 구조물의 건설자와 어깨를 나란히 했다.

그리고 한 가지 흥미로운 단서가 우리를 10만 년 전으로 데려다준다. 이는 밤하늘에서 특히 환상적인 풍경을 연출하는 천체로, 빛나는 푸른 별들이 촘촘하게 무리 지어 황소자리의 어깨에 보석 상자처럼 가볍게 얹혀 있다. 이를 두고 19세기 미국 시인 베야드 테일러Bayard Taylor는 '그들(황소)의 갈기 위에 모여든 황금벌'이라고 묘사했다.[32]

플레이아데스성단은 밝지는 않지만 별들이 촘촘하게 배열돼 있어 쉽게 눈에 띈다. 사람들은 플레이아데스성단에 종종 특별한 의미를 부여했다. 새벽에 나타나는 플레이아데스성단은 그리스인에게 항해를 떠나는 계절의 시작을 알렸고('Pleiades'라는 이름은 '항해하다'를 의미하는 그리스어 동사에서 유래했을 것이다), 로마인에게 다가오는 수확기를 알렸을 것이다.

겨울에 떠오르는 플레이아데스성단은 북반구 사람들에게 식량난과 굶주림의 시기를 알리는 신호였고, 4월 말에 사라지는 플레이아데스성단은 콜롬비아 바라사나Barasana족에게 우기가 시작돼 몇 주간 사냥감이 없으리라는 신호였다.

또한 플레이아데스성단은 힌두교에서 '크리티카스Krittikās'라고 불리며, 힌두교의 빛 축제인 디왈리Diwali에 영감을 줬을 수도 있다.[33] 플레이아데스성단은 성경에서 출발해 호메로스, 존 밀턴, 셰익스피어, 테니슨Tennyson에 이르는 수많은 작가의 시와 문학 작품에서 언급되며 경탄을 받았다.

> 무수한 밤에 나는 부드러운 땅거미를 헤치고 떠오르는 플레이아
> 데스성단을 봤네.
> 은빛 끈에 뒤얽힌 반딧불이 떼처럼 반짝반짝 빛났다네.[34]

플레이아데스성단은 중국에서는 4,000년 전 처음 기록됐고, 일본에서는 고대부터 '여섯 개의 별'을 의미하는 무쓰라보시むつらぼし,六連星로 불리다가 최근에는 '한데 모인다'를 뜻하는 스바루すばる,昴로 알려져 있다(스바루는 자동차 제조업체의 이름이자 로고로도 쓰인다).[35]

플레이아데스성단은 1만 7,000년 전에 그려진 라스코 동굴 벽화에 표현돼 있다는 주장도 제기됐다. 웅장한 황소자리 그림 옆, 다시 말해 황소자리 별자리에 대한 플레이아데스성단의 상대적 위치를 암시하는 자리에 검은 점 6개가 눈에 띄게 배열돼 있다.[36]

그런데 6개로 보이는 플레이아데스성단을 전 세계 여러 문화권에서 '7명의 자매'로 묘사하는 이유가 수수께끼다. 영국 시인 앨프리드 오스틴Alfred Austin은 "한때 일곱 자매였던 별들이 하늘에서 사라진 자매를 애도하네"라고 썼다.[37] 기원전 3세기 그리스 시인 아라토스Aratus는 다음과 같이 언급했다.

"비록 눈에 보이는 별은 6개뿐이지만, 인간의 노래에는 7개가 나온다. 인간의 기억에 하늘에서 사라진 별은 없지만, 그럼에도 이야기는 그렇게 전해내려온다."[38]

별이 슬픔에 잠겨 뒤로 물러났다, 낙뢰를 맞았다, 노래를 부르며 하늘 위로 떠오르다가 사라졌다, 인간과 사랑에 빠진 게 부끄러워 얼굴을 가렸다는 등 플레이아데스성단에는 다양한 전설이 있다.

이와 관련된 전설 중에서도, 아틀라스와 플레이오네의 일곱 딸 이야기와 호주 원주민들의 일곱 소녀 이야기는 유사하다. 그리스 신화에 따르면 제우스는 올림피아 신들과 전쟁을 벌인 죄로 아틀라스에게 하늘을 어깨에 짊어지는 형벌을 내렸고, 이때 아틀라스의 일곱 딸은 무방비 상태로 남겨져 거대한 사냥꾼 오리온에게 공격당했다. 연민을 느낀 제우스는 일곱 딸을 별로 만들어 하늘에 두었고, 오리온은 하늘에서도 일곱 딸을 여전히 쫓는다.

지구 반대편에서는 고대 그리스와 접한 적 없는 원주민들이 비슷한 이야기를 전했다. 그들의 이야기에서 플레이아데스성단은 7명의 자매, 오리온은 자매들을 욕망하는 남자들로 묘사된다. 어떤 이야기에서는 자매들이 딩고 또는 황소자리의 뿔과 동일시되는 조력자(때로는 손위 자매)에게 보호받는다.[39]

이러한 이야기들은 호주 전역에 기록으로 남아 있다. 1970년대까지 안타키린자Antakirinja족 여자들은 일종의 통과의례로 일곱 자매 의식을 치렀다. 이 의식에서 여성 집행자는 오리온 역을 맡아 자매 가운데 한 명을 강간하는 장면을 연기했다. 그러면 그녀는 수치심에 죽고, 나머지 여섯 자매는 하늘로 도망쳤다.[40]

‘인간의 기억을 통틀어 하늘에서 흔적 없이 사라진 별’이 없다면, 이러한 신화는 어디서 유래했을까? 대담한 가설을 제안하자면, 이와 유사한 형태의 전설들은 아주 오래된 과거로부터 우리에게 이야기를 들려주는지도 모른다. 그리고 천문학적 근거에 따르면 일곱 번째 자매는 정말로 실종됐다.

현재 일곱 번째 별은 다른 6개의 별 중 하나에 근접해 구별되지 않는다. 이상적인 관측 조건에서 시력이 뛰어난 사람이 관측할 때는 별 7개로 끝나지 않는다. 일곱 번째 별이 보인다면, 여덟 번째 또는 그 이상의 별도 볼 수 있기 때문이다.[41]

평범한 쌍안경으로 플레이아데스성단을 관측하면 파란색 빛을 내뿜는 기체 구름에 휩싸인 별 수십 개를 더 발견할 수 있으며(갈릴레오는 망원경으로 36개를 목격했다), 이들은 그 화려한 성단을 구성하는 별 수백 개 가운데 극히 일부에 불과하다. 하지만 10만 년 전에는 두 별 사이의 상대 운동 때문에 일곱 번째 별이 이웃한 별에서 지금보다 3배 멀리 떨어져 있었으므로, 평균 시력인 사람도 두 별을 명확하게 구별할 수 있었을 것이다.

천체물리학자 레이 노리스Ray Norris, 실라 노리스Cilla Norris, 바나비 노리스Barnaby Norris가 주장했듯, 일곱 자매 신화의 기원은 사피엔스가 아프리카에서 벗어나 유럽과 호주 그리고 그 너머로 이주한 대이동보다 먼저 시작됐다고 추정된다.[42]

만약 그렇다면, 잃어버린 자매 이야기는 우리 조상이 별에 매료됐던 오래전의 기억을 담고 있을지도 모른다. 오비디우스는 "신은 인간에게만 위로 들린 얼굴을 주며, 별을 향해 얼굴을 들어 하늘을 보라고 명령했다"라고 노래했다. 사피엔스는 하늘을 향해 처음으로 얼굴을 든 순간부터 별에 마음을 빼앗겼을 것이다.

하늘을 학습한 사피엔스

초기 인류의 모든 것은 별의 영향을 받았고, 어쩌면 그러한 영향이 결정적이었을지 모른다. 약 2억 년 전 속씨식물angiosperm이 등장해 훗날 꽃과 열매와 풀 그리고 동물들이 지구를 뒤덮었을 때, 인류학자 로렌 아이슬리Loren Eiseley 말처럼 "꽃잎 한 장의 무게는 세상의 얼굴을 바꾸었다."[43] 5만 년 전 별빛의 무게는 인간의 마음을 끌어올렸다.

인류의 선조에게 밤하늘은 인지 능력을 향상하는 훈련장이자 기억술이었을 가능성이 높다. 인지 능력 향상이란 별을 보고 일곱 자매를 쫓는 사냥꾼을 떠올리거나, 뚜렷한 인과 관계가 없는데도 별의 출현이 다른 사건을 알리는 신호라고 여기는 등 별이 다른 무언가를 상징할 수 있다는 생각, 즉 추상적 개념을 이해할 때 필요한 정신적 확장이다. 이를 통해 우리 조상은 물질적인 것(먹구름이 다가오므로, 비가 내릴 것이다)에서 상징적인 것(달이 주기적으로 나타나므로, 우리도 달처럼 언젠가 다시 태어날 것이다)으로 사고 영역을 확장했다.

자연 현상을 이해하고 인구가 급증하는 원주민 공동체를 조직하는 과정에 천체 주기, 그중에서도 달의 위상이 무척 중요하다는 점에서, 그러한 주기를 추적해야 할 필요성은 숫자라는 유용한 개념이 탄생하도록 촉발했을 것이다.

앞서 언급했듯, 달의 주기는 초기 달력의 기반이었다. 대다수 문화권은 달의 위상을 관측해 반복되는 시간 주기를 도출하고, 달의 주기를 12번 합한 기간과 1태양년 사이에 나타나는 오차인 11.25일을 보정해 태양년 기준으로 반복되는 계절과 음력을 조화시키는 방법을 고안했다. 바빌로니아인, 이집트인, 유대인, 중국인, 그리스인이 만든 달력은 모두 음력이었으며 고대 로마 달력도 마찬가지였다.

그런데 율리우스 카이사르는 기원전 45년에 개혁을 일으켜 기존 관행을 없애고, 역년*을 365일로 고정하며 4년마다 윤년을 삽입했다. 현대의 12개월로 구성된 달력은 여전히 로마 시기에 정해진 배열이 반영돼 있으며, 9월부터 12월까지 달 이름도 로마식 명칭에서 계승됐다. 9월September은 로마 달력에서 일곱 번째 달이었기 때문에 '7'을 의미하는 셉템septem에서 유래하며, 같은 이유로 12월 December은 '10'을 의미하는 데켐decem에서 유래한다.[44]

이집트인은 '세넷senet'을 했는데, 이 게임에서는 보드를 달의 위상에 맞추어 30칸으로 나눴다. 세넷에서 승리하면 주어지는 상은 죽음 이후 부활하는 것이었다.[45] 이누이트 달력은 각각 이름이 붙은 음력 달 13개로 구성됐으며, 현대에 접어들기 전 그들의 전통적인 생활 방식은 거의 그 달력에 맞춰져 있었다.[46]

오늘날의 수많은 축일은 음력과 연관돼 있다. 유대교의 축일은 음력 달을 따르고(태양력과 어긋나지 않도록 조정한다), 이슬람교 또한 라마단의 시작과 끝이 아홉 번째 달에 첫 초승달이 관측되는 시

---

*   civil year, 특정 국가에서 시간을 계산하기 위해 정한 1년.

점으로 정해진다. 서방기독교는 부활절을 춘분 이후의 첫 보름달 다음에 오는 첫 번째 일요일로 정하고, 동방정교회는 서방기독교와 같은 공식을 적용하되 춘분이 4월 3일인 옛 율리우스력을 따른다.

밤하늘은 또한 원주민의 송라인과 마찬가지로 기억술에 오랫동안 활용되었다. 이름, 이야기, 노래, 중대한 자연 현상이 별이나 별자리와 연관되면 한 삶을 거뜬히 뛰어넘어 새로운 세대에 전승되고 문화가 되었다. 나는 캠핑하는 사람들처럼, 선사시대 사피엔스가 모닥불 주위에 둘러앉아 플레이아데스성단이 나타나기를 기다리며 푸른 별들이 꿰인 목걸이에서 일곱 번째 자매 별이 사라진 이야기를 서로에게, 그리고 자녀에게 들려주는 모습을 자연스럽게 떠올렸다. 그런데 네안데르탈인 프레드는 자연사박물관의 유리 전시대 안에, 사피엔스인 나는 전시대 밖에 있게 된 이유는 무엇일까?

시간은 네안데르탈인의 편이었다. 그들은 30만~40만 년이라는 시간을 사피엔스보다 먼저 확보해 언어를 개발했고, 이후 천문학과 종교와 수학 그리고 마침내 우주 기술과 인공지능까지 점차 빠른 속도로 발전시킬 수도 있었다. 하지만 네안데르탈인은 그렇게 하지 못했다. 고고학자 스티븐 미텐Steven Mithen이 지구에서 네안데르탈인이 보낸 시간을 "100만 년간 이어진 기술적 단조로움"이라고 표현한 것은 과장됐지만, 그들에게 획기적 발전은 없고 점진적 개선만 있었던 점은 사실이다.[47]

알려진 바에 따르면, 네안데르탈인은 1930년대 저명한 인류학자들이 '초기의 열등한 유형의 인간'이라 묘사한 것과 다르게 개인 대 개인으로 비교하면 사피엔스보다 열등하지 않았다.[48] 하지만 고립된 생활로 서로간에 교류가 거의 없어 기술이나 지식이 잘 전파되지 않는 경향이 있었다.

이후 새로 등장한 사피엔스는 별에서 잠재력을 발견했다. 앞에서 살펴봤듯, 별은 사피엔스가 식량을 구할 때뿐 아니라 의식 목적으로 사람들을 불러 모을 때도 도움이 되었다. 의식을 거행하는 동안 그들은 도구와 이야기, 지식을 교환했을 것이다. 이처럼 사피엔스는 정보망을 형성하고 교류하는 능력이 뛰어난 덕분에, 가혹한 환경에 직면했을 때 네안데르탈인보다 생존에 결정적으로 유리했을 것이다.

별의 역할은 호주 원주민의 관습에서도 드러난다. 호주 원주민들은 달의 위상을 기준으로 의식 거행 시간을 정했는데, 때로는 몇 달 또는 몇 년 전에 정하기도 했다. 초대장은 메시지가 담긴 막대기 형태였다. 나무껍질 조각, 조각된 막대기, 또는 동물 뼈에 색을 칠하고 이따금 신원 확인을 위해 발신자의 머리카락을 막대기에 묶었다(이 관습은 신기하게도 전통 북유럽 부족들과 공유한다). 메시지 내용은 그림 문자로 표현됐다. 19세기에 제작된 메시지 막대기를 살펴보면, 한쪽 면에는 발신자의 모습과 모임 장소 그리고 전달자가 여러 강을 건너는 경로가 표시돼 있다. C 모양의 문자는 초승달에 메시지가 발송됐음을 나타낸다. 반대쪽에는 초대받은 사람과 발신자가 모임 장소에 함께 표시돼 있다. 보름달은 만남이 이뤄지는 시점을 알린다.[49]

단서는 몇 가지 더 있다. 네안데르탈인은 유럽과 중동 밖으로 나간 적이 없지만, 사피엔스는 아프리카에서 호주까지 이동해 사훌과 파푸아뉴기니를 가르는 광활한 바다를 건넜다. 이때 초기 원주민이 의도적으로 호주로 이주했다는 근거가 있다. 초기 원주민은 수천 년이라는 짧은 시간 내에 여러 지역으로 흩어져 거주했다고 추정되는데, 이는 원주민이 우연히 도착했다고 설명하는 '뗏목을 타고 표류하는 임신부' 가설로는 뒷받침되지 않는다.[50]

네안데르탈인은 일반적으로 사피엔스보다 위도상 더 북쪽에 살았고, 적어도 사피엔스가 유럽에서 북부로 이동하기 전까지는 별을 관측하는 조건이 상대적으로 열악했다. 이러한 까닭에 네안데르탈인은 별에 관심이 부족했던 것일까? 하지만 북극의 열악한 환경에서도 이누이트족의 별에 관한 지식은, 먼 남쪽에서 사는 사람들과 비교하면 범위와 유용성이 줄어들긴 하지만 변함없이 중요하다. 수만 년이 흐른 현재까지 네안데르탈인이 별에 관심을 가졌다는 물리적 흔적은 조금도 발견되지 않았다.[51]

그러나 사피엔스는 다르다. 구석기시대의 심연에서 벗어나 역사가 기록된 시대를 이루는 단단한 지면에 발을 딛는다. 시계와 항해를 다루는 다음 두 장에서, 우리는 시간과 공간 속에서 우리의 위치를 찾는 과정에 별이 어떤 역할을 했는지 살펴볼 것이다.

빛을 기억하는 자

빛을 기억하는 자가 일어나 이야기를 시작했다.

아무도 기억할 수 없을 정도로 아득한 옛날, 구름으로 빚어진 우리 종족은 번개에게 생명을 받았다. 그때는 사냥감이 풍부하고 열매가 주렁주렁 열렸으며, 버섯이 숲에 가득 깔려 있었다.

그런데 한 줄기 빛이 비치고, 우리는 요술쟁이 무리에 둘러싸여 있음을 깨달았다. 처음에 요술쟁이는 몇 명 되지 않았다. 그들은 멀리서 칼을 던져 오록스를 사냥하고, 우리가 열매를 만지기도 전에 채집하고, 우리의 동굴로 버섯을 가져와 먹었다. 요술쟁이는 우리가 가는 곳마다 한발 앞서 도착했다. 바닥에는 연기가 피어오르는 불씨와 뼛조각, 돌이 남아 있었다.

우리는 요술쟁이에 맞섰지만 그들은 재빨랐다. 불을 지니고 있었던 요술쟁이는 마른 풀밭을 활활 태워 우리가 쫓아가지 못하도록 했다. 그들은 훔친 흰여우 털로 몸을 감싼 채 멀리 눈밭으로 도망쳤다. 우리는 그들을 몰아내고 또 몰아냈지만, 요술쟁이는 계속해서 돌아왔다.

싸움이 이어지는 동안, 수많은 박쥐가 잠에서 깼다. 산에서 얼음이 내려오면 요술쟁이는 녹아 사라졌다가도 어김없이 돌아왔고, 우리는 굶주릴 수밖에 없었다.

이후 한 줄기 빛이 비치고, '요술쟁이 척살자Trickster Basher'라 불리는 여인이 우리에게 전세를 역전할 방법을 가르쳐줬다. 요술쟁이가 나타날 때까지 우리는 어둠 속에서 기다려야 했다.

우리는 빛이 비치면 덤불 아래에서 잠자다가, 어두워지면 도끼를 움켜쥔 채 눈을 떴다. 심원한 어둠이 오랜 기다림에 지친 우리의 영웅들을 장악했지만, 요술쟁이 척살자는 동굴에 피워 놓은 모닥불 곁으로 영웅들이 돌아가는 것을 허락하지 않았다. 마침내 요술쟁이가 덤불 사이를 걸어다니며 버섯을 먹었다.

요술쟁이 척살자가 덤불 뒤에서 뛰어나와 첫 번째 요술쟁이의 머리를 내려치자 끔찍한 천둥소리가 구름에 닿았다. 요술쟁이 동료들이 반격을 시도했지만 아무 소용이 없었다. 전투가 끝났을 때 숲은 요술쟁이의 피로 붉게 물들었고, 하이에나는 요술쟁이의 하얀 뼈를 갉아먹었다.

요술쟁이 척살자는 첫 번째로 죽인 요술쟁이의 머리를 장대 위에 높이 매달고, 죽은 요술쟁이의 교활한 무기가 가득 담긴 주머니를 움켜쥔 채 우리를 이끌고 돌아왔다. 온 숲이 우리의 힘에 감탄했다. 구름은 기뻐했다. 어둠은 강력한 번개에게 쫓겨났으며, 이전에 그런 일을 목격한 사람은 없었고 이후에도 마찬가지였다. 우리는 다시 빛이 비칠 때까지 비와 번개 속에서 춤을 췄다.

이런 까닭에 우리 종족은 번개가 치면 요술쟁이 척살자가 아주 오래전 가르쳐준 춤으로 번개를 환영한다. 우리는 춤을 추고 힘을 드러내며 요술쟁이가 다시 돌아오지 못하도록 막는다.

5

✦

천상의 시계

바람보다 더 빠르게 달려 터널을 통과해야 한다.
주어진 시간은 12시간뿐이다.

— 《길가메시 서사시 The Epic of Gilgamesh》

시계 문자판에 관해

"아빠, 왜 시계에는 12시간이 있나요?"

벤저민의 질문은 나를 놀라게 했다.

"벤, 그건 모두 별 때문이란다…."

나는 아이를 무릎에 앉히고 이야기를 시작했다.

옛날 고대 도시 우루크에는 잔인하고 강력한 왕이 살았다. 왕의 이름은 길가메시로, 그는 대단히 강하고 훌륭한 사냥꾼이기도 했다. 신들은 야생인간 엔키두Enkidu를 보내 길가메시와 싸우도록 했는데, 끔찍한 싸움을 벌인 후 오히려 그들은 절친한 사이가 돼 함께 모험을 떠나기로 했다.

어느 날, 길가메시와 엔키두가 삼나무 숲의 수호자 훔바바Humbaba를 죽이는 모습을 본 여신 이슈타르Ishtar는 강렬한 길가메시에게 첫눈에 반했다. 하지만 길가메시는 이슈타르의 청혼을 거절했고, 이에 분노한 이슈타르는 길가메시를 벌하기 위해 신들을 설득해 엔키두를 죽였다.

슬픔으로 반쯤 미친 길가메시는 대홍수 이후 신들에게서 영원한 생명을 부여받은 조상 우트나피시팀Utnapishitim을 만나 불멸을 얻기 위해 여행을 떠났다. 길가메시는 쌍둥이 봉우리를 넘어 지구를 가로지르는 터널 입구를 발견하는데, 우루크 사람들은 저문 태양이 그 터널을 통과한다고 믿었다. 터널 반대편에는 보석과 산호 송이가 달린 나무로 가득한 신들의 정원이 있었다. 그런데 터널 입구를 지키는 전갈 인간scorpion-man은 반대편으로 가는 일이 쉽지 않을 것이라 길가메시에게 경고했다.

"터널을 따라 심원한 어둠 속으로 계속 가라. 온통 칠흑같이 어두울 것이다. 바람보다 더 빠르게 달려 터널을 통과해야 한다. 주어진 시간은 12시간뿐이다. 저문 태양이 터널로 들어가기 전에 터널 밖으로 나오지 않으면, 너는 맹렬한 불길을 피할 수 없을 것이다."[1]

태양이 떠오르자 길가메시는 터널로 뛰어들어 어둠 속을 쉬지 않고 달렸다. 8시간째에는 두려움이 그를 압도했고, 9시간째에는 산들바람이 그의 얼굴을 어루만졌다. 12시간째에 태양이 뒤쪽 입구로 들어오기 시작했을 때, 길가메시는 신들의 정원으로 빠져나와 간신히 불길을 피할 수 있었다. 그는 이후에도 위험한 모험을 이어나갔고 결국 죽음을 정복하지는 못했지만, 현명한 사람이 돼서 우루크로 돌아갔다.

전갈 인간의 경고에서 눈치챘는가? 태양이 떠오른 뒤 지구 아래로 저물고 터널을 통과해 길가메시를 불태울 때까지, 그에게 주어진 시간은 단 12시간이었다. 12시간.

하늘에 뜬 12개의 다이아몬드

기원전 2700년부터 전해내려오는 수메르 시인《길가메시 서사시》에서 밤을 12시간으로 나눈 이유는 분명하지 않다. 그리고 낮도 마찬가지로 12시간으로 나눴는지는 작품에 언급돼 있지 않다.

수메르인과 이후의 바빌로니아인은 상당히 정교한 수학을 발달시켰다. 이들의 수 체계는 60을 기수로 하는 60진법sexagesimal이었다(현재의 수 체계는 10을 기준으로 하며, 인간의 손가락이 10개라는 점에서 더욱 자연스럽게 느껴진다).

바빌로니아인은 기호의 가치가 자릿수에 따라 달라진다는 개념을 발명했다. 10진법 체계에서 '11'은 $1 \times 10 + 1$을 의미하며 왼쪽 숫자는 10의 자리를, 오른쪽 숫자는 1의 자리를 뜻한다. 바빌로니아 수 체계에서 '11'은 $1 \times 60 + 1 = 61$을 의미한다. 피타고라스가 '피타고라스의 정리'를 발표하기 약 13세기 전에 바빌로니아인은 한 변 길이가 1인 정사각형의 대각선 길이가 2의 제곱근과 같다는 사실을 알았다. 그리고 일차방정식, 이차방정식, 일부 삼차방정식을 풀 수 있었으며 미적분과 유사한 방식을 사용해 하늘에서 목성의 위치를 계산했다.[2]

60은 기수로 삼았을 때 다른 많은 숫자(2, 3, 4, 5, 6, 10, 12, 15, 20, 30)로 나누어떨어진다는 점에서 유용하며 분수 계산에 도움이 됐다. 수메르인의 분수 사랑은 《길가메시 서사시》에도 드러난다. 여신과 인간 왕의 아들로 태어난 길가메시는 단순하게 반은 신이고 반은 인간인 것이 아니라 '3분의 2는 신이고 3분의 1은 인간'인데, 이런 독특한 비율이 어떻게 이뤄졌는지는 설명돼 있지 않다.[3]

밤이 12시간이라는 개념은 일반적으로 1년이 포함하는 달 주기 횟수가 반영됐거나, 모든 신의 아버지인 하늘의 신 아누^Anu를 상징하는 숫자 60의 약수 중에서 12가 선택됐을 가능성이 있다.

달의 신 난나는 달의 주기를 일 단위로 나타내는 숫자 30과 관련이 있다. 초승달이 뜨는 날이면 난나는 신들이 자신에게 가져오는 사건을 심판했다. 수메르 달력은 난나가 좌우했으며, 매달 제사장과 여제사장이 초승달을 관찰한 후 발표하는 내용이 사회의 모든 측면에 영향을 미쳤다. 예를 들어 급료는 음력으로 한 달이 지난 뒤 지급됐고, 이 관행은 현재까지 이어지고 있다. 음력과 태양력을 일치시켜야 한다고 제사장이 판단할 때는 달력에 윤달^intercalary month을 추가했다.

수메르 달력을 계승한 바빌로니아인은 하늘이 1도 회전하는 데 걸리는 시간인 우시^uš를 단위로 만들었는데, 1우시는 오늘날의 4분에 해당한다. 하늘이 완전히 한 바퀴 도는 데에는 360우시가 소요되고, 이를 토대로 현대인은 여전히 원을 360도로 나눈다. 천문학자는 바빌로니아인이 그랬듯 천구의 거리를 측정할 때 시간 단위를 사용한다. 이를테면 시각^hour angle, 15도, 분각^arcminute, 60분의 1도, 각초^arcsecond, 60분의 1분각가 있다.

기원전 2100년경 이집트인은 일출과 일몰 사이의 시간을 균등하게 나눴다. 낮과 밤 사이의 대칭성에서 각각 12시간씩 두 번의 주기가 발생한다고 여기고, 전체 24시간 주기를 '이중 시간double hours' 이라고 일컬었다.

시간은 밤에는 별, 낮에는 태양을 기준으로 측정됐으며, 하늘이 흐린 날은 12분할 눈금이 새겨진 물시계가 별과 태양을 대신했다. 태양이 하늘을 가로질러 이동할 때, 낮을 구성하는 12조각은 수직 막대가 드리운 움직이는 그림자로 표시됐다. 이 수직 막대가 해시계이며, 그리스어로 '척도'를 뜻하는 그노몬gnomon이라는 이름으로 불렸다.

지금까지 알려진 가장 오래된 해시계는 기원전 13세기에서 유래하며, 왕가의 계곡Valley of the Kings에 있는 노동자 구역에서 발굴됐다. 이 해시계는 샐러드 접시 크기의 평평한 석회암 조각과 그노몬을 고정하는 구멍으로 구성됐으며, 그노몬의 그림자가 구멍 주위에 그려진 반원 위로 드리워졌을 것이다. 반원은 각각 약 15도씩 12구획으로 나뉘어 케이크 조각처럼 생겼다. 각 조각의 양 측면 사이에는 30분을 나타내는 점이 찍혀 있다. 발굴자들은 해시계가 노동자들이 정오 휴식 시간을 정하는 휴대용 도구였을 것이며, 30분 단위는 육체적으로 힘든 작업을 조절하는 데 사용됐으리라 추정했다.[4]

해시계와 더불어, 이집트인은 밤을 12시간으로 나누는 정교한 체계를 개발했다. 아마도 이와 관련된 지식은 천문학에서 이집트인이 바빌로니아인과 경쟁한 유일한 분야였을 것이다. 이집트인은 하늘에서 가장 밝은 별인 시리우스Sirius를 여신 이시스Isis와 연관 지어 숭배했다. 이집트에서는 동이 트기 직전 시리우스가 동쪽 지평선에서 보이기 시작하면 새해가 시작됐는데, 이시스의 출현은 나일강의 범람을 알리고 나일강의 범람은 남편 오시리스의 죽음을 애도하는 이시스의 눈물을 상징했기 때문이다. 나일강 범람이 일어나면 수로와 하천 유역은 농업용수로 채워지고 대지에는 비옥한 토사가 퇴적됐으며, 이러한 물과 토사는 농업에 필수적인 요소였다.

매일 밤 지구가 태양 공전 궤도를 따라 이동할수록(이집트인도 모르는 사이에) 시리우스는 4분 일찍 떠올라 점점 더 서쪽으로 이동하고, 결국 태양 바로 뒤 서쪽 지평선 아래로 완전히 넘어갔다. 이후 70일 동안 이시스는 보이지 않았다. 그녀는 목숨을 잃고 사후세계인 두아트Duat에서 몸을 정화했을 것이다. 시간이 지나면 이시스는 동쪽에서 다시 태어나 나일강의 비옥한 힘을 거듭 끌어올렸다.[5]

매일 아침 해가 뜨고 동쪽 지평선으로부터 점차 멀리 떨어진 지점에서 시리우스(이시스)가 발견될수록, 새로운 별이 새벽에 그 자리를 대신한다. 여기서 새로운 별이란 리더인 시리우스 뒤에서 조용히 줄지어 행진하는 35개의 별을 가리키며, 먼저 나타난 별과는 약 10도씩 간격을 두고 열흘에 한 개씩 새로운 별이 출현했다. 시계 문자판에 박힌 다이아몬드처럼, 둥근 천장에 균등한 간격으로 배열된 36개의 데칸(decan, 이 이름은 두 별 사이의 간격이 열흘이라는 점에서 유래한다. "열흘마다 하나는 죽고 다른 하나는 살아난다")이 밤하늘에서 째깍거리며 시간을 알렸다.[6]

황혼과 여명의 어스름한 빛 때문에 이론적으로 관측 가능한 18개의 데칸 중 12개만 사용하는 쪽이 편리했고, 그리하여 12시간 짜리 시계가 탄생했다.

데칸 행렬은 왕가의 계곡에 있는 파라오의 관 뚜껑 안쪽에 대각선 형태로 아름답게 그려져 있으며, 이는 사후세계로 간 저명한 망자를 위한 개인용 시계였다. 밤의 적절한 시간에 의식을 거행하려면 별시계를 알아야 했고, 이러한 임무는 시간 관찰자라는 전문 직업이 생길 만큼 중요하게 여겨졌다. 그러한 시간 관찰자 가운데 한 사람을 기리는 동상에는 초기 천문학자에 관한 설명이 새겨져 있으며, 여기에는 현대인이 알아볼 수 있는 몇몇 임무와 이제는 대부분 사라진 다른 몇몇 임무가 포함됐다.

"별, 특히 소티스Sothis, 시리우스가 뜨고 지는 시간, 태양이 북쪽 또는 남쪽으로 향하는 정도, 낮과 밤의 타당한 길이, 의식의 적절한 수행, 전갈을 막는 주문 등을 아는 것."[7]

이집트의 시간은 계절에 따른 낮 길이의 변화에 따라 달라졌다. 한 시간은 하지에 69분이다가, 동지가 되면 51분으로 짧아졌다. 기원전 2세기에 이르러서야 그리스의 위대한 천문학자 히파르코스Hipparchus는 '밤의 시간을 정확하게 결정하고 월식 등 천문학에서 탐구하는 다양한 주제를 이해하기 위해' 등각 시간(길이가 같은 시간)을 고안했다.[8]

그리스인은 기하학 지식을 해시계에 적용했는데, 평평한 바닥에 수직 막대로 이뤄진 해시계에 국한하지 않고 원뿔형, 원통형, 구형, 심지어 지붕이 있는 해시계까지 발명해 그림자가 아닌 지붕 구멍을 통과하는 빛줄기로 시간을 측정했다.

또한 그리스인은 이집트 시간 체계와 바빌로니아 수 체계를 결합했다. 천문학자이자 지리학자, 수학자였던 클라우디오스 프톨레마이오스^{Claudius Ptolemaeus}에 따르면, 60진법 기반인 바빌로니아 수 체계를 사용한 덕분에 '이집트 분수 체계의 당혹스러움'에서 벗어날 수 있었다고 한다.[9]

서기 2세기에 프톨레마이오스는 논문 〈알마게스트^{Almagest}〉에 서 바빌로니아의 접근 방식을 소개하며 당대까지 알려진 천문학에 관한 모든 지식을 요약했다. 〈알마게스트〉에는 1,000개가 넘는 별 의 목록이 포함됐는데, 프톨레마이오스는 지평선 위 별의 위치를 시간으로 표기했다. 이러한 표기법은 히파르코스의 영향을 받았다 고 추정되며, 현대 천문학자도 여전히 같은 방식을 사용한다. 1시간 을 60분으로, 1분을 60초로 나누는 시간 측정 단위는 숫자 60에 열 광했던 고대 수메르인이 남긴 또 다른 유산이다.[10]

하늘의 시계

시리우스와 뒤따르는 별들로 구성된 데칸 행렬에서 유래한 하 루의 24시간 분할은 길가메시 왕의 시대에도 활용됐으며, 수천 년 간 전해져 지금까지도 작동하는 가장 오래된 시계에 반영됐다.

1344년 이탈리아 파도바의 카피타니오 궁전에 처음 설치된 시 계탑은 문자판에 로마 숫자 24개가 둥글게 배열돼 있다. 시계탑 제 작자는 의사이자 점성술사였던 야코포 데 돈디^{Jacopo de' Dondi}였으며, 그의 묘비에는 다음과 같이 적혀 있다.

"나의 기술은 의술이었고, 하늘과 별을 아는 것이었다. 육체라는 감옥에서 벗어난 나는 이제 어디로 나아가는지…. 그러나 이 글을 읽는 사람들은 저 멀리 높은 탑 꼭대기에서 변화하는 시간을 알려주는 것이 나의 발명품이라는 사실을 기억하라."[11]

야코포는 자신의 발명품을 자랑스러워했는데, 이것은 단순히 시간을 알리는 것을 넘어서 날짜, 황도대 열두 별자리를 통과하는 태양의 경로, 달의 위상, 달과 태양이 이루는 각도 등을 표시했다.[12] 야코포의 시계는 공개됐을 당시 경이로운 발명품으로 여겨졌고, 이후 그의 가문은 '시계of the Clock'를 뜻하는 이름인 '데 리 오롤로지de gli Horologi'라고 불렸다.

시계 문자판 가장자리의 첫 번째 고리에는 숫자 24개가 새겨져 있고, 약 4시 자리에서 숫자 1부터 차례로 배열되기 시작한다. 이는 중세 시민들이 저녁 성모송Hail Mary 기도 시간인 일몰 30분 뒤에 하루의 첫 시간을 시작했기 때문이다. 첫 번째 고리에서 문자판 안쪽으로 이동하면 진한 파란색 바탕에 고정된 별들이 황금색 구체로 묘사된 두 번째 고리가 있고, 그 안쪽에는 회전하는 고리 3개가 더 있다. 3개의 회전 고리 가운데 하나는 작은 황금색 조각으로 황도대를 표현하고, 그다음 고리는 1년을 구성하는 달을, 가장 안쪽 고리는 한 달을 구성하는 날을 표시한다.

재미있는 점은 황도대 별자리가 11개뿐이라는 것인데, 현재 하늘에서 천칭자리가 차지하는 영역을 전갈자리의 발톱으로 봤던 고대 그리스 전통을 기반으로 황도대 조각이 제작됐기 때문이다.

시계 문자판 중앙에는 지구를 상징하는 구체가 자리하고, 그 주위를 회전하는 문자판에는 둥근 창이 뚫려 있어 흰색과 검은색으로 우아하게 표현된 달의 현재 위상이 드러난다. 시계에서 유일한 바늘은 화려한 태양으로 장식됐으며, 문자판의 가장 바깥쪽 고리를 가리켜 시간을 알린다. 문자판 중앙의 구체 또한 바늘 역할을 하며 안쪽 고리를 가리켜 날짜와 달을 알린다.

야코포의 시계는 대학교 천문학자들이 낮에는 해시계로, 밤에는 별 관측으로 정한 시간을 기준으로 설정됐다. 이는 기계식 시계가 정확하지 않다는 이유로 19세기까지 지속된 관행이었다.

중세 유럽에서 시계는 시간을 알리는 장치라기보다 인간의 독창성을 입증하는 근거로 더 많이 제작됐으며, 실제로는 해시계를 오랫동안 사용했다. 이슬람 세계에서는 하루에 5번의 기도 시간이 관찰자를 기준으로 태양의 위치에 따라 결정됐으며, 13세기 이후에는 시간을 기록하는 천문학자인 무와킷muwaqqit이 기도 시간을 정했다. 이미 8세기부터 황동 판에 천체 좌표가 새겨져 있었으며 회전하는 별자리 지도와 조준선이 특징인 천문 도구 아스트롤라베astrolabe가 기도 시간을 정하는 데 사용됐다. 아스트롤라베는 복잡한 천문학적 계산과 달력 계산(중세 사용 설명서에는 용도가 40가지 넘게 나열돼 있다)이 가능한 까닭에, 이슬람 세계에서 기계식 시계 대신 널리 활용됐다.

그러나 중세 유럽의 초창기 시계는 과학 발전에 막대한 영향을 미쳤는데, 17세기 후반 새롭고 정밀한 실험 도구의 필요성이 대두됐을 때 수 세기 동안 복잡한 기계 장치를 제작해온 장인 계층이 존재했다는 측면에서다. 물리학자이자 과학사학자인 데릭 드 솔라 프라이스Derek de Solla Price는 다음과 같이 말했다.

"인류는 16세기 시계태엽에서 출발해 점진적으로 발전하는 과학의 역사를 거쳐 초기 왕립학회Royal Society를 위해 로버트 훅Robert Hooke이 제작한 진보적인 과학 도구로 나아갈 수 있었고, 이를 발판으로 오늘날 물리학 연구실에 설치된 사이클로트론*과 전파망원경 그리고 디트로이트에 구축된 조립 공정에 다다를 수 있었다."[13]

왕립학회 최초의 실험 관리자였던 로버트 훅은 1662년부터 일주일에 서너 번 실험과 시연을 진행했다.[14] 실험을 매번 환영하지는 않았던 동료들 앞에서 훅이 선보인 흥미로운 장치로는 고래 사냥 장치, 공기총, 탄력 있는 안장, 렌즈 연마 장치 등이 있으며, 특히 야생 귀리의 수염으로 구동되는 습도 측정기는 왕이 관심을 보였다고 한다.[15] 훅의 친구 존 오브리John Aubrey는 훅을 가리켜 '세계에서 가장 위대한 기계공'이라 평했다.[16]

훅은 런던의 기계공, 장인들과 시간을 보내며 매주 왕립학회에서 시연할 대상에 관한 아이디어를 얻었다. 훅의 해시계를 향한 열정은 유년 시절에 누구에게도 배운 적 없이 둥근 나무판으로 해시계를 만들면서 시작됐다.[17] 훅은 새로운 아이디어가 고갈됐을 때 당시의 경험을 유용하게 활용했다.

그는 2개의 축으로 구성된 장치를 두 차례 선보였는데, 첫 번째 축을 15도(태양이 하늘에서 한 시간 동안 움직이는 각도) 회전시키면 두 번째 축이 해시계 문자판의 불균일하게 분할된 시간 구역을

---

*   cyclotron, 전자기력을 이용해 전하를 띤 입자를 가속하는 입자가속기.

통과하는 방식이었다. 훅의 '해시계 묘사 장치'는 첫 번째 축의 균일한 회전을 두 번째 축의 불균일한 회전으로 변환하는 이음쇠의 기계적 특성 덕분에 해시계 작동 방식을 모방할 수 있었다.

훅은 시계 제작자로부터 발명품을 '빌려'왔다고 추정된다. 훅이 발명한 이음쇠는 첫 번째 구동축과 비스듬하게 배치된 두 번째 구동축으로 회전 운동을 전달하는 장치인데, 이와 비슷한 이음쇠가 시계 제조 분야에서는 이미 수백 년 동안 사용됐기 때문이다. 훅은 '만능 이음쇠universal joint' 2개를 결합하면 결과적으로 불균일한 회전을 상쇄할 수 있으며, 따라서 두 축이 어떤 상대적 각도로 배열됐더라도 회전 운동을 전달할 수 있음을 깨달았다.

훅의 이중 이음쇠는 산업혁명 시기에 방직 기계부터 기관차 구동축, 증기기관, 도로에서 차가 덜컹거리는 상황에서도 엔진 동력을 자동차 바퀴로 전달하는 등속 커플링constant-velocity coupling에 이르기까지 놀라울 만큼 다양한 기계를 구성하는 필수 요소가 됐다.

타락한 천사

1364년 야코포의 아들 조반니Giovanni는 아버지를 능가하는 성과를 거두었는데, 그의 친구가 유언장에서 그를 '천문학자의 지도자'라고 묘사할 정도였다.[18] 그는 16년간의 노력 끝에 '세계 불가사의 중 하나'로 여겨지는 기계인 아스트라리움astrarium을 제작했다.[19] 1381년 잔 갈레아초 비스콘티Gian Galeazzo Visconti 공작은 아스트라리움을 구입해 밀라노 인근 파비아에 있는 자신의 성 도서관에 전시했다. 독일 수학자이자 천문학자인 레기오몬타누스Regiomontanus는 1463년 공작의 도서관을 방문한 뒤 아스트라리움을 극찬했으며, "그 장치를 보기 위해 수많은 사람들이 몰려들었고, 충분히 그럴 만했다"라고 전했다.[20]

레오나르도 다빈치는 1489년부터 1490년까지 파비아에 머무는 동안 공작의 도서관에서 시간을 보냈다. 당시 다빈치가 아스트라리움 전동장치를 섬세하게 묘사한 작품은 그가 남긴 스케치 중에서도 탁월하다고 평가받는다.[21]

아스트라리움은 7면이 황동 골격으로 둘러싸였고, 아버지의 것과 똑같은 형태의 다리가 달려 있었다. 황동 골격 위에는 미세 눈금이 정교하게 새겨진 자동차 운전대 크기의 문자판 7개가 얹혀 있는데, 일부 문자판에는 하늘 좌표계가 표시돼 있으며, 모든 문자판에는 움직이는 시곗바늘이 장착돼 있었다.

움직이는 시곗바늘들은 제각기 태양, 달, 수성, 금성, 화성, 목성, 토성 등 하늘에 있는 '행성' 중 하나의 위치를 정확하게 알렸다. 이러한 시계의 움직임은 복잡한 전동장치와 추로 구동되며, 지구가 우주의 중심에 있고 태양과 달을 비롯한 모든 행성이 그 주위를 공전한다는 프톨레마이오스 천동설Ptolemaic geocentric model에 근거했다.

아스트라리움의 문자판은 태양과 달의 궤도가 교차하는 지점을 표시하고, 파도바의 일출과 일몰 시각을 가르쳐주며, 연간 달력으로서 기독교 축일, 낮의 길이, 요일 등을 나타냈다. 그리고 덤으로 시간도 알려줬다.

시계는 데릭 드 솔라 프라이스의 말처럼 "천문학 세계에서 온 타락한 천사에 불과했다." 이 기계는 하늘의 움직임을 복제하기 위해 탄생한 경이로운 존재였지만, 수 세기에 걸쳐 단순히 시간을 알리는 도구로 활용 범위가 축소됐다. 시계에 관한 흥미로운 사실을 하나 덧붙이자면, 시곗바늘은 북반구의 수평 해시계를 모방하도록 설계돼 여전히 '태양의 운행과 같은 방향'으로 움직인다.[22] 만약 남반구에서 시계가 발명됐다면, 시곗바늘은 반대 방향으로 돌았을 것이다.

이처럼 시간을 알려주는 시계조차도 결코 단순한 도구가 아니었다. 드 솔라 프라이스의 말을 또다시 빌리자면, 만약 아스트라리움이 하늘에서 '행성들이 보이는 일관된 움직임'을 충실히 예측할 수 있었다면, 오늘날 과학적 해석이나 기술 범위에 한계가 존재했을까?[23]

7장에서 살펴보겠지만, 물리학이 수리천문학^{mathematical astronomy}에 힘입어 17세기에 최초로 도약한 과학 분야였다는 사실은 우연한 일이 아니다. '시계태엽 우주^{clockwork universe}'라는 은유는 야코포의 시계탑이 등장하고 40년도 지나지 않은 1377년에 프랑스 철학자 니콜 오렘^{Nicole Oresme}이 사용했는데, 그는 세계를 묘사하면서 "빠르지도 느리지도 않고 멈추지도 않으며, 여름에도 겨울에도 작동하는 규칙적인 시계"라고 표현했다.[24]

하늘은 자신을 모방하도록 천문시계에 영감을 준 뒤 그것과 동의어가 됐고, 이는 관점의 급진적 전환을 일으키며 문명에 광범위한 영향을 미쳤다.

신발 상자 속 천국

많은 사람들은 아스트라리움을 높이 평가했다. 1388년 조반니의 한 추종자가 "장엄한 작품이자, 신성한 통찰에서 비롯한 작품이자, 이전 세대에서는 만들어진 적 없는 작품"이라며 아스트라리움을 열렬히 찬미할 정도였다.[25]

하지만 조반니의 추종자는 틀렸다. 그가 글을 쓰는 동안에도 아스트라리움보다 약 15세기 앞서 제작된 놀라운 유물이 지중해의 40미터 아래에서 부식되고 있었기 때문이다. 현재 '안티키테라 기계Antikythera mechanism'라 불리는 이 유물은 잠수부에게 우연히 발견되기까지는 그로부터 5세기가 더 걸렸다.

1900년 그리스 안티키테라섬에서 폭풍우를 피하던 중 디미트리오스 콘도스Demetrios Kondos 선장과 그의 선원들은 바다 밑에서 난파선을 발견했다. 그 안에는 수많은 암포라*가 있었는데, 몇몇 암포라에는 올리브 씨, 금화, 진주가 박힌 브로치 등이 들어 있었다. 이 발견으로 잠수부들은 유명해졌고, 현재 가치로 3만 달러에 달하는 보상금을 받았다. 일부에서는 이 발견이 고대의 저주라고 말하는데, 한 사람은 인양 도중에 사망하고 콘도스 선장은 심각한 부상을 당했기 때문이다.[26]

하지만 진정한 유물은 아테네 박물관 뒷마당에서 8개월 동안

---

* amphora, 고대에 널리 쓰인 항아리로 손잡이는 2개이며 목이 좁은 형태다.

방치됐다. 이 유물은 정체불명의 잔해 덩어리에 둘러싸인 채 방치됐고, 복원가들은 청동 및 대리석 조각상을 다시 조립하느라 분주했다. 마침내 건조된 잔해 덩어리가 갈라지고, 놀라운 기계 내부가 드러났다. 내부에는 여러 개가 서로 맞물려 돌아가는 청동 소재의 전동장치, 테두리 전체에 눈금이 새겨진 톱니바퀴 몇 개, 기계 사용법이 적힌 뒤판 등이 포함돼 있었다.

'안티키테라 기계'라 불리는 이 유물은 역사상 가장 오래된 눈금이 있는 장치인 동시에, 하늘의 양상을 모방하는 최초의 기계식 컴퓨터다. 데릭 드 솔라 프라이스는 이러한 발견의 중요성을 처음으로 깨닫고 "투탕카멘의 무덤을 여니 부식되긴 했지만 알아볼 수 있는 내연기관 부품이 드러난 것처럼 경이롭다"라고 설명했다.[27]

로마의 철학자이자 정치가였던 마르쿠스 툴리우스 키케로Marcus Tullius Cicero는 기원전 3세기 시라쿠사에 살았던 그리스 천문학자 아르키메데스Archimedes가 하늘을 구체 모형으로 표현한 놀라운 유물을 제작했다고 언급했다.

기원전 212년 시라쿠사가 로마군에 함락됐을 때, 로마의 장군 마르셀루스Marcellus는 아르키메데스가 직접 발명했다고 추정되는 플라네타륨planetarium 한 점을 전리품으로 가져갔다. 그로부터 150년 뒤, 키케로는 아르키메데스의 플라네타륨이 마르셀루스 장군의 손자 집에서 시연되는 장면을 목격했다고 주장했다. 자칭 아르키메데스의 추종자였던 키케로는 아르키메데스의 천재성을 뒷받침하는 플라네타륨을 경외하며 다음과 같이 묘사했다.

"아르키메데스는 지구에 달과 태양 그리고 5개의 떠돌이 별(행성)의 움직임을 고정하고, 마치 플라톤의 《티마이오스Timaeus》에서 세상을 만든 신처럼 구체를 한 바퀴 돌리며 제각각 속력이 다른 여러 움직임을 제어했다. 지금 우리 세계에서 신의 행위 없는 현상이 일어날 수 없다면, 아르키메데스도 신적인 천재성 없이는 지구에 같은 움직임을 재현할 수 없었을 것이다."[28]

아르키메데스의 플라네타륨을 두고, 역사가들은 대놓고 조작되지는 않았더라도 문학적으로 과장되었을 가능성이 높다고 여겼다. 그러나 안티키테라 기계가 발견된 이후 키케로 시대에 (별에서 영감을 받은) 상당히 정교한 기술이 존재했음이 인정됐다. 실제 플라네타륨의 존재는 불분명하지만, 수십 년의 연구 끝에 안티키테라 기계의 비밀이 밝혀졌다. 드 솔라 프라이스는 잔해 덩어리에 싸여 있던 안티키테라 기계의 부품을 엑스선으로 촬영해, 톱니바퀴의 톱니 개수가 소수(1과 자신으로만 나누어떨어지는 수)였다는 흔적을 발견하고 이를 집중적으로 연구했다.

그리고 톱니가 127개로 추정되는 톱니바퀴에 주목했다. 127에 2를 곱하면 254가 된다. 달은 19년 동안 지구를 254번 공전하고 그 사이 보름달은 235번 떠오르는데, 이처럼 19년 주기를 마치면 달은 처음과 같은 위치와 위상으로 되돌아온다. 기원전 5세기 그리스 천문학자인 아테네의 메톤Meton of Athens이 발견한 이 19년 주기의 마지막에는 달과 지구와 태양이 주기의 처음과 정확히 같은 방식으로 배열된다. 이러한 메톤 주기Metonic cycle에서 각 연도의 위치는 '황금수golden number'라 불릴 정도로 중요하다.

안티키테라 기계를 만든 무명의 발명가는 천체의 움직임을 구체에 표현하는 대신 전동장치를 신발 상자만 한 부피로 압축하고, 기계 앞면의 문자판에서 회전하는 시곗바늘로 천체의 움직임을 나타냈다.

정교하게 장식된 나무 상자의 앞면에는 세련된 문자판이 있고, 뒷면에는 탈부착이 가능한 회전 손잡이가 달렸다고 상상해보자. (기계 뒤판에 새겨진 사용법에 언급돼 있듯) 손잡이를 돌리면 안쪽에서 서로 맞물린 바퀴가 돌아가며 태양을 상징하는 '조그마한 금색 구체'가 황도대 주위를 미끄러지듯 움직이고, 달을 상징하는 흑백 구체가 금색 구체보다 더 빠르게 궤도를 따라 움직이며 모양을 바꾸고, 음력 달 235개를 표시하는 나선형 달력에서 작은 핀이 정교하게 앞으로 이동한다.

최근 안티키테라 기계를 복원한 결과에 따르면, 다른 시곗바늘은 행성의 겉보기 역행 운동과 행성의 위치를 완벽히 나타낸다. 그리고 기계에서 '용의 시곗바늘dragon hand'이라 불리는 부분은 다가오는 일식을 경고했으리라 추정되며, 이 명칭은 일식을 '용이 태양을 삼키는 현상'이라고 설명한 중국 신화에서 유래했다.

기원전 2세기에 하늘의 움직임을 신발 상자에 담은 발명가는 어쩌면 아르키메데스의 플라네타륨을 바탕으로 이후 1,000년 이상 다시 볼 수 없는 기술을 개척했을 것이다. 안티키테라 기계 내부에서 발견된 몇몇 전동장치, 이를테면 자동차가 굽은 도로를 주행할 때 바퀴들이 서로 다른 속력으로 회전하게 하는 차동 장치differential gear 등은 산업혁명을 이끈 제임스 와트James Watt가 등장하기 전까지 다시 발견되지 않았다.

소형 냉장고만 한 아스트라리움과 달리 소형화된 컴퓨터인 안티키테라 기계는 30여 개의 전동장치와 핀과 회전축이 상당히 정교하게 맞물려 있기에, 고대 그리스에서 사용했던 도구로 어떻게 그러한 기계가 만들어졌는지 가늠할 수 없다. 안티키테라에 담긴 기술은 동쪽으로 전파돼 이슬람의 아스트롤라베에 보존됐다가, 중국 제국의 기념비적인 물시계에 적용됐다가, 다시 서유럽으로 건너가 약 15세기 뒤 야코포와 조반니가 만든 경이로운 시계에서 다시 등장했는지도 모른다.

안티키테라 기계와는 달리 아스트라리움은 기술이 지속되지 않았다. 아스트라리움은 예민한 기계여서 잘 유지되려면 시계 장인의 끊임없는 관심이 필요했다. 하지만 수십 년 동안 시계 관리인들은 빠른 속도로 자리를 떠났다. 낡은 시계는 망가졌고, 전동장치 또한 녹슬어 '조반니의 시계'는 사람들의 기억에서 사라졌다.

그러다 이 유물은 1530년 이탈리아를 여행하던 신성로마제국 황제 카를 5세의 눈에 띄었다. 그는 아스트라리움을 수리하라고 명령했지만, 복구는 불가능하다고 판명됐다. 아스트라리움은 아무런 결실도 얻지 못한 채 분해됐고, 황제를 달랜다는 명목으로 제작된 복제품은 스페인과 포르투갈 국경에 자리한 어느 수녀원에 보관돼 1809년까지 방치됐다. 이후 프랑스 침략군이 수녀원을 불태웠고, 아스트라리움의 마지막 흔적도 사라져버렸다.

핑! 별이 지나가다

"아빠, 시계를 보려면 이 모든 걸 다 기억해야 하나요?"
벤저민이 물었다.

"걱정하지 마, 벤. 긴 바늘과 짧은 바늘을 읽는 법만 기억하면
돼. 그런데 얼마 전까지 시간을 알려주던 작은 짐승이 있단다. 바로
거미지!"

거미는 1950년대에 원자시계가 등장하기 전까지, 최상의 시계
기술에 필요한 핵심 요소였던 아주 가느다란 거미줄을 제공했다.

기원전 5세기 그리스인은 태양이 특별한 시간 측정기가 아니
라는 것을 깨달았다. 정오는 태양이 하늘에서 가장 높은 지점에 도
달하는 순간으로 정의되며, 정오부터 다음 정오까지의 시간은 1년
내내 일정하지 않다.

태양 주위를 공전하는 지구 궤도는 완벽한 원이 아닌 타원이
고, 지구의 자전축은 기울어져 있기 때문에 정오와 정오 사이의 시
간은 최대 16분까지 차이가 발생한다. 평균 태양시(시계에 표시되는
시각)와 겉보기 태양시(해시계에 표시되는 시각) 사이의 차이, 즉 오
늘날 시간 방정식으로 도출되는 수치는 프톨레마이오스가 집필한
논문 〈알마게스트〉에 이미 표로 정리돼 있다. 그리스인은 정확한 시
간 측정에 별로 관심이 없었지만, 높은 정확도로 시간을 측정하고
싶다면 해시계로는 불가능하다.[29]

반면 지구에서 멀리 떨어진 별은 이러한 불규칙성을 나타내지
않는다. 특정 별은 동일한 위치로 돌아오는 데 걸리는 시간이 1년

내내 거의 같다(미세한 차이는 지구 자전 속력의 불규칙성에서 유래한다). 그런데 이 같은 항성일Sidereal day은 평균 태양일보다 약 4분 짧다. 지구가 자전하는 동시에 태양 주위의 공전 궤도를 따라 움직이기 때문이다. 태양은 별이 빛나는 배경을 기준으로 매일 약 1도씩 '뒤로 밀려나고' 있으며, 따라서 관측자가 보기에 하늘에서 정확히 같은 위치로 태양이 돌아오기까지는 4분이 더 걸린다. 천문학자는 특정 별이 같은 위치로 돌아오는 시점을 확인해 항성일을 정확하게 측정한다는 목적으로 특별히 설계된 망원경이 필요했다.

1704년 덴마크 천문학자 올레 뢰머Ole Rømer는 멀리 떨어진 별의 위치 변화를 측정하는 과정에서 통과 망원경transit telescope을 발명했다. 통과 망원경은 지표면에서 일정한 경도를 따라 그은 원인 자오선과 정렬돼 있으며, 위아래로만 움직이도록 제작됐다.

가장 널리 알려진 통과 망원경은 1851년 천문학자 로열 조지 에어리Royal George Airy가 제작한 에어리 자오환Airy Transit Circle이다. 에어리 자오환은 지금도 그리니치 천문대에서 볼 수 있으며, 다음 장에서 자세히 살펴보겠지만 이 장비와 정렬된 축이 지구의 본초 자오선prime meridian이다. 본초 자오선이란 경도 0도에 해당하는 선이며, 이 선으로부터 특정 지점이 동쪽 또는 서쪽으로 얼마나 멀리 떨어져 있는지를 측정한다.

바로 여기서 거미가 나오는데, 구체적으로 밝히자면 접안렌즈에 등장한다. 천문학자는 망원경을 관심 있는 별에 정확히 조준하기 위해 접안렌즈에 미세한 십자선을 도입할 수단이 필요했다. 1782년 천문학자 윌리엄 허셜William Herschel은 사람의 머리카락이 너무 굵어서 힘들다는 내용을 남겼다.

"나는 별의 중심을 관측할 때도 그 굵기가 신경 쓰이지 않을 만큼 가느다란 머리카락을 찾으려 했으나 실패했다."[30]

영국 아마추어 천문학자 윌리엄 개스코인William Gascoigne은 1639년 망원경의 경통 안에서 거미줄을 발견하고 영감을 얻었지만, 접안렌즈를 가로질러 거미줄을 늘이기 어렵다는 점에 낙심했다. 1785년 미국의 측량사이자 천문학자인 데이비드 리튼하우스David Rittenhouse는 거미줄을 접안렌즈 십자선에 최초로 도입한 공로를 인정받았으며, 이와 관련해 다음과 같이 설명했다.

"나는 망원경에 거미줄을 도입해 아름다운 효과를 얻었다. 거미줄은 명주실과 비교하면 굵기가 10분의 1도 되지 않으며 부드럽고 두께가 균일하다."[31]

1824년 윌리엄 허셜의 아들 존John은 거미줄 십자선이 도입된 접안렌즈를 사용해 별의 위치를 1아크초, 즉 3,600분의 1도라는 놀라운 정밀도로 측정했다. 이후 '거미 농장'이 조성되고, 천문학자와 측량 기사, 그리고 군대(폭탄과 총 조준기에 거미줄이 사용됨)의 요구에 맞춰 강철보다 5배 단단하며 질긴 거미줄을 다양한 형태로 공급했다. 이를테면 아주 굵은 거미줄(5,000분의 1인치)부터 미세한 거미줄(5만 분의 1인치)까지, 심지어 태어난 지 일주일 된 새끼 거미가 생산해 거의 보이지 않는 고급 거미줄(50만 분의 1인치)까지 다양했다.

제2차 세계대전 당시 거미 수백 마리를 미국 정부에 공급했던 캘리포니아 거미 농장주는 독이 있는 검은과부거미black widow spider 암컷이 생산한 거미줄을 선호했고, 부드러운 낙타털 붓으로 거미를 간지럽혀 거미줄을 뽑아냈다. 그는 다음과 같이 밝혔다.

"목장에서 꾸준히 거미줄을 생산하는 일부 거미들은 늙은 젖소처럼 온순해지는데, 특히 검은과부거미가 그랬다."[32]

매일 밤 하늘을 도는 무수한 '시계 별' 중 하나가 접안렌즈의 거미줄 십자선을 지날 때면, 천문학자는 바로 그 순간 지구가 완전히 한 바퀴 돌았음을 알았다. 이제 막 1항성일이 완성된 것이다. 핑! 시계 별이 지나간다. 핑! 하나 더 지나간다. 고대 이집트인이 그랬듯, 천문학자도 별에 의존해 시간을 측정했다.

벤저민이 이해하지 못한 표정으로 알록달록하며 손전등 기능이 있는 자신의 손목시계를 흔들며 말했다.

"그런데 시계 읽는 법을 배우면 별을 더 이상 신경 쓸 필요가 없겠죠? 제 시계는 지금이 몇 시인지 아니까요!"

오늘날 시간의 표준은 원자시계_{atomic clock}로 정해진다. 1초는 세슘 원자가 특정 유형의 양자역학적 전이를 일으키며 방출하는 전자기 복수*가 9,192,631,770번 진동하는 시간으로 정의된다. 어떤 의미에서는 기존의 진자가 원자 규모의 진동자로, 시곗바늘이 빛줄기로 대체된 것에 불과하다. 원자시계는 3만 년 동안 1초 이상의 오차도 허용하지 않을 만큼 정확하다.

"그럼 빛으로 만들어진 특별한 시계가 지금 몇 시인지 우리에게 알려주는 건가요?"

---

* rdiation, 빛이 바큇살처럼 사방으로 전파되는 현상.

마침내 벤저민이 눈을 반짝이며 문제의 핵심에 도달했기를 기대하며 질문했다.

"그렇지 않아, 벤저민. 원자시계는 거의 완벽하지만 지구의 자전은 그렇지 않기 때문이지. 보통은 세월이 흐를수록 자전 속력이 느려진단다. 지구에 공룡이 있던 시절은 하루가 23시간밖에 되지 않았어! 그래서 지구가 한 바퀴 자전하는 데 걸리는 실제 시간과 시계를 일치시키기 위해 시간 관리자가 원자시계에 이따금 1초를 더하거나 빼는 식으로 시간을 조정한단다."

"시간 관리자는 어디서 1초를 발견하나요, 아빠?"

"당연히 하늘에서 발견하지! 가까운 별은 너무 많이 움직이기 때문에 여기서는 쓸모가 없고, 천문학자들은 전파은하*가 거의 고정돼 있는 가시 우주의 끝을 바라본단다. 천문학자는 멀리 떨어진 은하에서 여분의 1초를 가져오지. 핑! 전파은하가 지나가고 여분의 1초가 추가되는 거야.[33] 우리는 여전히 별의 시간에 맞추어 살고 있단다."

벤저민은 질문한 내용보다 더 많은 답을 얻었다. 그런데 시간 측정과 별 사이에는 인류가 우주를 이해하는 과정에서 겪었던 다른 역사적 사건들이 얽혀 있다.

수백 년 전에 그랬듯 지금도 정확한 시간을 아는 것은 정확한 위치를 파악하는 데 필수적이다. 식민지 제국을 건설하고, 지구 반

---

*　radio galaxy, 우리 은하 밖에 위치하며 강한 전파를 방출하는 은하.

대편으로 상품을 운송하고, 믿을 만한 지도를 그리려면 자기 위치를 파악하는 능력이 필요했다. 이는 훌륭한 시간 측정 도구를 지녔거나, 적어도 하늘을 선명하게 볼 수 있다는 것을 의미했다.

양치기

빛을 기억하는 자가 이야기를 끝내자, 우리는 모두 일어나 온 힘을 다해 발을 구르고 목에 걸린 조개껍데기를 흔들어 요란한 소리를 냈다. 이런 행동을 통해 요술쟁이에게 다시 돌아오면 어떤 일이 벌어질지 경고했다.

소리가 잦아들자 다시 일어선 양치기는 숯덩어리에 물을 더 붓고 다음과 같이 말했다.

딸과 아들이여! 요술쟁이는 왔다가 사라졌지만, 한 가지 사실은 변함없다. 구름은 세계의 한쪽 끝에서 다른 쪽 끝으로 흘러가고, 빛이 비친 뒤에는 다시 빛이 비치고, 물결이 밀려온 뒤에는 다시 물결이 밀려오고, 땅거미가 진 뒤에는 어둠이 찾아왔다가 다시 땅거미가 진다.

칼리고인도 그렇게 살아간다. 구름 관찰자는 원로 구름 관찰자를 따르고, 빛을 기억하는 자는 원로 빛을 기억하는 자를 따르고,

양치기는 원로 양치기를 따른다. 우리는 구름처럼 서로를 따르며, 제각기 다른 모습이지만 언제나 동일하다.

이제 민물이 사라졌으니, 어린 민물이 그녀를 대신할 것이다. 이것이 구름의 방식이다.

그런데 조심해야 한다! 다른 종족은 구름의 방식을 따르지 않는다! 그들은 번개가 찾아올 때마다 피부에 번개 모양 흉터를 새기면서 번개를 경외하지 않는다! 다른 종족은 칼리고인처럼 빛이 비친 뒤에 다시 빛이 비친다는 사실을 기억하지 않고, 구름의 힘을 불러내 어둠에 맞서지 않는다!

딸과 아들이여! 나는 내 눈으로 그들을 봤다. 스스로 '푸코^{Foucault}의 종족'이라 칭하는 그들의 동굴은, 걸음이 빠른 자라면 하루 만에 도착할 거리에 있다. 이끼에 덮인 미끄럽고 좁은 입구로 내려간 후 대지의 숨결로 따뜻해진 좁고 어두컴컴한 통로를 따라 기어가면 된다. 통로 맨 끝에 광활한 동굴이 있으며 천장이 너무 높아 불빛이 닿지 않는다. 이곳이 내가 목격한 그 동굴이다.

어둠 속에는 밧줄이 매달려 있고, 밧줄의 끝은 보이지 않으며, 그 굵기는 강건한 남자의 팔뚝만큼 굵다. 밧줄이 어떻게 그곳에 있게 됐는지는 푸코의 종족도 기억하지 못한다. 밧줄에는 거대한 바위가 매달려 있고, 바위의 뾰족한 밑면이 바닥에 살짝 닿아 있다.

바위는 앞뒤로 흔들리며 바닥에 깔린 모래에 선을 남긴다. 그들 중 두 명은 공허한 눈으로 양쪽에 서서 바위를 부드럽게 민다. 수많은 박쥐가 잠에서 깨는 동안, 푸코의 종족은 자신이 바위를 밀 차례를 기다린다. 그들은 일단 시작하면 그 어떤 것도 먹지 않고,

잠도 자지 않으며, 오로지 바위만 지켜본다. 그러다가 바닥에 쓰러져 흙먼지에 얼굴을 묻으면, 다른 자가 그를 대신해 바위를 민다.[34]

딸과 아들이여! 나는 푸코의 종족을 내 눈으로 봤다! 바위가 흔들리면 모래 위에서 선이 저절로 움직인다! 이것이 그들이 지닌 어둠의 힘이다! 푸코의 종족은 바위 아래에서 세계가 움직이고 있으며, 바위가 움직임을 멈추면 세계도 멈춘다고 단언한다. 그들은 바위를 끊임없이 움직이는 것이 유일하게 가치 있는 일이라고 말한다. 나는 푸코의 종족이 더는 불가능할 때까지 바위를 밀다가 미소 지은 얼굴로 눈을 뜬 채 흙먼지 위로 쓰러지는 모습을 봤다.

하지만 우리는 세계가 움직일 수 없음을 안다. 구름은 빛이 비친 뒤에 다시 빛이 비치는 동안 흐르고 또 흐르며 변화하더라도 한결같이 그 자체로 존재한다. 푸코의 종족은 어둠에서 왔다! 팔에 번개 모양 흉터가 없는 자를 만나면 칼을 뽑아 그의 혀를 자르라!

양치기는 이처럼 어둠의 종족이자 구름의 방식을 따르지 않는 불행한 종족에 대해 경고했다. 이어진 침묵을 깨고 양치기가 다시 입을 열었다.

"우리가 기억하는 기이한 종족은 푸코의 종족에서 끝나지 않는다. 길 안내자여, 큰 거래의 초원이 어떤 곳인지 그리고 우리가 마지막으로 그곳에 갔을 때 무엇을 가져왔는지 이야기하라!"

길 안내자는 일어나 이야기를 시작했다.

6

세 겹의 청동과 참나무

수많은 빛 중에서도 그 빛은
별이 총총한 밤하늘의 그 별과 같았다.
뱃사람은 별 하나를 길잡이 삼아
배를 영원히 조종한다!

— 토머스 무어Thomas Moore,
〈The Light of the Haram하람의 빛〉

별에 의존해 항해하다

런던 대영도서관에는 근본적으로는 다르지만 별에 의존한 두 가지 항해 방식의 짧고 강렬한 만남을 입증하는 유물이 있다. 그건 2세기가 넘는 세월 동안 노랗게 변해버린 지도로, 북쪽을 위로 해 동서남북 방위를 표시하고 섬 74개의 이름이 적혀 있다. 하지만 현대 지도에 그 섬들은 존재하지 않는다. 투파이아Tupaia가 제작했다고 밝혀진 이 지도에 얽힌 이야기는, 별을 이용하는 과학적이고 예술적인 항해술을 보여준다. 그 이야기는 다음과 같다.

제임스 쿡James Cook이 이끄는 인데버호는 천문 현상을 추적하기 위해 타히티섬으로 향했고, 그곳에서 폴리네시아의 대제사장이자 항해자인 투파이아에게 도움을 받았다. 제임스 쿡과 투파이아는 각자의 문화적 방식으로 바다 한가운데서 항로를 찾는 기술의 정점에 올랐으며, 이러한 두 항해자의 만남은 수백수천 년 동안 인류가 별빛에 의지해 바다를 누빈 과정을 압축해 보여준다.

제임스 쿡은 영국 최고의 천문학자가 제공한 항해 도구와 달의 위치가 예측된 표를 활용했다. 투파이아는 남쪽 하늘의 모든 별을 알았고, 지도나 항해 도구 없이 오직 고대 전설에 귀를 기울이며 태평양에 흩어져 있는 육지 사이를 항해했다.

선박으로 안전하고 신속하게 목적지에 도착하는 것은 유럽인에게는 정확한 시간 측정에 달려 있었고, 이에 별이 해답을 제공했다. 유럽과 지구 반대편에 있는 폴리네시아의 항해 방식은 4장에서 살펴본 별 관련 전통 지식과 많은 공통점이 있다. 여기서 전통 지식이란 호주 원주민이 수천 년 동안 의존했던 송라인과 천문 지식, 별이 잘 보이지 않는 북극권의 열악한 환경에서 이누이트족이 항해하며 의존했던 지식이다.

나는 천문학자로서 카리브해를 여행하는 유람선에 초대받아 항해를 경험한 뒤 경외심을 갖게 됐다. 그날 별 관측 행사를 이끌었는데, 선장은 나의 요청대로 모든 전등을 꺼줬다. 갑판 위에 올랐을 때 보석이 알알이 박힌 밤하늘은 강렬하게 반짝이며 나를 압도했다. 파도와 바람에 휘청이며 항해용 지도 하나 없이 이처럼 광활한 바다를 마주한다고 상상하니 몸이 떨렸다. 그런데 이것이 바로 수천 년간 뱃사람과 탐험가와 항해자들이 선택한 행동이었다.

호라스Horace는 다음과 같이 노래했다.

세 겹의 청동과 참나무가
잔혹한 바다에 허술한 배를 타고

처음으로 뛰어든 사람의 가슴에 둘려 있었다.[1]

페니키아인은 고대에서 가장 위대한 항해자로 인정받고 있는데, 이는 다소 잘못 알려진 내용이다. 기원전 1500년경 페니키아 영토는 오늘날의 레바논과 시리아, 이스라엘 북부의 해안을 따라 뻗어 있었고, 얼마 지나지 않아 지중해 전체 해안에 교역소를 설치했다. 페니키아인은 지중해를 건너 영국까지 항해했으며, 기원전 7세기에는 아프리카를 일주하기도 했다.

하지만 그들은 항해 도구를 알지 못했다. 그들은 육지가 시야에 들어오는 범위 내에서만 항해하며 바람, 해류, 해안가 지형지물 관련 지식에 의존하고, 낮에는 태양의 위치를 참고했다. 밤에는 작은곰자리 Little Bear(오늘날은 '작은 마차 Lesser Wain'라고도 부른다)에 의존했는데, 이 별자리를 페니키아인은 '인도하는 자 Guiding One'라고 칭했다. 그들은 동쪽으로 항해할 때는 작은곰자리를 왼쪽에, 서쪽으로 항해할 때는 오른쪽에 두고 이동했다.[2]

이러한 사실을 우리가 아는 이유는, 앞서 언급했듯 개기일식 예측에 최초로 성공한 인물이자 페니키아 출신인 밀레토스의 탈레스가 기원전 6세기에 "페니키아인이 항해하면서 마차를 이루는 작은 별들을 관측했다"라고 언급한 덕분이다.[3]

이전에는 그리스인이 같은 방법을 사용하긴 했지만 '큰곰자리를 참고했다'는 기록이 있는데, 이는 아마도 작은곰자리를 알아보지 못했기 때문일 것이다. 기원전 8세기경 호메로스가 언급한 바에 따르면, 오디세우스는 칼립소로부터 큰곰자리를 '배의 좌현에 가깝게 두고' 유지하라는 지시를 받는다. 이는 큰곰자리를 자신의 왼편에 두고 동쪽으로, 이타카로, 그리고 충실한 아내 페넬로페에게로 향하라는 의미다.

> 고귀한 오디세우스는 기뻐하며 바람에 돛을 펼치고는
> 뗏목에 앉아 능숙하게 방향을 잡았다.
> 오디세우스는 줄곧 플레이아데스와 늦게 지는 보오테스 Boötes, 목동자리,
> 사람들이 수레라고 부르는 큰곰을 쳐다보고 있었다.
> 큰곰은 같은 자리를 돌며 오리온을 마주볼 뿐
> 오케아노스의 목욕에 참가하지 않기 때문이다.
> 칼립소는 바다를 항해할 때 이 별을 왼쪽에 두라고 일러주었다.[4]

우리가 항해의 핵심 도구로 여기는 별인 북극성을 페니키아인과 그리스인이 활용하지 않은 이유가 궁금한 사람도 있을 것이다. 미국 시인 윌리엄 컬런 브라이언트 William Cullen Bryant는 북극성이 인류에게 나아갈 길을 안내하는 길잡이 별이라 칭송한다.

> 그대의 변치 않는 빛을 따르는
> 반쯤 난파된 배의 선원이 나침반을 잃었네.
> 선원은 시선을 고정한 채 상냥한 해안으로 향한다네.
> 밤이면 위험천만한 황무지에서 길을 잃는 자들
> 그대가 빛으로 바르게 인도하니 기쁘도다.[5]

또한 셰익스피어는 불변을 북극성으로 상징하며, 율리우스 카이사르가 다음과 같이 선언하도록 한다.

하지만 나는 저 북극성만큼 일관됐고,
영원히 변하지 않는 그 특성은
천상에도 필적할 대상이 없다네.[6]

하지만 실제로 북극성은 불변의 별이 아니며, 페니키아인과 그리스인, 심지어 로마인까지 북극성을 특별하게 인식하지 못한 데는 간단한 이유가 있다.

1,500년의 명성

앞서 살펴봤듯 흔히 '고정된' 별이라 불리는 아득한 별들은 움직이지 않는다. 별들의 상대적 위치가 바뀌어 별자리 모양이 바뀌기까지는 수십만 년이 걸린다. 이보다 훨씬 짧은 기간 동안 발생하는 다른 효과는, 모든 별의 겉보기 위치가 같은 방향으로 이동하면서 하늘 전체가 하나의 단단한 구체로서 회전하는 듯 보이는 현상이다. 여기서 '겉보기' 위치라고 일컫는 이유는, '세차운동precession' 이라 불리는 이 효과가 별의 실제 움직임이 아닌 별을 바라보는 우리의 관점 변화로 나타나는 결과이기 때문이다.

기원전 2세기 그리스 천문학자 히파르코스는 지구의 모든 지점에서 낮과 밤이 정확히 12시간이 되는 추분 시기의 하늘과, 그로부터 150년 전 알렉산드리아 천문대에서 기록으로 남긴 하늘을 비교했다. 그는 모든 별이 보름달 지름의 4배만큼 동쪽으로 이동한 것을 발견했으며, 따라서 이 현상에 세차운동이라는 이름을 붙였다. 기원후 2세기 프톨레마이오스는 고정된 지구를 중심으로 천구가 이동하는 현상으로 세차운동을 설명했고, 이러한 모형은 17세기 아이작 뉴턴의 중력 이론이 등장하기 전까지 설득력을 얻었다.

지구는 태양을 공전하는 동시에 자전축을 중심으로 회전한다. 지구의 축은 수직을 기준으로 23.5도 기울어져 있고, 축이 가리키는 방향은 진북true north, 지리적 북극을 나타내며, 진북은 나침반 바늘이 표시하는 북쪽, 일명 자북magnetic north과 다르다. 자북은 끊임없이 이동하는 지구 자기장을 따르며, 현재 자북은 진북에서 약 1,900킬로미터 떨어져 있다.

뉴턴이 알아낸 바에 따르면, 지구의 배가 불룩한 형태 때문에 적도에 가까운 지역은 멀리 떨어진 지역보다 태양과 달의 중력이 강하게 작용한다. 그로 인해 지구의 축은 원을 천천히 그리며 회전하고, 지구의 축이 완전한 원을 그리기까지는 약 2만 6,000년이 걸리며, 이러한 자전축(지축)의 움직임이 세차운동을 유발한다.

지구가 태양 주위를 돌아 공전 궤도에서 정확히 같은 지점으로 돌아오는 1태양년 동안 자전축은 1도 미만으로 조금씩 움직이고, 그 결과 춘분 시점은 멀리 떨어진 별을 기준으로 측정했을 때 72년마다 하루씩 변화한다. 따라서 특정 계절에 나타나는 밤하늘의 별은 2만 6,000년을 주기로 순환하며, 이러한 주기를 '대년great year'이라고 부른다.

몇 세기 간격으로 춘분과 추분 당일에 나타나는 별의 위치를 관측하면 모든 별이 동쪽으로 이동한 모습을 볼 수 있고, 이에 관해서는 9장에서 점성술과 더불어 다시 살펴볼 예정이다. 자전축의 끝이 하늘에 가상의 원을 완벽하게 그리는 1대년 동안 천구의 한 지점에서는 모든 별이 이동하는 것처럼 보이는데, 이러한 지점은 시간 흐름에 따라 변화한다. 북반구의 탐험가와 여행자에게는 다행스럽게도, 지난 약 5세기 동안 자전축의 끝은 쉽게 알아볼 수 있는 별 근처를 가리켰다. 이는 작은곰자리에서 가장 밝게 빛나는 별인 '작은곰자리 알파별Alpha Ursae Minoris'이다.

작은곰자리 알파별은 지구 자전축이 자기 쪽으로 비스듬히 기울면서 엄청난 명성을 얻었다. 1492년 작성된 항성 목록에서 작은곰자리 알파별은 '북극성Polaris'이라는 친숙한 별칭을 처음 얻었으며, 당시 북극성은 천구의 북극을 기준으로 현재보다 3배 멀리 떨어져 있었다.

이와 비슷한 시기에 북극성은 아랍인에게 '알 키블라Al Kiblah'로 알려졌는데, 기도 방향인 키블라를 가리키기 때문이었다. 라플란드 주민은 북극성을 '북쪽의 못Nail of the North'으로, 나바호 원주민은 '북쪽의 모닥불Campfire of the North'로 불렀다. 중국인은 다른 별들이 북극성 중심으로 도는 것처럼 보인다 해서 '하늘의 위대한 통치자'로 여겼다. 이탈리아인은 북극성이 알프스산맥 너머에서 보인다는 이유로 '산 너머에 있는 자'를 뜻하는 '라 트라몬타나la tramontana'라는 이름을 붙였다.[7]

셰익스피어가 집필한《율리우스 카이사르Julius Caesar》의 시대적 배경인 기원전 44년에는, 현재 우리가 북극성이라 부르는 별이 천구의 북극에서 약 10도 떨어져 있었고, 천구의 북극에서는 아무런 별도 보이지 않았다. 작은곰자리 알파별은 다른 별들과 마찬가지로 이동한다는 점에서, 실제로 율리우스 카이사르가 불변을 상징하는 은유로 이 별을 사용했을 가능성은 없다.[8]

북극성의 특별한 지위는 영원하지 않을 것이다. 지구 자전축이 1대년을 주기로 끊임없이 이동하므로, 천구의 북극에서 북극성까지는 우선 2095년에 0.5도 미만으로 가까워졌다가 다시 멀어질 것이다. 약 1,000년 뒤 북극성은 케페우스자리Cepheus에 속한 에라이Errai에게 길잡이 별이라는 왕좌를 물려줄 것이다. 팝 아트의 거장 앤디 워홀의 말을 빌리자면, 북극성은 1대년이 지나기 전까지 최소 1,500년 동안은 명성을 누릴 것이며 이후 어떠한 존재가 하늘을 관찰할 것인지는 누가 알겠는가.[9]

폴리네시아 선장

페니키아인과 그리스인, 로마인이 지중해 해안선을 따라 항해하는 사이, 미크로네시아인과 폴리네시아인은 태평양 항해에 나섰다. 이들은 거주 가능한 태평양 섬 대부분을 발견하고 정착했는데, 약 1억 6,500만 제곱킬로미터에 달하는 태평양에서 작은 섬들을 어떻게 발견했는지는 여전히 논란이 되고 있다.

인류학자 제프리 어윈Geoffrey Irwin은 폴리네시아인이 2,000년에 걸쳐 서쪽에서 동쪽, 그리고 북쪽에서 남쪽으로 이동하며 체계적으로 섬을 발견했다고 주장한다. 이를테면 기원전 2000년경 뉴기니에서 출발해 피지, 사모아, 통가 등을 거쳐 하와이에 다다랐다는 것이다. 이러한 관점에서 볼 때 아오테아로아Aotearoa, 뉴질랜드는 폴리네시아인이 기원후 10세기경 마지막으로 정착한 지역이다.[10]

15세기까지 폴리네시아인은 아오테아로아와 하와이를 가르는 폭 6,400킬로미터의 바다를 정기적으로 항해했다. 항해용 도구나 지도도 없이, 속을 파낸 나무줄기를 코코넛 섬유로 엮어 빵나무 수액으로 방수 처리한 카누를 타고 바다를 누빈 결과였다.[11]

칠레 조각가 이그나시오 안디아 이 바렐라Ignacio Andia y Varela는 1774년 타히티섬을 방문했을 때 다음과 같이 경탄했다.

> 가장 숙련된 선박 제조업자도 작은 폴리네시아 카누가 몇 배나 큰 유럽 선박과 맞먹는 거대한 돛을 펼친 채 그 어떤 도구도 없이 파도와 바람을 희롱하는 모습을 보면 충격받을 것이다. 폴리네시아 카누는 칼날처럼 날카로워서 우리가 보유한 가장 빠른 선박보다 더 빠르게 이동한다. 이뿐 아니라 바람을 비스듬히 받으며 지그재그로 나아가는 기민한 움직임도 무척 놀랍다.[12]

기록으로 남겨진 태평양의 전통적인 항해법으로는 '길버트 제도 항해법'이 손꼽힌다. 길버트 제도는 하와이와 파푸아뉴기니 사이에 자리한 미크로네시아 환초 16개로 이뤄져 있는데, 가장 큰 환초는 맨해튼의 절반 면적에 해당한다. 길버트 제도의 언어에는 '천문학자'라는 단어가 없었고, 별에 해박한 전문가가 필요할 때는 '항해자'를 찾았다.[13]

길버트 제도 사람들은 항해 도중 방향이나 이동 거리, 위치를 판단하기 위해 해조류와 물고기의 종류, 해류와 너울, 바닷물의 굴절과 색, 새의 비행(육지와의 근접성을 나타낸다), 구름의 모양과 크기, 그리고 달과 태양과 별의 위치 등을 이용했다.

폴리네시아 항해자들은 200개 넘는 별을 인식했고, 각각의 별이 천정(머리 바로 위)에 있는 동안 통과하는 섬과 연결됐다고 여겼다. 따라서 항해자는 길잡이 별이 천정에 있을 때, 자신의 목적지이자 길잡이 별과 연결된 섬이 자신과 정확히 같은 위도에 있다고 파악할 수 있었다.

목적지가 광활한 태평양에 둘러싸인 아주 작은 섬일지라도, 육지 새가 발견될 때는 약 48킬로미터 이내에 섬이 있다고 확신했다. 천정에 있는 별의 위치를 판단하는 과정에 0.5도라도 오차가 발생하면, 목적지를 지나쳐 죽음을 향해 항해할 수도 있었다.[14] 그럼에도 "나침반은 틀릴 수 있지만 별은 그렇지 않다"라는 통가 속담이 말해주듯 별은 가장 믿을 만한 길잡이였다.[15]

폴리네시아 항해법의 정확성과 신뢰성을 확인한 안디아 이 바렐라는 다음과 같이 격렬한 찬사를 보냈다.

폴리네시아인은 청명한 밤이면 별에 의존해 배를 조종한다. 이는 폴리네시아인에게 가장 쉬운 항해 방식인데, 밤하늘의 수많은 별을 관찰하면 이미 익숙한 여러 섬의 방향과 항구를 파악할 수 있기 때문이다. 항구 위로 떠오르거나 아래로 저무는 특정 별의 궤도를 따르면 항구의 입구로 곧장 향할 수 있다. 폴리네시아인은 이러한 방식으로 문명국가 출신의 전문 항해자만큼 정확하게 항로를 탐색한다.[16]

바운티호의 반란자로 유명한 제임스 모리슨James Morrison은 1788년 다음과 같이 동의했다.

"유럽 항해자의 눈에는 폴리네시아인이 문자, 그림, 도구의 도움이나 지식 없이 그토록 거리가 먼 항로를 발견하는 방식이 낯설게 보일 것이다. 하지만 그들은 유럽 천문학자보다 천체 움직임을 더욱 노련하게 판단하며, 수평선에서 뜨고 지는 별을 보다 깊이 있게 설명한다. 이는 놀라우면서도 분명한 사실이다."[17]

18세기 유럽인이 폴리네시아인과 처음 만났을 때 폴리네시아 항해법에 아무도 관심을 기울이지 않았다는 점은 이상하지만, 만약 관심을 보였다고 해도 거절당했을 가능성이 높다. 폴리네시아 선장들은 그들의 지식을 신성시했으므로 공유하지 않았을 것이다.

안타깝게도 폴리네시아인의 항해 지식은 식민지 건설에 나선 유럽인의 맹습으로 대부분 손실됐다.

혁신적인 도전에 걸린 포상금

　15~16세기 유럽인은 탐험과 착취를 목적으로 바다를 누비기 시작했고, 이는 스페인·포르투갈·프랑스·영국 등 해양 강국의 대양 횡단 항해로 이어졌다. 1492년 크리스토퍼 콜럼버스는 아메리카 대륙으로 항해를 떠날 때 나침반과 추측 항법dead reckoning에 의존했다. 추측 항법은 선박의 마지막 위치에서 속력과 이동 방향을 도출해 현재 위치를 추정하는 방식으로, 부정확한 경우가 많았다. 이때 활용한 천문 항법 또한 당시 기준에서도 오류가 많았다.[18]

　나침반과 추측 항법으로 항해하는 방식은 해안선이 보이는 바다일 때는 비교적 잘 작동했지만, 대서양이나 태평양 한가운데서는 정확도가 너무 낮았다. 최대 10도, 적도를 기준으로 환산하면 약 1,100킬로미터의 오차가 흔히 발생했다. 따라서 이보다 신뢰할 수 있는 항법이 필요했다.

　페르디난드 마젤란Ferdinand Magellan이 역사상 최초로 지구 일주를 시도하며 태평양에 도착한 1520년 11월, 포르투갈 선원들은 선박의 남북 위치, 즉 위도 판단 문제를 거의 해결했다. 수평선 위로 떠오른 북극성의 고도를 측정하고, 밤에 북극성이 천구의 북극을 중심으로 돌면서 보이는 미세한 움직임을 보정해 선박의 위도를 예측한 것이다. 북극성이 보이지 않는 경우에는, 태양이 하늘에서 가장 높은 지점에 도달했을 때 수평선 위로 떠오른 태양의 고도를 측정하고, 태양 궤도의 계절에 따른 변화(태양은 여름에 높게 뜨고 겨울에 낮게 뜬다)를 보정해 위도를 추정했다.

하지만 경도, 즉 기준점에서 동쪽 또는 서쪽으로 떨어진 거리를 측정하는 방법은 알아내기 어려웠다. 밤하늘에서 별들이 동쪽에서 서쪽으로 이동하는 동안 태양계 행성과 달은 각자의 궤도를 따라 움직이므로, 기준점이 없었기 때문이다. 16세기에 이르러 경도 측정은 국가적으로 시급한 문제가 됐다.

1494년 스페인과 포르투갈은 토르데시야스 조약을 통해 점령 지역의 경계선을 설정했다. 카보베르데 제도 서쪽에서 약 1,500킬로미터 떨어진 지점에 경계선을 설정하고, 스페인 제국이 점령하는 땅(경계선의 서쪽에서 지구 반대편 자오선까지)과 포르투갈 제국이 점령하는 땅(경계선의 동쪽에서 지구 반대편 자오선까지)을 구분했다. 문제는 대서양에서 경계선이 어디에 있는지, 태평양에서 경계선 반대편의 자오선이 어디에 있는지 아무도 모른다는 점이었다.

우루과이 역사학자 롤란도 라구아르다 트리아스Rolando Laguarda Trias는 페르디난드 마젤란이 1521년 필리핀에서 사망한 원인이 불명확한 경계선 위치 때문이라고 주장했다. 마젤란은 인도네시아 동쪽의 말루쿠 제도가 스페인 점령지임을 증명하기 위해 항해에 나섰는데, 그 결과 출항 전 스페인 왕에게 확언한 내용과 달리 포르투갈 점령지임을 알게 됐다. 라구아르다 트리아스는 마젤란이 실망스러운 소식을 가지고 고향으로 돌아갈 수 없어서, 필리핀 원주민과의 전투에 무모하게 뛰어들어 목숨을 잃었다고 추측한다.[19]

바다에서 패권을 다투던 당시에는 식민지의 위치와 해안선 그리고 섬과 섬 사이의 거리에 관한 정확한 지식이 전략적으로 중요했다. 경도에 관한 지식 부족으로 수많은 선박이 바다에서 실종되거나 침몰했다.

영국 의회는 해결책을 찾기 위해 1714년 경도를 '실용적으로 정확히' 측정하는 방법을 고안하는 사람에게 2만 파운드(현재 가치로 수백만 달러에 해당하는 금액)라는 거액의 포상금을 지급하겠다고 약속했다.[20]

만약 성공한다면 영국은 전략상 결정적 우위를 확보하게 될 것이었고, 승자는 역사에 기념비적인 업적을 세운 인물로 기억될 것이었다. 기발한 제안들이 쏟아졌는데, 그 가운데 가장 주목할 만한 것은 '공감의 가루powder of sympathy'였다. 이는 다친 개를 배에 태우고 개의 상처에 감았던 붕대를 영국 그리니치에 보관한 다음, 매일 정오가 됐을 때 그 붕대를 '공감의 가루'가 담긴 병에 넣으면 가루의 효과로 개가 울부짖는다는 내용이었다. 이 방법을 활용하면, 배에서 개가 울부짖었을 때 그리니치가 정오라는 사실을 곧바로 알 수 있다고 했다.

과학사학자 오언 깅그리치Owen Gingerich는 공감의 가루가 완전히 실없는 농담조의 제안이었지만 약간의 지혜가 담겨 있다고 판단했다. 배가 위치한 지점의 시각과 그리니치 천문대 등 기준 지점의 시각을 비교하면, 배가 위치한 지점의 경도를 구할 수 있기 때문이다.[21]

그리니치 천문대가 정오일 때 배에서 측정한 시각이 오전 9시라면, 배는 그리니치에서 서쪽으로 3시간 거리에 있으므로 경도는 서경 45도다(1시간 차이가 경도 15도에 해당하므로 지구가 360도 자전하는 데는 24시간 걸린다). 문제는 배에 탑승한 선원이 기준 지점의 정오가 언제인지 알 수 있는 방법을 찾는 것이었다. 따라서 개를 울부짖게 하는 마법의 붕대는 실제로 문제 해결책이 될 수 있을 법한 도구를 익살스러운 방식으로 제안한 것뿐이었다.

이후 제작된 야코포의 기계식 시계는 여러 가지 변화가 극심한 바다에서 시간을 정확히 측정할 수 없었다. 이는 경도위원회가 요구하는 엄격한 기준에 부합하지 않았는데, 위원회는 포상금을 받으려면 영국에서 카리브해까지 6주간 항해하는 동안 경도 오차가 0.5도를 넘지 않아야 한다고 규정했다. 이는 해상에서 하루에 3초 넘게 오차가 나지 않는 시계를 의미했다.

뉴턴은 이 기준에 부합하는 시계 제작에 대해 회의적이었다.

"배의 움직임, 더위와 추위, 습함과 건조함, 위도에 따른 중력 차이(이는 진자의 진동을 변화시킨다) 때문에 그러한 시계는 아직 만들어지지 않았으며, 앞으로도 불가능할 것이다."[22]

뉴턴은 다른 해결책을 선호했는데, 달을 시계로 활용하는 방법이었다. 시간을 정확히 가르쳐주는 천체 현상이면 무엇이든 시계가 될 수 있었다. 선원은 그러한 천체 현상을 관측하고 현지 시간을 기록하며, 기록에 쓰이는 시계는 매일 정오에 재설정할 수 있으므로 간단하고도 괜찮은 시도였다. 그런 다음 그리니치에서 같은 천체 현상이 발생할 것으로 예상되는 시간이 기록된 표를 미리 준비해 확인한다. 이렇게 그리니치의 시간과 현지 시간을 비교하면 경도가 결정된다.

원리는 간단했지만, 뉴턴조차도 목적에 부합할 만큼 정확하게 달의 복잡한 궤적을 예측할 수 없었다. 월식이 활용될 수도 있으나 아주 드물게 일어나는 현상이어서 실용성이 낮았다.

갈릴레오 갈릴레이는 1612년 스페인 왕에게 목성의 위성이 시계로 활용하기에 적합하다고 설득하려 했다. 그러나 목성은 태양 뒤로 지나가는 10주 동안 아예 시야에서 사라진다는 점 그리고 흔들리는 배의 갑판에서는 망원경으로 조그마한 빛점을 발견하기가 어렵다는 점을 고려하면, 목성도 해결책이 될 수 없었다.[23]

1768년 8월 26일 영국 왕의 군함 인데버가 출항할 당시에는 경도 측정보다 더 가치 있는 과학적 탐구 대상이 없었고, 사람들은 경도 해결책에 걸린 포상금을 두고 여전히 치열하게 경쟁하고 있었다. 그런데 해군 대위 제임스 쿡, 왕실 해병 12명과 천문학자 찰스 그린Charles Green, 박물학자 조지프 뱅크스Joseph Banks를 포함한 선원 85명에게는 제국의 자부심과 영광이 걸린 또 다른 임무가 주어졌다. 바로 태양계의 크기를 측정하는 것이었다.[24]

제국의 자부심을 위해

지구와 태양 사이의 거리는 기원전 2세기 히파르코스가 역사상 최초로 추정치를 도출한 이후 천문학자의 관심 대상이 됐다. 당시 히파르코스는 지구와 태양 간 거리가 지구 반지름의 490배라고 추정했는데, 실제 값인 지구 반지름의 23,400배(1억 5,000만 킬로미터)와 비교하면 상당히 과소평가된 추정치였다.

17세기 초 요하네스 케플러가 발표한 '행성 운동의 세 가지 법

칙'은 태양에서 태양계에 속한 모든 행성까지의 상대 거리를 구할
수 있는 방법을 제시했다. 태양과 지구 간 거리를 1천문단위
astronomical unit, AU로 정하면, 태양으로부터 수성은 0.39AU, 금성은
0.72AU, 화성은 1.52AU, 목성은 5.2AU, 토성은 9.5AU 떨어져 있
다고 계산됐다(토성 너머의 행성은 나중에 발견된다). 그런데 태양과
모든 행성 사이의 절대 거리를 구하고 태양계의 실제 크기를 밝히
려면 AU 측정법을 찾아야 했다.

이때 에드먼드 핼리가 등장했다. 1716년 영국 천문학자 에드
먼드 핼리는 금성이 태양 앞을 통과하는 희귀한 천문 현상을 이용
해 태양과 지구 사이의 거리를 측정한다는 목적으로, 전 세계의 천
문학자들에게 도움을 요청했다.

금성은 태양계에서 두 번째로 태양에 가까운 행성으로, 태양을
공전하는 궤도가 지구의 공전 궤도보다 작으며 공전 주기 또한 지
구보다 짧다. 태양과 금성과 지구는 지구 기준으로 약 1.5년마다 일
직선으로 정렬한다. 그런데 금성의 공전 궤도면은 지구의 공전 궤
도면을 상대로 기울어진 까닭에, 두 행성이 공전 궤도면의 교차점
에서 정렬하는 드문 경우에만 금성이 태양 앞을 가로질러 지나가는
모습, 일명 '통과transit 현상'이 지구에서 관측된다.

통과 현상은 8년 간격으로 두 번 발생한 다음 105년간 일어나
지 않다가, 다시 8년 간격으로 두 번 발생하고 121년이라는 긴 공백
뒤 다시 주기가 시작된다. 핼리는 두 번의 통과 현상이 1761년과
1769년에 발생하리라 예측하고, 전 세계에서 통과 현상을 관측하도
록 독려했다.

지구 표면의 가능한 한 멀리 떨어진 두 지점에서 통과 현상이 일어나는 시각을 측정하면 태양의 시차 현상solar parallax을 발견하게 된다. 태양의 시차 현상이란 지구 반지름의 절반 거리만큼 떨어진 두 관찰자 시점에서 나타나는 태양의 겉보기 위치 차이로, 이는 지구와 태양 사이의 거리를 밝힐 수 있는 수단이 된다.

1761년 62개국에서 120개 넘는 탐사대가 지구와 태양 간 거리 측정에 나섰고, 이는 당시까지 시도된 전 세계 과학자들의 협력 연구 중에서도 규모가 가장 컸다. 하지만 수집된 데이터의 품질이 지구와 태양 간 거리를 도출하기에 불충분하다고 판명됐다. 1769년 6월 3일 두 번째 관측 기회가 찾아왔고, 이후로는 한 세기 넘게 통과 현상이 발생하지 않을 예정이었다.

제임스 쿡은 영국 해군 중에서도 가장 뛰어난 항해자이자 지도 제작자로 명성이 높았기 때문에, 1769년 금성 통과 현상을 관측하기 위한 영국 탐험대의 선장으로 임명됐다. 제임스 쿡의 임무는 엔데버호를 이끌고 지구 반대편의 섬 타히티에 상륙해 금성 통과 시기에 맞춰 고정밀 천문 장비를 구축한 다음, 천문학자 찰스 그린과 함께 '관측 전 장비를 조정하고 검증할 여유 시간'을 확보하는 것이었다. 이는 임무 중에서 쉬운 부분에 속했다. 통과 현상 관측(표면상 엔데버호의 유일한 임무)을 마친 뒤 쿡은 '바로 바다로 출항해 공개되지 않은 다른 임무를 추가로 수행해야 했다.'[25]

그러나 먼저 쿡은 타히티섬에 도착해야 했으며, 그러려면 달을 이용해야 했다.

달의 제왕

타히티섬으로 향하는 임무를 주도한 사람은, 아직 실험 중이었던 최신 정밀 항법과 경도 측정법을 쿡에게 제공한 인물이기도 했던 왕립 천문학자 네빌 매스켈라인 Nevil Maskelyne이었다.

매스켈라인은 그리니치와의 시간 차이를 측정하기 위해 하늘에서 달이 보이는 위치를 이용하자는 뉴턴의 제안을 받아들이고, 독일 천재 수학자이자 천문학자인 토비아스 마이어 Tobias Meyer가 큰 폭으로 개선한 예측 방식을 채택했다. 뉴턴의 기존 예측 방식을 활용하면 경도 측정 결괏값에 최대 1도까지 오차가 발생하지만, 마이어가 제시한 달 위치표를 참고하면 달의 위치를 오차 1분각 미만으로 관측하며 경도를 오차 0.5도 미만으로 측정할 수 있었다. 이를 계기로 '달을 이용'하는 방법은 경도 포상금 수령이 유력해졌다.

매스켈라인은 쿡에게 《Nautical Almanac 항해 연감》을 제공했다. 이 책에 수록된 표에는 달과 태양, 달과 특정 별 사이의 정확한 각도가 3시간 간격으로 향후 2년 분량이 미리 계산돼 있었다. 달과 별을 관측해 얻은 결과에서 경도 추정치를 얻기 위해 군함 안에서 해야 하는 계산을 매스켈라인이 단순화한 덕분에, 계산에 걸리는 시간이 4시간에서 30분으로 줄었다. 쿡은 매스켈라인이 경도 포상금을 수령할 자격이 충분하다며 지지했다.

"우리가 발견한 계산 방식으로는 오차가 0.5도 미만으로 나타나며, 이러한 정확도는 모든 목적의 항해에 충분한 수준을 뛰어넘는다."[26]

1769년 4월 13일 이른 아침, 금성의 통과 현상을 관측하기 알맞은 시점에 엔데버호가 타히티섬에 도착하자 원주민들은 영국인들을 친절하게 맞이했다. 식물학에 강한 열정을 품은 젊은 박물학자 조지프 뱅크스는 다음과 같이 회상했다.

　　"우리는 수많은 카누에 둘러싸였다. 타히티섬 원주민은 조용하면서도 공손하게 물품을 거래했다. 그들은 주로 구슬을 받았고, 그 대가로 우리에게 코코넛과 작은 생선 그리고 사과 등을 줬다."[27]

　　쿡과 친구가 된 타히티섬의 고위 인사 중에는 대제사장 투파이아가 있었다. 투파이아의 초상화는 현재까지 발견되지 않았지만, 뱅크스는 투파이아가 대략 45세로 쿡과 비슷한 연령대로 추정했다. 엔데버호가 타히티섬에 3개월 동안 정박하는 사이 뱅크스는 투파이아와 친해졌고, 투파이아는 그를 섬 곳곳으로 안내하며 탁월한 외교관이자 재능 있는 언어학자임을 증명하고 영어 구사력을 습득했다.

　　금성의 통과 현상이 일어나는 날이 되자, 쿡과 선원들은 준비를 마치고 방어벽을 친 금성 요새 안에서 대기했다. 금성 요새는 탐험대가 타히티섬 원주민에게 방해받지 않고 관측을 진행할 수 있도록 무장한 야영지였다. 쿡이 항해 일지에 언급했듯, 당시 관측 조건은 이상적이었다.

　　"이날은 우리가 바랐던 대로 관측에 유리한 조건이었다. 하루 종일 구름 한 점 보이지 않고 공기도 맑았기 때문에, 금성이 태양 원반을 통과하는 전 과정을 관측하는 데 필요한 모든 이점을 누릴 수 있었다."[28]

쿡은 첫 번째 임무를 완수한 뒤 봉인된 지시서를 살펴봤다. '비밀'이라고 표시된 문서 두 장에는 다음과 같은 지시 사항이 있었다.

"남위 40도에 도착할 때까지 '테라 오스트랄리스 인코그니타 Terra Australis Incognita' 발견을 목표로 하라. 이 대륙을 발견할 때까지 계속 항해하라."[29]

이곳은 남위 40도 아래에 있으리라 추정되는 새로운 대륙이었다. 쿡은 대륙을 발견하면 해안선을 지도에 상세히 표시하고 그곳의 짐승과 새, 나무와 열매와 씨앗, 광물과 보석 그리고 원주민의 기질과 성향을 보고해야 했다. 모든 선원은 귀항한 뒤 모든 것을 철저히 비밀에 부쳐야 한다는 엄격한 명령에 따라야 했다.

쿡은 이 과정에서 투파이아가 보유한 바다와 섬에 관한 지식이 매우 귀중하리라는 점을 깨달았다. 투파이아는 이전에 유럽인이 한 번도 본 적 없는 태평양 섬 130여 개의 이름과 위치, 특징을 안다고 주장했다. 더욱 놀라운 사실은, 그가 도구나 항해용 지도를 이용하지 않고도 섬과 섬 사이를 항해하고 안전한 항구에 도착할 수 있다는 것이었다. 쿡은 깊은 인상을 받고 항해 일지에 다음과 같이 고백했다.

"투파이아는 굉장히 지적인 인물로, 인근 섬의 지리와 농산물 그리고 섬 원주민의 종교와 법률과 관습에 관해 풍부하게 알고 있었다. 그는 우리의 목표에 가장 잘 부합하는 사람이었다."[30]

선원들이 엔데버호에서 다음 임무를 준비하는 동안, 투파이아는 쿡의 탐험대에 합류하고 싶어 했다. 그는 뱅크스로부터 지지를 얻어, 자신과 어린 제자 타이아타를 데려가도록 쿡을 설득했다. 뱅크스는 항해 일지에 다음과 같이 털어놓았다.

"나는 투파이아를 호기심의 대상으로 두면 안 되는 이유를 모르겠다. 많은 돈을 들여서 사자나 호랑이를 키우는 나의 이웃들이 그러듯이 말이다. 그러나 앞으로 내가 투파이아와 대화하며 얻게 될 즐거움, 그리고 이 배를 비롯해 앞으로 바다로 보내질 다른 배에서 얻게 될 이익은 나에게 충분한 보답이 될 것이다."[31]

1769년 7월 13일 엔데버호가 타히티섬을 떠날 때, 뱅크스에 따르면 투파이아는 "마침내 탐험대에 동행하겠다는 결심을 굳히고 진심 어린 눈물을 흘리며 원주민들과 헤어졌는데, 눈물을 숨기려 애쓰는 그의 모습에서 진심이 느껴졌다."[32]

타히티섬 원주민들이 목청 높여 작별 인사를 했다. 뱅크스와 투파이아는 오랫동안 서서 카누가 수평선 너머로 사라질 때까지 손을 흔들었다. 항해의 역사, 그리고 유럽 식민지 세력과 폴리네시아인 사이의 갈등 관계에 새롭고 독특한 장이 이제 막 시작됐다.

문화 충돌

쿡은 투파이아를 시험하며 시간을 허비하지 않았다. 이후 4주 동안 투파이아는 엔데버호를 조종해 후아히네섬으로 향했다. 그는 영국인과 후아히네섬 원주민 사이에서 가교 역할을 하며 우호적인 환영 인사를 끌어내고 보급품을 확보했다. 뱅크스는 투파이아의 항해 기술에 깊은 인상을 받았다.

투파이아는 오늘 암초에 큰 틈이 있어 배가 편리하게 통과해 넓은 만에 도달할 수 있으며, 그곳에 좋은 정박지가 있다고 말했다. 특히 선원을 보내 배의 방향타 뒤쪽으로 잠수시키는 장면을 목격한 뒤 우리는 투파이아의 항해술을 매우 긍정적으로 평가하게 됐다. 선원은 여러 번 잠수한 후 배가 얼마나 깊이 바다에 잠겼는지 투파이아에게 보고했고, 이후로 투파이아는 크게 불안해하지 않으며 9미터보다 얕은 해역에는 배를 진입시키지 않았다.[33]

투파이아의 명성은 빠르게 높아졌고, 선원들은 투파이아의 항해 능력을 마지못해 인정했다. 쿡에 따르면, 투파이아는 신성한 지위 덕에 사람들에게 존경받는 데 익숙해져 있어 거만하고 엄격하며 경의를 강요했으나 선원들은 이를 꺼렸다.[34] 하지만 투파이아의 능력을 부인할 수는 없었다. 낮이든 밤이든 그는 항상 타히티섬의 방향을 정확하게 가리켰다. 한 선원은 다음과 같이 밝혔다.

"투파이아는 고정된 별이든 불규칙하게 운동하는 행성이든 모든 천체의 이름을 알았으며, 이들이 언제 어디서 나타났다가 사라지는지 예측할 수 있었다. 그리고 더욱 놀라운 점은 하늘의 모습을 토대로 바람과 날씨의 변화를 며칠 전부터 예견할 수 있다는 것이었다."[35]

뱅크스도 마찬가지로 투파이아가 날씨를 예측하는 놀라운 방식에 흥미를 느꼈으며, 그 예측법이 "유럽인의 방식보다 훨씬 영리하다"라고 말했다. 투파이아는 바람이 은하수의 둥글게 굽은 형태를 비틀기 때문에, 이튿날 그 변화한 형태를 보면 바람의 방향을 예

측할 수 있다고 뱅크스에게 설명했다.[36]

엔데버호는 매일 서쪽으로 더 멀리 나아갔고, 뱅크스는 다음과 같은 글을 남겼다.

"우리는 우리를 인도하는 투파이아와 우연에 기대어 다시 바다로 나아갔다."[37]

투파이아는 서쪽으로 항해하면 10~12일 내에 더 많은 섬과 마주할 것이라 확신했고, 쿡은 지금까지 투파이아의 길 안내가 얼마나 정확했는지를 생각했을 때 '의심할 이유가 없는' 정보라고 믿었다. 그런데 8월 중순이 되자 쿡은 폴리네시아의 여러 섬을 방문하는 일에 지쳤고, 새로운 임무를 수행하기로 결심했다.

"나는 더 이상 시간을 허비하지 않을 것이며, 이제 남쪽으로 곧장 향하는 항로를 설정해 대륙을 찾기로 했다."[38]

상상의 대륙을 엔데버호가 찾아 헤매는 동안, 투파이아는 뱅크스, 쿡, 쿡의 동료 리처드 피커스길Richard Pickersgill과 함께 이 장의 시작에서 언급한 그 지도를 직접 제작했을 가능성이 높다.[39] 과학사학자 데이비드 턴불David Turnbull에 따르면, 미국에 맞먹을 정도로 광활한 면적의 태평양을 나타내는 이 항해용 지도는 '두 가지 전통 지식이 결합해 표현의 경계가 모호해진' 사례다.[40]

지도에 표시된 섬 74개는 실제 군도의 지리적 위치와 일치하지 않는다. 새가 하늘에서 내려다보듯 표현하는 서양의 지도 제작 관행에 비춰 보면, 영국인이 인지하고 있거나 방문한 적 있다고 알려진 섬 40여 개는 '올바른' 위치에 있다고 밝혀졌다. 투파이아가 영국인의 지도 제작 관행, 이를테면 종이의 네 변에 동서남북 방위를 표시하고 윗변을 북쪽으로 정하는 방식을 이해했다는 것은 의심의 여지가 없다. 그러나 폴리네시아인이 항해를 이해하는 방식은 항해자가 탑승한 카누 또는 출발한 섬을 기준점으로 삼는다는 측면에서 영국인의 방식과 크게 달랐다.

서태평양에 2,900킬로미터 넘게 뻗어 있는 캐롤라인 제도 Caroline Islands 항해자들의 항해 기술이 기록된 문헌에 따르면, 카누는 고정되어 있고 섬은 별이 뜨고 지는 지점에 대해 상대적으로 뒤로 이동한다고 여겨졌다. 하늘은 '항해의 지붕'이라 불리며, 별 32개로 구성된 별 나침반이 수평선에서 뜨고 지는 위치가 항해자에게 방향을 알렸다. 폴리네시아 항해 방식에서 방향은 절대적 기준이 아니라 관찰자 위치에 따라 상대적으로 결정되는 기준이었다.

투파이아의 천재적 발상은 서양 관행을 무시하고, 자신만이 아는 섬을 카누에 탑승한 항해자인 관찰자 중심으로 상대적인 위치에 배치한 것이었다. 이러한 해석을 뒷받침하는 명확한 증거는 지도 중앙에 그려진 기본 축의 교차점에 표시된 '이아와테아 Eawatea'라는 단어에 있다. 이 단어는 실제 타히티어로 '아바테아 avatea'이며, 정오 또는 남반구에서는 북쪽에 해당하는 정오의 태양 위치를 의미한다. 즉, 투파이아에게 기준점은 지도의 중심이며 항해자는 언제나 지도 중심에 있다. 그리고 항해자 위치를 중심으로 바다와 섬과 별이 사방에서 움직인다.

투파이아의 지도는 문화적 혼합을 드러내는 독특한 사례로, 서구의 과학 지식이 유일하게 가치 있는 지식이라는 우월주의적 시각에 매몰된 유럽인은 폴리네시아 지식 체계를 근본적으로 이해할 수

없었음을 강조한다.[41]

쿡의 비밀 임무는 1769년 10월 6일 대륙이 발견되며 성공적으로 마무리된 것으로 여겨졌고, 뱅크스는 기뻐하며 항해 일지에 다음과 같이 기록했다.

"이곳이 우리가 찾고 있는 대륙이 확실하다는 데 모든 사람이 동의하는 것 같다."[42]

하지만 그렇지 않았다. 엔데버호는 지금의 뉴질랜드인 아오테아로아에 도착했고, 마오리족은 현지 언어를 구사할 수 있는 투파이아를 엔데버호 책임자로 오해하고 환대했다. 쿡은 투파이아를 향후 진행될 탐험 항해에도 합류시켜야 한다고 해군 본부에 건의했다.

"향후 진행될 남태평양 탐험에 투파이아를 합류시키는 것이 적절하다고 판단되며, 그렇게 된다면 엄청난 이점이 있을 것이다. 투파이아와 동행하는 항해자들은 더욱 노련하고 완벽하게 탐험할 수 있을 것이다."[43]

그러나 투파이아는 북극성을 보지 못했다. 탐험대에 속했던 예술가 시드니 파킨슨 Sydney Parkinson에 따르면, 투파이아는 엔데버호가 아오테아로아를 떠난 뒤 자신의 쓸모가 크게 줄어들자 의기소침해졌다고 한다. 그는 장시간 배 위에서의 핍박한 생활은 물론, 원주민을 폭력적으로 대하는 영국인 선원들의 모습에 환멸을 느끼며 자신의 나라를 떠난 것을 극도로 후회했다.[44] 거기에다 아끼던 제자 타이아타까지 병에 걸려 사망하자, 절망한 투파이아는 1770년 12월 20일 스스로 목숨을 끊었다.

1773년 쿡이 두 번째 항해 중 아오테아로아로 돌아왔을 때, 마오리족은 투파이아의 사망 소식에 오열했다. 쿡은 다음과 같이 결론지었다.

"당시 투파이아의 이름은 마오리족 사이에서 무척 유명했으며, 전역에 알려졌어도 이상하지 않을 정도였다."[45]

투파이아가 아오테아로아를 방문한 이야기와 그의 직계 후손이 있을지도 모른다는 이야기는 수 세기를 걸쳐 오늘날까지 전해 내려오고 있다. 그의 이름은 뉴질랜드 자생종 겨우살이인 '투페이아 안타르크티카Tupeia antarctica'에 남아 있다.

다시 임무 이야기로 돌아오면, 쿡은 1771년 7월 영국으로 돌아온 후 영웅 대접을 받았고, 국왕은 그를 사령관으로 진급시켰다. 쿡이 확보한 금성 통과 데이터를 바탕으로 옥스퍼드대학교 천문학 교수 토머스 혼즈비Thomas Hornsby는 AU를 93,726,900영국마일English mile로 추정했으며, 이 추정치는 실제 AU와 비교하면 오차가 1퍼센트를 넘지 않았다.[46]

또한 쿡은 런던에서 경도 포상금을 노린 치열한 경쟁이 절정에 이르렀음을 알아차렸다. 그런데 쿡이 그토록 선호했던 달을 이용한 방식이 아닌 새로운 유형의 시계로, 만약 성공한다면 서양 항해술과 육지 탐험 및 개발 활동에 혁명을 일으킬 수 있는 최첨단 기계 장치에 포상금이 돌아갔다.

신뢰할 수 있는 친구, 시계

1772년 7월 쿡이 두 번째 세계 일주 항해를 떠날 무렵, 시계 제작자 존 해리슨John Harrison은 경도위원회를 상대로 오랫동안 싸우고 있었다. 분쟁의 핵심은 해리슨이 항해하는 배의 경도를 측정하는 장치를 고안하며 차츰 정교해진 '해상 크로노미터marine chronometer'가 포상금 수령에 필요한 정밀도 기준을 충족했느냐였다.

1736년 해리슨이 완성한 첫 번째 '해상시계' H-1은 전면의 문자판 4개 뒤에 내부 부품이 노출돼 있는 황동시계였다. 이 시계를 구성하는 용수철과 스윙 밸런스*는 선박의 움직임에 영향받지 않고, 온도와 습도 변화를 견디며, 윤활유를 사용하지 않아도 문제없도록 설계됐다. H-1은 2미터의 원뿔형 도르래 2개를 포함해 부품 1,500개로 이뤄졌다.

해리슨이 '시계'라고 이름 붙인 네 번째 시제품 H-4는 이전보다 훨씬 절제된 형태였다. H-4의 외형은 우아한 검은색 로마 숫자가 새겨진 흰색 문자판이 강철 덮개에 싸인 묵직한 회중시계에 불과했다. 모든 마법은 그가 50년 넘게 연구한 결과를 집약해 소형화한 기계 장치에 숨겨져 있었다. H-4는 1762년 자메이카로 향하는 81일간의 항해를 마친 뒤에도 오차가 5초밖에 나지 않았다. 1764년 바베이도스에 도착했을 때는 오차가 40초 이내로 정확했으며, 이는

---

* swinging balance, 용수철과 함께 진동을 일으켜 시곗바늘이 일정하게 움직이도록 하는 부품.

경도 포상금 수령에 필요한 허용 오차인 2분 이내라는 기준을 충족한 결과였다.

그러나 경도위원회는 여전히 만족하지 못했다. 가장 영향력 있는 위원인 왕립 천문학자 네빌 매스켈라인은 해리슨의 시제품을 모두 압수해 추가 검증을 진행해야 한다고 위원회를 설득했다.

분쟁의 끝이 보이지 않자, 쿡은 해리슨의 시계를 검증하는 임무를 맡았다. 검증 대상은 세계 일주 항해라는 위험을 감수하기에는 지나치게 값지다고 여겨진 H-4가 아니라, 시계 제조업자 라쿰 켄달Larcum Kendall이 만든 정교한 모조품 K-1이었다. 쿡은 그리니치 천문대 시각을 매일 오차 1초 이내로 유지하도록 설계된 크로노미터를 갖춘 덕분에, 해상에서 태양 위치를 기준으로 정오를 확인하고 이를 K-1이 표시하는 시각과 비교해 경도를 계산하기만 하면 됐다. 이 방법은 놀라울 만큼 간단했으며 달이 보이지 않은 날에도 효과적으로 작동했다.

이 첨단 장비에 마음을 빼앗긴 쿡은 다음과 같이 보고했다.

"켄달이 제작한 시계는 열정적인 지지자들의 기대를 뛰어넘었으며, 달 관측을 바탕으로 시계의 시각이 간혹 수정되긴 했지만 변덕스러운 날씨 변화 속에서도 길을 충실히 안내했다."[47]

'신뢰할 수 있는 친구, 시계' 덕분에 남대서양 한가운데에 있는 세인트헬레나로 직접 항해할 수 있었다. 이처럼 K-1을 활용한 쿡의 항해가 성공하면서, 해상 크로노미터를 사용하면 영국 무역 함대의 해상 체류 시간과 비용을 절감할 수 있다는 잠재력이 입증됐다.[48]

쿡이 1775년 7월 해상 크로노미터를 열렬히 지지하며 귀국했을 때, 해리슨 사건은 이미 판결이 내려진 뒤였다. 경도위원회의 계속되는 지연에 분노한 존 해리슨은 국왕에게 직접 청원했고, 국왕은 H-4의 정확성을 직접 확인했다. 1773년 해리슨은 이미 받은 1만 파운드에 더해 8,750파운드를 추가 수령했지만, 공식적인 경도 포상금 수상자가 되지 못했다. 실제로 수상자는 아무도 없었다.

1831년 영국 군함 비글호에는 크로노미터가 22대 장착돼 있었다. 비글호의 임무는 세계를 일주하며 기존보다 정확히 경도를 측정해 남아메리카와 태평양이 표기된 항해용 지도를 수정하는 일이었다.

비글호의 선장 로버트 피츠로이Robert Fitz-Roy는 22세의 신진 박물학자 찰스 다윈에게 동행을 제안했다. 두 사람은 남아메리카, 갈라파고스, 타히티섬, 아오테아로아, 호주, 모리셔스섬, 남아프리카공화국으로 이동했다. 그리고 다시 대서양을 건너 브라질로 돌아가 피츠로이가 확신하지 못했던 경도를 재측정해 확인했다(측정값은 정확했다).

다윈은 1836년 다른 사람이 돼 돌아왔다. 피츠로이의 주요 임무였던 경도 측정은 다윈에게는 식물과 동물이 어우러진 다채로운 자연을 직접 볼 기회를 제공했고, 이를 계기로 다윈은 자연진화론의 씨앗을 뿌렸다. 그는 얼마 후 빅토리아 시대 런던의 가장 주목받는 살롱에서 별을 주제로 대화를 나누던 중 진화론 아이디어를 확장하게 됐으며, 이와 관련된 내용은 8장에서 살펴볼 예정이다.

시간을 변경하는 시간

　19세기부터 전 세계 바다를 가로지르는 교통망이 급속도로 발달하고 점점 더 신뢰할 수 있는 항해 수단이 등장하면서, 항해용 지도와 위치 측정법을 표준화할 필요성이 대두됐다.

　적도가 남북 위치를 기준으로 삼은 자연스러운 선택이었다면, '경도가 0도인 자오선'은 관습적 선택이었으며 나라마다 제각기 다른 기준의 자오선을 사용했다. 또한 크로노미터 기반의 경도 측정은 기준 자오선과 현지의 시간 차이로부터 도출하므로, '경도 0도 자오선'을 선택한다는 것은 시간의 기준점을 선택한다는 의미이기도 했다.

　경도가 0인 공통의 기준 자오선을 정해 전 세계 시간대를 표준화하기 위해, 1884년 10월 워싱턴 D.C.에서 국제 자오선 회의가 소집됐다. 이 무렵 선원들은 매스켈라인의 《항해 연감》에 익숙해진 상태로, 이 책에는 그리니치 천문대를 기준으로 계산된 데이터표가 수록돼 있었다. 전 세계 선박 6만 척 중에서 65퍼센트가 해상 크로노미터로 경도를 측정하거나, 측정된 경도를 검증하기 위해 《항해 연감》을 활용했다. 그러한 까닭에 동쪽과 서쪽을 구분하고 시간대를 계산하는 기준선인 본초 자오선은 그리니치 천문대의 에어리 자오환을 지나는 축으로 그려졌다.

　한편 철도와 전신이 잇달아 등장하며 사람과 정보의 장거리 이동이 훨씬 수월해졌다. 따라서 한 국가에 걸쳐 표준화된 시간을 설정해야 하는 문제가 돌연 시급해졌고, 현지에서 태양 위치를 기반으로 제각기 구축한 시간 체계는 무력화됐다.

그리니치 천문대는 영국에 발생한 시간적 혼란을 해소하기 위해 표준화된 시간을 전국에 배포하는 역할을 맡았다. 이는 천문학자가 먼저 표준화된 시간을 측정해야 한다는 의미였다. 앞서 살펴봤듯, 그리니치 천문학자는 매일 밤 에어리 자오환의 거미줄 십자선을 통해 '시계 별'의 움직임을 관측해 항성시sidereal time를 태양 표준시로 변환했다. 시계 별이 가르쳐준 정확한 시간은 여러 경로를 거쳐 배포됐다. 그리니치 천문대는 1833년부터 매일 오후 1시에 천문대 꼭대기에서 돛대에 꿰인 커다란 공을 떨어뜨려 템스강의 선주들이 시계를 정확히 맞출 수 있도록 도왔고, 이 관행은 오늘날까지 이어지고 있다.

'그리니치의 시간을 알리는 여인'으로 알려진 루스 벨빌Ruth Belville은 1892년부터 1930년대까지 매주 월요일 그리니치 시각에 맞춰 크로노미터를 재설정한 다음, 일주일 동안 최대 50곳의 시계 제조업체를 방문해 시계를 그리니치 시각과 동기화했다. 해군 본부의 시간 전달자는 매일 아침 그리니치 시간으로 설정된 시계를 유스턴 기차역으로 가져가 정확한 런던 시각이 홀리헤드를 거쳐 더블린까지 닿을 수 있도록 했다.

20세기에는 무선 신호와 위성 기반 범지구위치결정시스템satellite-based Global Positioning System, GPS이 해상 크로노미터와 육분의*, 선

---

*   sextant, 항해자가 선박에서 천체 고도를 측정해 자신의 위도와 경도를 구하는 도구.

박과 비행기에서의 달 관측을 대체했다. 별이 오랜 세월에 걸쳐 시간 측정기에 영감을 주지 않았다면 해리슨의 H-4가 탄생하지 않았을 가능성이 높듯, 아인슈타인의 특수상대성이론과 일반상대성이론이 없었다면 오늘날 GPS는 작동하지 않았을 것이며, 두 이론 또한 별에 많은 빚을 졌다.

휴대전화에서 위치를 표시하는 작은 점은 지구 궤도를 도는 위성 4개가 발산하는 무선 신호를 삼각측량법으로 계산한 결과다. 그런데 지구와 위성 사이의 상대 속력과 지구 질량이 유발하는 시공간 곡률의 영향으로, 지구 표면의 시간과 위성의 시간은 서로 다른 속력으로 흐른다.

이는 하루에 38마이크로초, 즉 0.000038초씩 미세한 시간 오차를 발생시키며, 오차를 아인슈타인의 특수상대성이론과 일반상대성이론으로 보정하지 않으면 GPS의 정확도는 하락한다. 일반상대성이론은 뉴턴의 중력 이론으로 설명되지 않았던 수성의 근일점 문제에서 부분적으로 비롯했고, 1919년 개기일식 때 별의 위치 관측으로 처음 검증됐다. 만약 별이 없었다면, 우리가 아는 내비게이션은 지금도 존재하지 않았을 것이다.

21세기에 이르러 천체 항해술이 다시 주목받고 있다. 미국 해군은 작전을 GPS에 지나치게 의존한다는 우려 속에서 천체 항해술 훈련을 장교에게 다시 의무화했는데, 이는 GPS 위성 신호가 교란될 수 있기 때문이다.[49] 이 덕분에 거의 사라졌던 폴리네시아 항해 전통도 되살아나고 있으며, 그 바탕에는 식민주의에서 살아남은 항해 지식이 있다.

1980년 하와이 원주민 나이노아 톰슨Nainoa Thompson은 이중 선체 카누의 복제선을 타고, 하와이에서 타히티까지 왕복 약 6,400킬로미터를 전통 항해 기법으로 조종했다. 당시 활용한 기법 가운데 수평선 위로 떠오른 별의 고도를 육분의 대신 손으로 판단하는 방식은 디즈니 애니메이션 영화 〈모아나Moana〉로 유명해졌다. 톰슨은 다음과 같이 말했다.

"모든 상황이 순조로울 때 별의 패턴을 마음에 새기면, 하늘이 흐려 별이 보이지 않을 때도 자신이 어디에 있는지 아는 듯하다."[50]

인간은 오랜 세월 동안 다양한 이유로 별에서 패턴을 찾았는데, 그중 한 가지 독특한 유형의 탐구 결과가 인류 삶의 모든 측면에 영향을 미쳤다. 바로 과학이다. 별이 인간을 오늘날의 위치와 존재로 어떻게 인도했는지 깊이 이해하기 위해, 과학 혁명의 뿌리로 발걸음을 되돌려보자.

우리는 코페르니쿠스의 태양 중심 체계가 일으킨 관점의 거대한 변화를 살펴보고, 망원경으로 밤하늘을 관측하는 갈릴레오의 어깨 너머를 바라보며, 기숙사에서 교내 식당으로 걸어가다가 길을 잃고는 우주에서의 인간 위치에 관한 새로운 개념을 떠올리는 뉴턴을 뒤쫓아야 한다. 현대 세계를 이해하려면 그 토대를 이루는 별의 과학을 이해해야 한다.

길 안내자

길 안내자가 일어나 이야기를 시작했다.

아주 오래전에 길 안내자는 박쥐가 깨어날 때면 세계 가장자리까지 걸어가 대양의 해안에서 다른 종족을 만나곤 했다. 이는 길고 힘든 여정이었고, 오래전 원로 길 안내자만이 그 길을 기억했다.

강을 따라 내려가 큰 바위를 넘고 숲 가장자리를 걸으며 빛을 세 번 받으면 아름드리 참나무에 다다른다. 그곳에서 숲 쪽으로 걸으며 다시 빛을 세 번 받으면, 나무가 구름에 닿을 듯한 '큰 거래의 초원'이 눈앞에 펼쳐진다. 오래전 원로 길 안내자는 큰 거래의 초원으로 가기 위해 나무껍질과 바위에 새긴 표식, 개울에서 물이 얕아지는 지점 등 기억에서 사라졌던 모든 것들을 떠올렸다.

그런데 박쥐 한 마리가 깨어나자 아름드리 참나무는 사라졌고, 구름이 바람을 보내 숲을 평평하게 만들었다. 오래전 원로 길 안내자는 길을 찾을 수 없었고, 그때부터 우리 종족은 그곳에 가지 못했다. 길을 잃기 전, 마지막으로 우리 종족은 큰 거래의 초원에 최고의 가죽과 칼을 가져갔고, 그 대가로 가장 질 좋은 바늘과 강한 남편 두 명을 받아 왔다. 그 거래에서 우리 종족은 물을 건너온 낯선 종족의 이야기를 들었다. 이들은 바람을 낚아채는 통나무를 타고서 큰 거래의 초원에 왔다고 오래전 원로 길 안내자에게 이야기했는데, 그 통나무를 본 자는 아무도 없었다.

물을 건너온 종족을 대변하는 남자는 '쿡Cook'이라고 했지만, 그가 음식을 준비하지 않았기에 모두가 '거대한 돛Big Sail'이라 불렀다. 거대한 돛은 세상을 떠돌면서 매머드만 한 물고기를 발견하고, 뜨거운 모래 위를 걷다가 발바닥을 데었다고 말했다.

곧 모두가 그에게 비밀이 있음을 알게 됐다. 구름이 불덩어리로 검은 바위를 만들어 거대한 돛에게 보냈고, 검은 바위는 그에게 길을 안내한다는 내용이었다.[51] 거대한 돛은 이에 관해 한 마디도 하지 않았지만, 작은 주머니를 가슴에 품고 있었다.

어둠이 깔린 뒤 오래전 원로 길 안내자가 그 주머니를 노렸고, 거대한 돛은 크게 소리 지르며 도움을 요청했지만, 우리 종족은 낯선 종족의 심장에 칼을 꽂았다. 주머니 안에서는 검은 바위 조각과 바늘처럼 가늘고 긴 거미줄이 발견됐다. 오랫동안 바라봤지만, 바위 조각은 움직이지 않았다. 거대한 돛이 목숨을 잃었으니 이제 마법은 사라졌다고 오래전 원로 길 안내자가 말했다.

우리 종족은 바위 조각은 잊고, 가장 질 좋은 바늘과 강한 남편 두 명을 데리고 동굴로 돌아왔다.

7

✦

아름다움과 질서로부터

나는 별을 올려다볼 때면
온 세상 사람이 천문학자가 되지 않은 이유가 궁금해진다.

– 토머스 라이트Thomas Wright,

《An Original Theory or New Hypothesis of the Universe
우주에 관한 독창적 이론 또는 새로운 가설》

우주에 핀 금빛 꽃

심우주에서 첫 번째 이미지가 흘러 들어왔을 때, 우리는 북반구의 여름 하늘에서 쉽게 발견되는 기준 패턴인 여름의 대삼각형 Summer Triangle을 정원에서 추적하고 있었다. 이 삼각형을 이루는 꼭짓점은 밝은 별들로 손꼽힌다. 구체적으로 거문고자리 Lyra에 속하는 베가 Vega, 독수리자리 Eagle의 목에 속하는 알타이르 Altair, 백조자리 Swan의 꼬리에 속하는 데네브 Deneb다.

보름달이 나타나 어둠을 씻어내자 우리는 관측을 중단했다. 그런데 나는 보름달 위 높은 하늘 어딘가에서 달빛에 아랑곳하지 않으며 눈꺼풀을 깜빡이지도 않는 인공 눈이 시간의 여명을 응시하고 있다는 것을 알았다. 나는 제임스 웹 우주망원경 James Webb Space Telescope, JWST이 처음으로 공개한 이미지를 노트북으로 검색했다.

JWST는 천문학 기술의 정점에 있는 가장 진보한 망원경이다.

망원경에서 가장 진보하지 않은 부분은 명칭으로, 그는 NASA 내에서 동성애자 차별에 가담했다는 비판을 받아왔다.[1]

그럼에도 JWST는 진정 놀라운 우주망원경이다. 촬영 이미지의 섬세함과 선명도와 해상도가 믿기지 않는다. 나는 지구에서 멀리 떨어진 은하단을 한참 동안 응시했다. 동료들은 암흑물질의 성질을 밝히기 위해 작업하고 있지만, 나는 오늘 그저 감탄하기로 했다. 빛나는 쉼표처럼 섬세하게 구부러진 은하 모양을 볼 때면, 유리 세공사가 유리로 부리는 마법이 떠오른다.

용골자리 성운Carina Nebula은 입체적이다. 어린 별들은 푸른 수소 안개 속에서 빛을 내뿜고, 색조와 질감과 형태가 3차원인 황토색 먼지 덩어리는 경계를 이룬다. 내 안의 천문학자는 이미지의 틀, 방향, 색채 범위 모두 미적 효과를 극대화하기 위해 선택되었음을 알지만, 나의 경외심은 진짜다.

별을 겨냥한 최초의 망원경은 갈릴레오 갈릴레이가 17세기 파도바에서 나무와 유리로 제작한 가는 관형 망원경이었다. 그로부터 400년 뒤 등장한 후손이 육각형 베릴륨 거울 18개를 장착한 JWST로, 지구에서 150만 킬로미터 떨어진 곳에서 꽃 모양으로 펼쳐지도록 설계했다.

JWST는 허블 우주망원경보다 훨씬 큰 거울을 지녔으며, 허블로는 거의 보이지 않는 적외선이 보이도록 설계돼 더욱 멀리 떨어진 우주와 오래된 시간을 관측할 수 있다. JWST의 거울은 금으로 도금됐는데, 과거 성당의 둥근 지붕처럼 금박을 씌운 상태다. JWST에 탑재된 분광기spectrometer는 우리 은하의 별에 초점을 맞추며 행성 대기에서 생명체의 존재를 암시하는 화합물의 흔적을 탐색할 것이다.

하늘에 있는 항성과 행성과 빛의 움직임에 관한 해석은 신화, 전설, 종교의 소재로 줄곧 쓰였다. 그뿐만 아니라 코페르니쿠스 혁명을 촉발하며, 인간이 자연의 법칙을 수학적 언어로 표현해 이해하고 훗날 활용할 수 있다는 중대한 통찰을 심었다. 별은 인류가 우주와 자기 자신을 바라보는 관점을 형성하고 변화시켰으며, 이러한 변화는 우리 일생에 다시 발생할 수 있다.

이 모든 변화가 어떻게 일어났는지 이해하고 싶다면, 1610년 피렌체는 나쁘지 않은 출발점이다.

소박한 시작

나는 JWST의 선조에게 경의를 표하기 위해 피렌체로 여행을 떠났다. 갈릴레오 박물관은 11세기에 지어진 웅장한 궁전에 자리 잡고 있었다.

갈릴레오의 망원경은 가늘고 길이는 1미터가 넘었다. 망원경의 관은 나무 조각 여러 개가 연결된 구조이며, 본래 빨간색이었으나 오래전 갈색으로 변색된 가죽으로 고정됐다. 망원경 양쪽 끝에는 금박으로 장식된 두툼한 나무 원통이 두 개의 유리 렌즈를 숨기고 있었다. 둘 중 하늘에 가까운 렌즈는 바깥쪽 면이 완만한 돔 형태이고 안쪽 면이 평평하며, 관측자 눈에 가까운 렌즈는 바깥쪽 면이

오목한 그릇 형태이고 안쪽 면이 평평하다.

네덜란드의 안경사 한스 리페르스헤이^{Hans Lippershey}는 최초의 망원경 발명자로 인정받는데, 1608년 그는 자신의 가게에서 아이들이 가지고 놀던 특정 렌즈를 조합해 들여다보다가 인근 교회의 풍향계가 확대돼 보인다는 것을 발견했다.[2] 리페르스헤이의 망원경 발명 소식은 1609년 베네치아의 갈릴레오에게 전달돼 그의 호기심을 자극했다. 갈릴레오는 1623년 다음과 같이 회상했다.

"한 네덜란드인이 멀리 있는 물체를 아주 가까이 있는 것처럼 선명하게 보여주는 안경을 모리스 백작에게 선물했다는 소식이 전해졌다. 이 소식을 듣고 나는 파도바로 돌아가 이에 대해 궁리하기 시작했다. 그리고 돌아온 첫날 밤, 나는 문제를 해결했다."[3]

갈릴레오가 처음 제작한 칸노키알레^{cannocchiale}는 배율이 3배에 불과했다. 갈릴레오는 신속하게 시제품을 제작하며 6일 만에 9배율을 달성했다. 한 달 뒤 베네치아에서는 칸노키알레가 대유행했는데, 베네치아 귀족과 상원의원들은 첨탑 꼭대기로 올라가서 항해를 시작한 지 2시간이 지나 맨눈에 보이지 않는 배를 칸노키알레로 관측하며 경탄했다.

하지만 그가 진정 보고 싶었던 대상은 다름 아닌 신의 거처, 즉 수천 년간 정밀한 관측이 허용되지 않았던 하늘이었다. 갈릴레오는 신성 모독을 비켜가면서 칸노키알레로 하늘의 구체를 겨냥했다. 이로써 그는 1,400년간 전해내려온 믿음을 송두리째 무너뜨렸다.

네 갈래의 공격

16세기에 접어들자, 인간이 우주에서 자신의 위치를 인식하는 방식에 근본적 변화가 시작됐다. 니콜라우스 코페르니쿠스, 튀코 브라헤, 요하네스 케플러, 갈릴레오 갈릴레이가 네 갈래로 공격을 퍼부은 끝에, 17세기 말 위대한 프톨레마이오스의 성에는 태양계 중심에서 태양이 빛나고 지구와 다른 행성이 태양을 공전한다는 내용의 '태양 중심설' 깃발이 꽂혔다.

혁명이 시작됐을 무렵에는 '프톨레마이오스 모형'이라 불리는 단일 우주관이 1,400년 동안 영향력을 행사하고 있었다. 이 우주관의 핵심 원칙은 만물이 우리 주위를 돈다는 것이었다. 기원전 3세기 아리스토텔레스는 지구가 우주의 중심에 정지해 있다고 주장했고, 프톨레마이오스는 아리스토텔레스의 모형을 기원후 2세기에 완성했다. 달, 수성, 금성, 태양, 화성, 목성, 토성(거리순)은 모두 지구 주위를 돌고 있으며, 이들 천체는 여러 겹으로 포개진 단단하고 투명한 구체를 따라 움직인다고 여겨졌다. 가장 바깥쪽 구체에는 고정된 별이 박혀 있어 우주의 경계를 표시했다. 아홉 번째이자 마지막 구체는 다른 모든 구체에 움직임을 생성하고 전달하는 역할을 맡은 '최초 원인 제공자First Mover'의 자리였다.

5장에서 보았듯 프톨레마이오스는 1,000개가 넘는 별의 목록을 작성한 숙련된 관찰자로, 아리스토텔레스 모형을 관측 결과와 일치시키려면 개선할 필요가 있다고 생각했다. 프톨레마이오스는 고정된 별을 기준으로 관측한 태양의 겉보기 속도가 1년간 변화한다는 사실을 알았는데, 이는 천체가 신성하고 부패하지 않는 본성을 지닌 까닭에 일정한 속도로 완벽한 원을 그리며 공전한다는 아리스토텔레스 모형과 모순됐다. 또한 밤마다 행성은 고정된 별을 기준으로 동쪽을 향해 표류하다가 주기적으로 멈추고 서쪽으로 역행하다 다시 멈춘 뒤에 동쪽으로 순행했다.

프톨레마이오스는 행성이 완벽한 원형 궤도를 돌고 지구가 정지한 상태라는 아리스토텔레스의 핵심 개념을 그대로 유지하면서, 예전의 이론을 바탕으로 주전원epicycle을 도입해 자신의 관측 결과와 지구 중심 모형을 일치시켰다.

프톨레마이오스 체계에서 각 행성은 일정한 속도로 원(주전원)을 그리며 움직이고, 주전원의 중심은 그보다 더 큰 대원deferent을 따라 이동한다. 대원의 중심은 지구 위치에서 약간 벗어났다. '대심equant'이라 불리는 두 번째 점은 대원의 중심을 기준으로 지구 위치와 대칭을 이루는 지점에 있다. 대심에 자리한 가상의 관찰자는 주전원의 중심이 일정한 속도로 움직이는 것을 볼 수 있는데, 이는 아리스토텔레스 모형의 균일한 원운동을 유지하기 위한 속임수다. 프톨레마이오스는 행성, 태양, 달이 그리는 주전원과 대원의 크기 및 이동 속도를 조정해, 천체가 나타내는 복잡한 운동을 자신이 고안한 모형에 재현할 수 있었다.

아리스토텔레스와 동시대를 살았던 위대한 천문학자 아리스타르코스Aristarchus는 다른 방법을 제시했다. 이 방법이 태양 중심 모형으로, 지구가 아닌 태양이 태양계 중심에 고정돼 있다는 내용이었다. 그런데 아리스타르코스 모형은 받아들여지지 않았다. 이미 아리스토텔레스는 지구가 움직이거나 자전할 수 없다는 것을 상식으로 만들었기 때문이다. 그는 만약 지구가 움직인다면 지면에서 수직으로 쏘아 올린 화살이 지구 움직임에 영향을 받아 뒤로 날아가겠지만, 실제로 그런 일이 일어나지 않는다는 사실을 모든 사람이 증명할 수 있다고 주장했다.

프톨레마이오스의 모형과 그가 행성 위치를 예측하기 위해 고안한 수치표는 수백 년간 우아하게 작동했다. 프톨레마이오스의 책은 학자들이 여러 세대에 걸쳐 사본으로 만들었고, 페르시아와 인도, 아랍 천문학자의 연구를 거쳐 중세 유럽에 다시 소개된 후 라틴어로 번역됐다. 그러는 동안 지구가 우주의 중심에 있다는 믿음은 유대교·기독교·이슬람교 세계관이 뒷받침돼 상식으로 굳어졌다. 구약성경에서는 지구 중심으로 돌아가는 우주를 암시한다.

"오, 주 하느님이여! 땅의 기초를 놓으시고 영원히 움직이지 않게 하셨도다."[4]

무슬림 세계에서 코란은 '카펫처럼 펼쳐져' 있는 지구가 보이지 않는 기둥이 지탱하는 7개의 하늘에 덮여 있으며, 별은 7개 중 가장 낮은 하늘을 장식하고 달과 태양은 하늘에서 '제각각 둥근 궤도를 따라 헤엄친다'고 묘사했다.[5]

그런데 16세기 초부터 프톨레마이오스 체계에 균열이 보이기 시작했다. 아리스토텔레스와 프톨레마이오스를 깊이 연구한 한 학자는, 지구 중심 모형이 이질적이고 부조화한 요소로 구성됐다고 결론짓고 다음과 같이 설명했다.

"마치 서로 다른 곳에서 머리와 팔다리를 가져온 사람 같다. 하나의 몸에서 유래하지 않아 서로 어울리지 않는다는 점에서, 이러한 요소들은 사람이 아닌 괴물을 만들어낸다."[6]

이 학자가 바로 니콜라우스 코페르니쿠스다. 그는 지구 중심 우주를 수정하기 위해 태양 중심 우주를 다시 들여다봤다.

프톨레마이오스 모형에서 수성과 금성의 주전원은 알 수 없는 이유로 태양과 1년 주기를 공유했다. 그런데 코페르니쿠스 모형에서 수성과 금성은 태양을 중심으로 공전하며, 실제 이들의 공전 주기는 수성이 지구 88일, 금성이 지구 7.5개월로 밝혀졌다. 지구의 공전 주기는 지구 1년에 해당하며, 따라서 두 행성은 지구 궤도 안에 놓였다. 이는 수성과 금성이 하늘에서 태양에 가장 근접해보이는 이유를 설명했다.

요컨대 행성들은 주기 순서대로(수성, 금성, 지구, 화성, 목성, 토성) 질서정연하게 배열돼, 태양 주위에서 동심원 궤도를 따라 공전했다. 코페르니쿠스는 다음과 같은 글을 남겼다.

"만물을 동시에 밝힐 수 있는 이곳 말고 대체 어디에 이 램프를 놔두겠는가?"[7]

행성의 수수께끼 같은 역행 운동은 지구와 행성의 궤도 운동이 결합하며 나타난 당연한 결과였다. 코페르니쿠스가 생각하기에, 그가 고안한 모형의 진위는 당시 지구 중심 모형과 태양 중심 모형 간의 차이를 드러내지 못한 관측 데이터가 아닌 본질적 우아함에서 찾을 수 있었다.

"놀라운 비례다. 궤도 원의 움직임과 크기가 조화롭게 서로 연결돼 있으며, 이는 다른 모형에서 발견되지 않는다."[8]

1543년 코페르니쿠스는 자신의 모형을《On the Revolutions of the Celestial Spheres 천구의 회전에 관해》에 실었다. 알려진 이야기에 따르면, 그는 이 책의 첫 번째 사본을 움켜쥐고 사망했다고 한다. 그런데 책의 편집자인 안드레아스 오시안더 Andreas Osiander 가 작성한 서문이 책의 영향력을 약화시켰다. 서문에서 그는 코페르니쿠스 모형을 현실에 관한 설명이 아닌, 행성 궤도 및 위치 계산을 단순화하는 도구로 받아들일 것을 독자에게 촉구했다. 오시안더는 태양계의 본질에 의심의 여지는 없다고 썼기에, 코페르니쿠스 모형은 처음에 교회의 관심을 끌지도 분노를 일으키지도 않았다.

망원경은 훗날 그의 이론에 힘을 실을 것이다.

우라니아의 성

튀코 브라헤는 덴마크 귀족 후손으로, 13세였던 1560년 코펜하겐에서 개기월식이 빚어낸 장관에 매료됐다. 이후 천문학과 점성술을 아울러 역사상 가장 위대한 맨눈 관측자가 됐다.

10대 시절 브라헤는 프톨레마이오스 모형을 기반으로 300년 전 작성된 알폰신 표 Alphonsine table 와 코페르니쿠스 모형을 기반으로 작성된 프로이센 표 Prutenic table 모두 1563년 관측된 목성과 토성의 합 현상 등 점성술적으로 중대한 현상을 예측하기에는 부적합하다는 사실을 깨달았다. 이 문제를 바로잡기 위해 그는 후원자였던 덴마크 왕을 설득해 벤섬 Hven을 영지로 하사받았다.

이 무렵 브라헤는 1572년 카시오페이아자리 Cassiopeia에 등장한 '새로운 별'(우리 은하에서 폭발한 초신성으로 나중에 밝혀졌다)이 달 궤도에서 훨씬 벗어났다는 사실을 증명하고 일류 천문학자로 인정받은 상황이었다.

브라헤는 벤섬에 전망대가 결합된 호화로운 저택을 짓고, 주위에 허브 정원과 나무 300여 종이 자라는 수목원을 조성했다. 또한 음악적으로 조화로운 비율을 고려해 저택의 부속 건물을 동서남북 방향에 맞춰 설계했다. 저택 중심에는 조각상이 회전하며 물을 사방으로 뿜는 분수대를 놓았다. 이로써 천문의 여신 '우라니아의 성'을 의미하는 우라니보르그Uraniborg가 탄생했다.

갈릴레오의 칸노키알레가 등장하기 30년 전이었던 당시 튀코는 시력에 한계를 느꼈다. 그래서 관측 정밀도를 향상하기 위해 영지 내에 작업장을 마련하고 새로운 천문학 도구를 제작했다. 튀코는 작업장에서 더욱 새롭고 정밀한 도구를 고안한 뒤 빠른 주기로 시제품을 생산하고 관측을 반복하면서 도구를 검증했다. 이후 그는 바람을 차단하기 위해 지하에 전용 천문대를 건설하고, 여기에 별의 성을 의미하는 '스티에르네보르그Stjerneborg'라는 이름을 붙였다.[9]

브라헤는 20년간 집요하게 하늘을 관측해 놀라울 정도로 정확한 데이터를 축적했지만, 그 데이터를 해석할 수단이 없었다. 그런데 우연한 계기로 이 데이터의 진정한 의미를 이해하는 유일한 사람이 그 데이터를 손에 넣었다. 이 인물은 신비주의에 심취한 수학 교사로, 행성이 태양을 중심으로 기하학적 궤도를 그리며 돈다고 설명하는 독특한 책을 집필했다.

만물의 척도

1571년 독일에서 태어난 요하네스 케플러는, 튀빙겐대학교에서 스승이자 당대 최고의 천문학자였던 미하엘 메스틀린Michael Mästlin으로부터 코페르니쿠스 모형에 대한 가르침을 받았다. 이후 그는 교사로 일하며 수학, 천문학, 윤리학, 역사학, 수사학, 점성술을 가르쳤다. 1595년 7월 19일 그는 점성술의 패턴에서 목성-토성 합 현상을 해석했는데, 이는 수십 년 전 10대였던 브라헤에게 영감을 줬던 것과 동일한 현상이었다.

합은 황도대에 그려보면 20년 간격으로 발생하는 동안 약 120도씩 움직이므로, 세 번의 합을 서로 이으면 삼각형이 그려진다. 그런데 네 번째 합은 첫 번째 합과 완벽하게 일치하지 않는 까닭에, 두 번째 삼각형은 첫 번째 삼각형을 기준으로 약간 회전한다. 합이 거듭될수록 삼각형 꼭짓점은 황도대를 휩쓸고 지나가고, 삼각형 변의 중간 지점은 황도대 반지름의 절반에 해당하는 작은 원을 그린다.

케플러는 이에 대한 새로운 해결책을 발견했다. 코페르니쿠스는 태양계 중심에 태양을 두었지만, 태양과 행성 사이의 거리에 관해서는 아무것도 설명하지 않았다. 여기서 기하학이 해결책이 될 수 있을까? 목성-토성 합 현상을 도표로 그리면 2개의 원이 나타난다. 그런데 두 원의 반지름 비율과 목성과 토성의 공전 주기 비율이 거의 같은 것은 우연의 일치일까? 태양계를 이러한 형태로 창조한 신의 생각을 기하학으로 설명할 수 있을까?

케플러는 다음과 같은 글을 남겼다.

"이 사실을 발견했을 때의 기쁨은 말로 다 표현할 수 없다."[10]

이 발견으로 케플러는 코페르니쿠스 체계에서 행성의 상대 거리를 뒷받침할 뿐만 아니라 행성이 6개뿐인 이유를 설명할 수 있는 기하학적 체계를 찾기 시작했다. 이는 현대 이론물리학의 특징인 추론의 기초를 구축하는 중요한 과정이었다.

그는 얼마 지나지 않아 삼각형, 사각형, 오각형 등 2차원 다각형은 그러한 체계가 될 수 없다고 생각했는데, 다각형은 변을 추가할수록 무한히 생성되기 때문이었다. 더욱이 행성은 3차원 공간에서 움직인다는 점에서, 기하학적 체계는 평면이 아닌 입체 도형으로 고려돼야 했다.

케플러는 신이 우주를 창조할 때 사용한 책의 한 페이지를 얻은 느낌이 들었고, 전부 동일한 면으로 구성된 소위 '플라톤 다면체 Platonic solid'라 불리는 정다면체가 다섯 종류밖에 존재하지 않는다는 점을 발견했다. 정다면체를 구체적으로 나열하자면 정사면체, 정육면체, 정팔면체, 정십이면체, 정이십면체가 있다. 이러한 5개의 정다면체가 행성 사이마다 하나씩 존재한다!

케플러는 1596년에 출간한 《Cosmographic Mystery 우주의 신비》에서, 플라톤 다면체를 일정한 순서로 배열하면 행성 간의 거리를 설명할 수 있는 간단한 기하학적 구조가 나타난다고 주장했다.

지구 궤도는 만물의 척도다. 지구 궤도 주위를 정십이면체로 둘러싸면, 이를 포함하는 원은 화성(의 궤도)가 된다. 화성(의 궤도)

주위를 정사면체로 둘러싸면, 이를 포함하는 원은 목성(의 궤도)가 된다. 목성(의 궤도) 주위를 정육면체로 둘러싸면, 이를 포함하는 원은 토성(의 궤도)가 된다. 이제 지구(의 궤도) 안에 정이십면체를 삽입하면, 이 안에 포함된 원은 금성(의 궤도)가 된다. 금성(의 궤도) 안에 정팔면체를 삽입하면, 이 안에 포함된 원은 수성(의 궤도)가 된다. 이제 행성의 수에 대한 이유가 밝혀졌다.[11]

오늘날 우리는 케플러의 기하학적 체계가 태양계 구조를 설명하지 못한다는 사실을 안다. 우선, 케플러의 시대에 발견되지 않았던 천왕성Uranus과 해왕성을 설명하지 못한다. 행성 궤도가 지금과 같은 간격을 두고 떨어져 있는 결정적 이유도 여전히 밝혀지지 않았다. 하지만 케플러는 기하학적 체계에서 영감을 받으며 자신의 이론을 수학적·정량적으로 끊임없이 검증했고, 1600년에는 역사상 가장 정확한 관측 데이터를 축적한 인물인 튀코 브라헤를 만나게 됐다.

하지만 브라헤와 케플러의 협력 관계는 원활하지 않았다. 브라헤는 지구가 고정돼 있고 태양과 달이 지구 주위를 돌며, 다른 행성이 태양 주위를 돈다는 태양계에 관한 자신의 견해를 케플러에게 입증하도록 요구했다. 반면, 코페르니쿠스는 태양이 우주의 중심에 있다는 것을 증명하기 위해 튀코의 데이터를 이용하려 했다.

결국 브라헤와 케플러의 협력은 브라헤의 사망으로 끝나고 말았다. 브라헤는 1601년 54세의 나이에 요로 감염으로 돌연 사망했다(2010년 그의 유해를 분석한 결과, 수은이 고농도로 검출돼 독살 의

혹이 제기됐으나 기각됐다).[12] 브라헤가 정신이 혼미한 상태에서 연이어 반복한 마지막 말은, 케플러가 전했듯 "내 삶이 헛되지 않게 하소서"였다.[13]

케플러는 유족의 동의 없이 브라헤의 화성 관측 자료를 수년간 수학적으로 탐구한 끝에, 행성 운동의 두 가지 법칙을 발견하며 '꿈에서 깨어나 새로운 빛을 봤다.'[14]

케플러는 지구를 포함한 행성의 궤도는 타원형이고 태양은 타원 궤도에서 한 초점에 위치하며(행성 운동 제1법칙), 행성과 태양을 잇는 선은 동일한 시간 동안 동일한 면적을 휩쓸고 지나간다(행성 운동 제2법칙)는 것을 알아냈다. 케플러가 1619년 공식화한 행성 운동 제3법칙은 행성 공전 주기와 궤도 크기, 더욱 정확하게 궤도 크기를 표현하자면 타원 궤도의 긴반지름semi-major axis과 관련이 있다.

케플러는 코페르니쿠스 체계가 옳았음을 증명하며, 브라헤의 의견에 사망선고를 내렸다.

신시아의 모양과 경이로움

배율이 20배에 달하는 칸노키알레를 개발하던 갈릴레오는, 어느 날 밤 놀라운 사실을 발견했다.

1610년 1월 7일 망원경으로 별자리를 관찰하던 중 목성이 시야에 들어왔다. 매우 훌륭한 망원경을 준비한 덕분에 이전에는 전

혀 알아차리지 못했던 사실을 발견했다. 작지만 무척 밝은 별 3개가 목성 근처에 있다는 것이다.[15]

추가로 관찰한 결과, 작은 별 3개는 목성의 한쪽에서 다른 쪽으로 떠돌지만 목성으로부터 크게 벗어나지 않는다는 것이 밝혀졌으며, 나중에는 네 번째 별을 발견했다. 그의 놀라운 발견 소식은 영국 대사에게 전해졌으며, 대사는 국왕 제임스 1세에게 다음과 같이 보고했다.

"갈릴레오는 엄청난 명성을 얻거나 극단적으로 조롱당할 것입니다."[16]

갈릴레오는 전자의 경우였다. 그는 토스카나의 대공 코시모 2세 데 메디치를 기리기 위해 목성 위성들을 '메디치가의 별들'이라고 명명했고, 그는 메디치 가문의 철학자이자 수학자로 임명됐다.

갈릴레오는 매일 밤 관측 결과를 축적했고, 위성 4개가 제각기 고유한 주기로 목성 주위를 돈다는 사실을 깨달았다. 마침내 갈릴레오가 자신이 보고 있는 것과 그것에 내포된 심오한 의미를 이해했을 때, 그의 당혹스러움은 놀라움으로 바뀌었다.

코페르니쿠스 체계에서 태양 주위를 도는 행성의 공전을 평온한 마음으로 받아들이면서도, 달이 홀로 지구 주위를 공전하고 지구가 태양 주위를 1년간 공전한다는 사실에 크게 동요하는 사람들의 의구심을 잠재울 만한 논거가 있다. 몇몇 사람은 우주의 이러한 구조가 불가능하다고 믿었다. 하지만 한 행성이 다른 행성 주위를 공전하는 동안, 두 행성은 태양 주위에서 거대한 공전 궤도를 따라 돈다. 우리 눈에는 지구 주위를 도는 달처럼 목성 주위를 도는 별 4개가 보이며, 이들은 모두 함께 12년간 우주에서 태양 주위의 거대한 공전 궤도를 따라 돈다.[17]

메디치가의 별들은 갈릴레오가 망원경으로 발견한 수많은 경이로움 중 하나에 불과했다. 완벽하게 매끄러운 천체로 보였던 달은 확대된 시야에서 분화구, 계곡, 갈라진 틈, 산으로 울퉁불퉁하며 지구와 다르지 않은 세계를 드러냈다. 태양의 표면조차 반점으로 얼룩덜룩했는데, 1612년 갈릴레오는 그러한 흑점의 시간에 따른 움직임을 도표로 만들어 흑점이 태양의 일부라는 것을 증명했다(오늘날 흑점은 태양 표면에서 자기력선이 분출되며 온도가 낮아진 지점으로 이해된다).

1610년 7월 토성은 갈릴레오를 깜짝 놀라게 했는데, 토성 옆에서 몇 달 동안 움직이지 않았던 작은 별 2개가 갑자기 사라졌기 때문이다. 갈릴레오는 고민하며 다음과 같이 썼다.

"작은 별 2개는 태양의 흑점처럼 소멸했을까? 불현듯 도망쳐 사라진 걸까? 아니면 토성이 자기 자식을 삼킨 것일까?"[18]

반세기 후 네덜란드 천문학자 크리스티안 하위헌스Christiaan Huygens는 훨씬 강력한 망원경을 활용해 토성에는 고리가 있으며, 고리의 가장자리가 지구를 향하는 주기가 오면 지구에서는 토성 고리가 관측되지 않는다는 사실을 알아냈다.

갈릴레오의 눈에 프톨레마이오스 태양계가 틀렸음을 입증한 천체는 금성이었다. 갈릴레오는 금성이 작고 빛나는 둥근 원반 모양에서 크고 얇은 초승달 모양으로 변화하는 과정을 추적했다. 그는 금성이 태양 주위를 공전하며, 태양을 중심으로 지구와 반대편에 있을 때는 원반 모양으로 보이고 지구와 같은 편에 있을 때는 큰 초승달 모양으로 보인다는 것을 발견했다. 그리고 이처럼 큰 초승달 모양으로 보이는 이유는 금성이 지구에 더욱 가까워졌으며 금성의 측면으로 태양 빛이 비치기 때문이라고 결론지었다.

처음에 갈릴레오는 이 획기적인 발견을 1610년 12월 케플러에게 쓴 편지에서 라틴어 애너그램*으로 숨겼다. 이는 당대의 일반적인 전략이었다. 갈릴레오의 애너그램을 해독하면 다음과 같았다.

"사랑의 어머니(금성)는 신시아(달)의 모양을 모방한다."[19]

아리스토텔레스의 완벽하고 변하지 않으며 부패하지 않는 우주에서 무엇이 아직 남아 있을까? 새로운 발견은 신성한 경전의 계시와 어떻게 일치할 수 있을까? 성경에는 하느님이 이스라엘 편에서 싸웠던 날이 다음과 같이 언급돼 있다.

"백성이 원수들에게 복수할 때까지 태양이 머물고 달이 멈추었다."[20]

고정된 태양은 사물의 일상적 질서가 아니라 전능자의 기적적 개입이었다. 일부 성직자는 갈릴레오가 설명한 전례 없는 관측 결과가 망원경에 내재된 속임수라고 여기며, 자신의 눈을 믿지 않기

---

*   anagram, 단어나 문장을 구성하는 문자의 순서를 바꿔 새로운 단어나 문장으로 만드는 것.

로 했다.

1610년 갈릴레오가 《Sidereal Messenger별의 전령》에서 맨눈에 보이지 않는 목성 위성과 수많은 별을 발견했다고 발표하자 충실한 아리스토텔레스주의자들이 그의 기반을 약화하기 위해 조직적으로 활동했음에도, 처음에는 지식인과 성직자들 모두 그를 환영했다.

1611년 봄, 갈릴레오는 로마를 방문했을 때 유명 인사로 대접 받았다. 예수회 고위 성직자들은 종교 행사에서 그가 발표한 책을 칭찬했고, 교황 바오로 5세는 면담 도중 무릎을 꿇은 갈릴레오에게 일어서라고 요청했다. 세계 최초로 설립된 학회인 린체이 아카데미 는 화려한 연회를 열어 갈릴레오의 칸노키알레를 시연했다. 모든 사람이 기뻐했고, 학회 회장 페데리코 체시Federico Cesi는 칸노키알레 에 그리스어로 '멀리 본다farseeing'를 의미하는 이름을 붙였고, 이때 부터 '망원경telescope'으로 불리기 시작했다.

갈릴레오의 명성은 유럽 지성계에 들불처럼 번졌다. 케플러는 갈릴레오로부터 《Sidereal Messenger》 지지 요청을 받아 서둘러 지지를 표명했다. 하지만 이후 갈릴레오가 묘사한 관측 결과를 두 고 "내 경험으로는 뒷받침할 수 없다"라며 솔직히 인정했다.

갈릴레오는 지지에 고마워하며 케플러에게 다음과 같은 내용 의 편지를 보냈다.

"당신은 직접 눈으로 관측한 적 없음에도 내 주장을 전적으로 믿어준 최초이자 거의 유일한 사람입니다. 감사합니다."[21]

갈릴레오가 발표한 놀라운 광경을 직접 보고 싶었던 케플러는 망원경을 보내달라고 간청했지만, 갈릴레오는 들어주지 않았다.

1613년 한 편지에서 갈릴레오는 '과학적 문제는 역량을 갖추지 못한 종교 당국이 판단해서는 안 된다'고 주장했다. 이는 지구가 움직이지 않는다고 표현된 성경 구절을 사실로 여겼던 예수회 추기경 로베르토 벨라르미노Roberto Bellarmino의 관심을 끌었다.[22]

벨라르미노는 1616년 갈릴레오를 로마로 소환해 코페르니쿠스 체계를 우주의 진정한 모형으로 언급하지 못하도록 했다. 갈릴레오가 망원경으로 관측한 결과는, 성경의 문자적 진리를 부인하려면 '분명하고 확실한' 증거가 있어야 한다는 성 아우구스티누스의 기준을 충족하지 못한다고 주장하기도 했다.[23]

교황청도 이에 동의하는 동시에《On the Revolutions of the Celestial Spheres》를 금서 목록에 올린 뒤 1835년까지 남겨두었다. 벨라르미노의 위협은 공허한 경고가 아니었다. 그는 1600년 철학자 조르다노 브루노Giordano Bruno가 이단 사상, 그중에서도 우주는 무한하며 그 안에 '무한한 세계'가 있다는 사상을 포기하지 않았다는 이유로 화형을 선고했다.[24]

겁에 질린 갈릴레오는 마지못해 교회의 명령을 따르다가, 상황이 나아졌다고 생각한 1632년《The Dialogue on the Two Chief World Systems 두 우주 체계에 관한 대화》를 출판했다. 이 책은 아리스토텔레스와 프톨레마이오스의 지지자인 심플리치오, 코페르니쿠스 지지자이자 갈릴레오 본인을 대변하는 살비아티 그리고 중립적 입장인 사그레도 사이의 논쟁으로 구성됐다.

이 책에서 갈릴레오는 코페르니쿠스 세계관을 진정한 이론으로 가르치지 말라는 벨라르미노의 강요를 그대로 따르며, 교황 우르바노 8세를 심플리치오로 위장해 등장시켰다. 살비아티가 태양을 중심으로 공전하는 지구를 뒷받침하는 수많은 증거를 제시하자, 심플리치오는 "참으로 내게는 아무런 능력이 없다"며 인정한다.[25]

교황 우르바노 8세는 《The Dialogue on the Two Chief World Systems》에서 공개적으로 굴욕을 당한 일에 분노했다. 그는 갈릴레오가 자신과 가톨릭교회의 권위를 무시했다고 여겼는데, 당시는 반종교개혁을 통해 개신교도의 도전에 맞서 가톨릭 교리의 우월성을 재확인하는 시기였다. 우르바노 8세는 1633년 1월 혹독히 추운 날씨에 거의 70세가 된 갈릴레오를 로마로 소환했다. 이후 4개월 동안 종교재판소는 갈릴레오를 재판에 회부하고, 고문과 위협을 동원해 갈릴레오에게 태양중심설을 철회하도록 강요했다.[26]

갈릴레오는 무기 징역을 선고받았지만, 건강이 나쁘고 고령이라는 이유로 가택 연금으로 감형받았다. 1642년 1월 피렌체에서 사망한 그는 산타 크로체 대성당의 작은 예배당에 묻혔다. 갈릴레오의 헌신적인 제자였던 빈센조 비비아니Vincenzo Viviani에 따르면, 갈릴레오의 영혼은 마침내 '연약한 도구를 거쳐 인간의 눈으로 다가오는 데 성공한 영원불변의 경이로움을 더욱 가까이서 즐기고 탐구하기 위해 떠났다'고 한다.[27]

코페르니쿠스, 브라헤, 케플러, 갈릴레오는 새로운 아이디어와 증거로 1,400년간 지속된 우주관에 도전했으나, 이들의 혁명이 자리 잡기까지는 한 세기가 더 걸렸다. 갈릴레오가 사망한 이듬해 영국의 평범한 마을에서 태어난 아이작 뉴턴은 이러한 거인들의 어깨에 올라설 것이었다.

아이작의 해시계

아이작 뉴턴은 어린 시절 혜성을 흉내 내기 위해 연에 종이 전등을 매달아 날리며 마을 사람들을 상대로 장난쳤고, 그러한 소년의 마음속에는 하늘의 장엄함이 깊이 각인돼 있었다. 또한 어린 뉴턴은 해시계를 만들었다. 뉴턴은 해시계에 못과 끈을 설치해 시간을 측정하고, 해시계를 이용해 춘분과 추분, 하지와 동지 등 특정 날짜를 파악하는 방법을 익혔다. 그로부터 70년이 지나서도 그는 변함없이 방 안의 그림자를 보고 시간을 파악했다.

1669년 뉴턴은 케임브리지대학의 트리니티칼리지에서 제2대 루커스 수학 석좌 교수Lucasian Chair of Mathematics가 됐다. 루커스 석좌 교수는 대학에서 가장 인정받는 동시에 수학 및 자연철학과 관련된 유일한 직책이었다.

그는 제자를 단 3명만 두었고, 영국에서 가장 유명한 자연철학자가 된 후에도 그의 강의를 듣는 사람은 거의 없었으며, 심지어 강의 내용을 이해하는 사람은 그보다 적었다. 하지만 뉴턴은 전혀 개의치 않았던 것 같다. 그는 학업에 전념할 수 있는 자유를 확보하고 광학, 수학, 물리학에 몰두했다. 뉴턴이 남긴 수많은 업적을 나열하자면 색의 본질과 거동을 규명한 것, 만유인력의 법칙과 뉴턴의 이름을 딴 운동 법칙을 고안한 것 등이 있다.

뉴턴은 거의 10년 동안 내용이 모호한 연금술 문헌을 연구하고, 그 내용을 바탕으로 새로운 형태의 자연철학을 구축하려 했다. 그의 조수에 따르면, 뉴턴은 연구 외의 시간은 모두 낭비라고 생각했다. 방에서 혼자 식사하고, 다른 사람들과의 교류가 거의 없었으며, 강의할 때만 방에서 나왔는데 강의도 금세 끝났다.[28] 조수는 또한 뉴턴이 웃는 모습을 단 한 번 목격했다고 말했다.[29]

1671년 뉴턴은 갈릴레이 망원경의 렌즈를 거울로 대체해 주어진 관 길이에 비해 훨씬 높은 배율을 구현하는 반사망원경을 발명했다. 그는 주석과 구리를 섞은 합금을 성형하고 그 표면을 연마하는 까다로운 거울 제작 과정을 익혀서 직접 반사망원경을 만들었다. 뉴턴의 망원경은 영국 왕립학회에 공개돼 큰 화제를 낳았고, 1672년 1월 왕립학회는 뉴턴을 회원으로 선출했다.

1680~1681년 겨울에 나타난 첫 번째 혜성은 지름이 달의 4배이고 꼬리가 70도에 걸쳐 뻗어 있어, 왕실 천문학자 존 플램스티드John Flamsteed에 따르면 역대 최대 크기였다. 뉴턴은 특별한 목적으로 제작된 망원경을 통해 혜성을 면밀히 추적하고, 플램스티드와 서신을 주고받으며 혜성의 궤도와 특성을 논의했다. 뉴턴은 문제에 부딪힐 때면, 이전에 관측된 혜성 관련 문헌을 모조리 읽고 혜성 궤도의 모양을 알아내려 했다.

뉴턴은 케플러가 발견한 '타원 궤도가 태양과 행성 간의 중력에서 비롯한다'는 사실을 입증했다. 그는 태양-행성 거리의 제곱과 중력이 반비례하면 궤도는 결과적으로 타원형이 된다는 것을 수학적으로 증명했다. 케플러가 브라헤의 화성 관측 자료를 분석해 행성 궤도가 타원형이라는 사실을 발견하고, 뉴턴은 그 궤도 형태를 설명하는 물리적 근거를 발견한 것이다. 즉, 뉴턴은 역학 원리에서 케플러 제1법칙을 도출했다.

그런데 아직 뉴턴은 중력 개념을 행성이 아닌 다른 천체로 확장하지 않았으며, 혜성의 궤도를 궁리하던 중 아이디어가 점차 명료해지기 시작했다. 혜성도 행성과 동일한 법칙을 따른다면 어떨까? 중력이 우주의 보편적 힘이라면 어떨까?

뉴턴은 청년이었던 1666년 여름, 자신의 마음에 새겨진 직관을 떠올렸다. 뉴턴의 한 친척이 남긴 후일담에 따르면, '뉴턴은 정원에서 사색하던 중 (사과를 나무에서 땅으로 떨어뜨리는) 중력이 지구로부터 일정한 거리에 국한되지 않고 훨씬 더 멀리 확장돼야 한다는 생각을 떠올렸다. 그는 스스로에게 질문했다. 중력이 달만큼 높이 도달하면 안 될까? 만약 그렇게 된다면 중력은 달의 운동에 영향을 미치고, 아마도 달의 궤도를 유지할 것이다.'[30]

뉴턴은 행성과 동일한 '중력의 힘'이 혜성에도 적용될 것으로 어렴풋이 짐작했다. (대중에 알려진 것처럼 사과가 뉴턴의 머리에 실제로 떨어졌다는 증거는 없다!)

1682년 두 번째 혜성이 나타났을 때, 뉴턴은 이번에도 혜성의 위치를 체계적으로 기록하고, 천문학자 에드먼드 핼리를 만나 자신의 관측 결과에 대해 자세히 질문했다. 그런데 진정으로 뉴턴이 탐구에 몰두하게 된 계기는 앞서 역사상 최초의 월급쟁이 과학자로 소개된 로버트 훅의 도전에서 나왔다.

1684년 8월 핼리는 뉴턴을 찾아가 건축가 크리스토퍼 렌 경Sir Christopher Wren 그리고 훅과 오랫동안 논의해왔던 문제를 상의했다. 만약 태양-행성 간 거리의 제곱과 이들 사이의 힘이 반비례한다고 가정하면 행성 궤도는 어떤 모양일까? 이는 뉴턴이 수년 전 아무에게도 알리지 않고 해답을 구했던 문제로, 물론 그 궤도 모양은 케플러가 결론지었듯 타원형일 것이다. 뉴턴이 바로 그 자리에서 핼리에게 답을 가르쳐줬다. 수학자 아브라암 드무아브르Abraham DeMoivre에 따르면 '핼리 박사는 기뻐하며 어떻게 답을 알아냈는지 물었고, 뉴턴이 계산했다고 대답하자 계산 과정을 보여달라고 요청했다.'[31]

핼리는 로버트 훅이 스스로 해답을 찾았다고 주장하면서도 그 답을 완전히 공개하지 않고 있다며 뉴턴에게 전했다. 이 이야기는 뉴턴에게 큰 불쾌감을 유발했고, 이후 뉴턴과 훅 사이에는 격렬한 논쟁이 이어졌다. 자존심이 상한 뉴턴은 자신의 발견을 모든 측면에서 심층적으로 탐구하기로 했다. 뉴턴은 1685년 1월 플램스티드에게 다음과 같은 글을 남겼다.

"이제야 나는 이 주제에 집중하게 됐으니, 논문을 발표하기 전에 기꺼이 주제의 밑바닥까지 밝히고 싶다."[32]

이후 4년간 뉴턴은 밤새도록 연구했으며 때때로 먹는 것조차 잊었다.[33] 그 결과 탄생한 걸작 《Philosophiae Naturalis Principia Mathematica자연철학의 수학적 원리》는 예상한 것보다도 훨씬 큰 성과를 거두었다.

뉴턴은 이 책에서 자신의 이름을 따 명명되고 오늘날 물리학의 초석으로 남은 운동 법칙을 제시했다. 그리고 수십 년 전 고안한 무한소 미적분을 활용해 태양-행성 간 거리의 제곱에 반비례하는 중력에 의해 행성이 타원 궤도를 따라 어떻게 움직이는지, 태양과 달의 인력으로 밀물과 썰물이 어떻게 발생하는지, 목성 위성과 혜성을 비롯한 모든 천체의 운동이 만유인력이라는 동일한 법칙에 어떻게 지배받는지 수학적으로 정밀하게 증명했다. 뉴턴에 따르면, 혜성을 다루는 부분은 책 전체에서 가장 까다로운 동시에 중력 이론을 가장 설득력 있게 증명한 부분이었다.[34]

뉴턴은 자신에게 호기심을 불러일으킨 1680~1681년 대혜성의 궤도가 원과 타원을 포함하는 독특한 도형인 포물선 모양임을 증명했으며, 이는 모두 역제곱 법칙*에서 유도됐다. 혜성은 다른 모든 천체와 동일한 법칙에 지배받았다. 중력은 보편적인 힘이었다. 20년 전 낙하하는 사과에서 얻은 통찰은 역사상 가장 위대한 과학적 발견으로 변화했다. 바이런 경Lord Byron의 냉소적인 시는 뉴턴을 적절하게 표현하는 듯하다.

그리고 이 사람은 아담 이후로
추락 또는 사과와 맞붙어 싸운 유일한 인간이다.[35]

1687년 《Philosophiae Naturalis Principia Mathematica》가 출간되자 자연철학자의 세계는 폭풍에 휩싸였고, 책에 제시된 고급 수학은 대다수 사람에게 난공불락 요새로 여겨졌다. 뉴턴의 조수에 따르면, 뉴턴에게 이 책의 초판본을 받은 케임브리지 학장과 교수들 중 일부는 "7년간 공부해도 책 내용을 이해하지 못할 것이다"라며 솔직하게 인정했다.[36]

---

* inverse square law, 특정 물리량이 그 근원으로부터의 거리 제곱에 반비례하는 법칙.

핼리는 이 책이 놀라울 정도로 혁신적이라는 점을 인정했다.

"책에서 언급돼 논쟁의 여지가 사라진 수많은 철학적 진리는, 이제까지 어느 한 사람의 능력과 노력만으로 성취된 바 없었다."[37]

프랑스의 저명한 수학자 마르키스 드 로피탈 Marquis de l'Hôpital은 이 책에 담긴 '지식의 방대함'에 깊이 감명받은 나머지, 뉴턴이 인간이라는 사실을 거의 믿지 않았다. 그는 "뉴턴은 먹고 마시고 잠을 잘까? 다른 사람과 똑같을까?"라며 궁금해했다.[38]

뉴턴은 다른 사람과 같지 않았다. 그는 이 책을 통해 자연의 책이 수학이라는 언어로 기록됐으며, 내용을 해독하면 보편 법칙을 밝힐 수 있음을 알렸다. 별들의 장엄한 행진, 떠돌이 행성 무리, 무질서해 보이는 혜성의 행렬 등 우주는 인간이 해독할 수 있는 규칙을 따랐다. 이러한 깨달음은 영국 시인 알렉산더 포프 Alexander Pope가 런던 웨스트민스터 사원에 자리한 뉴턴의 묘비에 새기려 했던 묘비명에 함축적으로 묘사되어 있다(실제로는 새겨져 있지 않다).

자연과 자연법칙은 어둠에 가려져 있었다.
신이 "뉴턴이 있으라"라고 말하자, 만물이 밝아졌다.

불타는 귀환

로마 철학자 세네카 Seneca는 혜성을 언급하며, 자연이 "다른 별과는 다른 시기에 다른 장소에서 다른 움직임을 보이도록 했다"라

고 썼다.[39]

세네카와 달리, 뉴턴은《Philosophiae Naturalis Principia Mathematica》를 통해 모든 것이 중력의 끌어당김에 순종한다는 것을 증명했다. 그런데 뉴턴의 혜성 궤도 계산을 완성한 인물은 에드먼드 핼리로, 그는 혜성 24개를 조사한 뒤 1682년 관측한 빗자루별이 1531년과 1607년에 다른 천문학자에 의해 보고된 것과 동일하다는 확신을 품었다.

뉴턴은 1680~1681년 대혜성의 궤도를 포물선으로 계산했는데, 포물선은 닫히지 않는 곡선이므로 대혜성이 지구를 단 한 번 방문했다고 판단했다. 그런데 핼리의 계산에 따르면, 1682년의 혜성은 닫힌 타원형 궤도를 따라 태양계의 멀리 떨어진 곳에서 길고 고독한 항해 후 태양을 향해 돌아올 것이었다.

혜성의 귀환 가능성은 높았지만, 핼리는 그 혜성 궤도가 목성과 토성의 중력에 영향을 받는다는 것을 알았으므로 귀환을 장담할수 없었다. 거대 기체 행성 중 하나에서 발생한 미세한 중력 변화로도 혜성은 지구로 돌아올 수 없을 만큼 속도가 빨라질 수 있었다.

1705년 핼리는 "1758년 혜성이 귀환한다고 자신 있게 예측할수 있다"고 했으나, 1715년에는 "혜성 귀환을 예측할 수 있을지도 모른다"로 바뀌었다.[40]

핼리는 1305년, 1380년, 1456년 관측된 혜성들도 대략 75.5년이라는 주기에 맞게 지구를 통과했음을 알아냈다. 따라서 그는 1682년의 혜성이 '1758년 말경'에 돌아오리라 전망했다. 당시 핼리는 이미 노령이었으므로 동료들에게 검증을 맡겼다.

혜성의 귀환은 1758년 크리스마스 밤 독일의 한 농부가 최초로 목격했는데, 핼리가 예측한 시간표에 정확히 맞춰 혜성의 차가운 빛이 하늘을 밝혔다. 핼리는 뉴턴의 《Philosophiae Naturalis Principia Mathematica》서문을 작성하며 자신의 이름을 영원히 간직할 혜성의 귀환을 예고했고, 이는 본인의 업적을 기리는 적절한 헌사가 됐다.

> 수학이 구름을 말끔하게 걷어내니
> 더는 안개 속에서 불안해하며 방황하지 않는구나.
> 절정에 달한 지성이 길을 인도하니
> 광대한 우주로 높이 날아올라
> 신이 머무는 거처에 도달할지어다.

세네카는 혜성에 관한 사색을 다음의 예언으로 끝맺었다.

"훗날 인류는 혜성이 어떤 경로로 이동하는지, 혜성의 경로가 다른 별과 동떨어진 이유는 무엇인지, 혜성의 크기와 성분은 어떠한지 밝힐 것이다. 그러니 우리는 우리가 발견한 것에 만족하며, 작은 진리는 후손이 알아낼 수 있도록 남겨두자."[41]

세네카의 예언은 실현됐다.

누구의 발길도 닿지 않은 우주 심연

코페르니쿠스 체계의 발전을 막으려는 교회의 노력에도 불구하고, 공간 및 시간 개념은 급격하게 변화했다. 이러한 변화의 물결은 자연철학자가 하늘에 관한 의문을 제기하며 시작됐지만, 그로부터 2세기도 지나지 않아 지구의 본질과 생명을 정의하는 개념을 뒤집는 방향으로 확대됐다.

1632년 여름, 이탈리아의 철학자 톰마소 캄파넬라Tommaso Campanella는《The Dialogue on the Two Chief World Systems》를 읽고 갈릴레오에게 다음과 같이 편지를 썼다.

"고대 진리와 새로운 국가, 새로운 체계, 새로운 별, 새로운 세계 등을 알리는 이 소식으로 새로운 시대가 시작된다."[42]

그런데 태양을 태양계 중심에 두는 것은 갈릴레오 망원경이 가져온 유일한 통찰도, 어쩌면 가장 근본적인 통찰도 아니었다. 갈릴레오의 가느다란 관은 과학적 탐구 영역을 확장했다. 과거에 별이 빛나는 우주는 지구 생명체가 도달할 수 없는 장소였지만, 이제는 정량적 탐구의 대상이 됐다. 그리고 사람들은 우주의 진정한 광활함을 처음으로 깨닫고 큰 충격을 받았다.

갈릴레오는 망원경을 돌릴 때마다 이전에 본 적 없는 별들을 발견했다. 그는 망원경으로 플레이아데스성단을 관측해 별을 36개 찾았는데, 이 성단을 맨눈으로 관찰하면 별이 6개만 보인다. 은하수는 아리스토텔레스가 말한 것처럼 대기 현상도 아니었고, 키케로가 설명한 것처럼 고결한 영혼의 사후 거처도 아니었다. 갈릴레오는

《Sidereal Messenger》에서 다음과 같이 주장했다.

"오랜 세월 동안 철학자를 괴롭힌 모든 논쟁은 우리 시야에 들어오는 불변의 증거로 종결됐다. 망원경으로 은하수의 어느 부분을 겨누든 별의 거대한 무리가 모습을 드러낸다."[43]

이와 함께 별들로 북적이는 우주에서 새로운 질문이 도출됐다. 신이 이처럼 우주를 창조했다면, 우주는 왜 망원경이 등장하기 전까지 보이지 않도록 숨겨져 있었을까? 우주는 끝이 없을까? 별의 본질은 무엇일까? 갈릴레오는 수천 년 동안 신학적·철학적 탐구 대상으로만 여겨진 문제를 경험적 탐구 영역으로 끌어들였다.

망원경으로 관측했을 때 달의 표면이 지구와 닮았다면, 별들은 태양처럼 불타오르는 물질로 이뤄지거나 태양과 같은 크기일 수 있을까? 갈릴레오의 망원경 중에서 32배 확대 가능한 최고 성능의 망원경조차도 별을 겨누면 한 점의 빛만 보였다. 갈릴레오는 별이 태양계 행성보다 훨씬 멀리 떨어져 있어야 한다고 결론지었는데, 칸노키알레로 들여다보면 행성은 작은 원반처럼 보였기 때문이다. 그렇다면 철학자이자 수학자인 르네 데카르트 René Descartes의 "신이 창조한 물질은 사방으로 무한히 뻗어 있다"라는 가설은 옳았을까?[44]

수많은 태양으로 가득 찬 무한한 우주를 상상하는 일은 가능했지만, 1633년 데카르트는 갈릴레오의 유죄 선고 소식을 듣고 가설 발표를 주저했다.

네덜란드 천문학자인 크리스티안 하위헌스는 "하늘에서 가장 밝은 별인 시리우스가 태양과 쌍둥이지만 지구로부터 훨씬 멀리 떨어져 있다면, 그 거리는 지구에서 관측되는 태양과 시리우스의 밝기를 비교해 알아낼 수 있다"고 추론했다. 문제는 태양이 내뿜는 강렬한 빛과 시리우스가 내는 한 점의 빛을 명확하게 비교하는 일이었다.

스코틀랜드 수학자 제임스 그레고리James Gregory는 토성을 시리우스와 먼저 비교하자고 제안했는데, 태양보다 토성과 시리우스의 밝기 비교가 더 쉬웠기 때문이다. 그러자 문제는 토성이 반사하는 햇빛의 양을 구하는 것으로 축소됐다. 그레고리는 자신의 방법으로 지구-시리우스 간 거리가 지구-태양 간 거리의 8만 3,000배라고 결론지었다. 아이작 뉴턴은 다양한 데이터에 근거해 시리우스를 태양보다 100만 배 더 멀리 떨어진 지점에 배치했다(정확한 값은 뉴턴이 도출한 결과의 절반 정도이며, 계산에 포함된 수많은 불확실성을 고려하면 뉴턴의 추정치는 놀라울 정도로 실제에 근접했다!).[45]

이처럼 지구와 시리우스의 상대적 거리가 멀다는 것은 분명했지만 구체적인 수치로 제시할 수 있는 사람이 없었는데, 당시에는 지구-태양 간 거리가 밝혀지지 않았기 때문이다. 지구-태양 간 절대적 거리는 1769년 쿡의 금성 통과 관측 이후 계산됐다. 프톨레마이오스는 지구 반지름의 2만 배에 불과한 구체 표면을 별 1,000개로 채웠지만, 이제는 별이 무한대로 숨어 있을 가능성이 생겼다. 그런데 중력은 보편적 힘이었으므로, 뉴턴은 별들이 서로의 중력에 이끌려 서로를 향해 떨어질 것이라 염려했다.

별은 하늘에 고정된 것처럼 보였지만 실제로 그렇지 않다는 사실이 1718년 밝혀졌고, 이는 핼리가 고대 프톨레마이오스의 관측 결과를 기준으로 현대에 별의 위치가 변화했음을 발견한 덕분이었다. 뉴턴은 "태양이 다른 별과 멀리 떨어져 있듯, 별들도 서로 멀리 떨어져 있음이 틀림없다"라고 결론지었다.[46] 그는 시리우스가 태양보다 100만 배 멀리 지구에서 떨어져 있다고 추정하는 동시에, 누구의 발길도 닿지 않은 우주 심연을 폭넓게 조망하기 시작했다.

무한한 우주와 관련된 추측은 1750년경 공개적으로 논의됐다. 천문학자 토머스 라이트는 프톨레마이오스의 엠피레오에 발생한 우주적 균열로 뛰어들어 다음과 같이 주장했다.

"눈에 보이는 우주 반경 내에는 적어도 1,000만 개의 태양이나 항성이 존재할 것이다. 이러한 항성이 제각각 공전하는 행성들을 지니며 그 행성계에 속한 행성 수가 전부 동일하다면, 지구와 같은 행성 세계는 우주 전체에 6,000만 개 있어야 한다.*"[47]

이처럼 우주에서 지구-별 간 거리를 정확하게 측정하려면 별의 시차 현상을 관측해야 했는데, 1838년 비교적 크고 정교한 망원경이 개발되기 전까지는 불가능했다. 마침내 쾨니히스베르크 천문대의 책임자 프리드리히 베셀Friedrich Bessel이 별의 시차 현상을 처음으로 포착했다. 6개월이라는 시간차를 두고 약 3억 킬로미터 떨어진 두 지점에서, 즉 지구 궤도의 양쪽 끝에서 관측했을 때 항성인 백조자리 61[61 Cygni](실제로는 항성 2개가 서로를 공전하는 쌍성계다)의 위치가 미세하게 변화한 것이다.

왕립 천문학회 회장 존 허셜John Herschel은 1841년 베셀에게 학

---

* 당시에는 태양계에 행성 6개가 있다고 여겨졌다.

회 금메달을 수여하면서 "실용 천문학이 목격한 가장 위대하고 영광스러운 승리"라고 베셀의 업적을 설명했다.[48]

1킬로미터 떨어진 두 지점에서 발견된 1센트 동전만 한 위치 차이는 지구-백조자리 61 간 거리가 지구-태양 간 거리의 65만 7,700배, 즉 100조 킬로미터임을 의미했다. 이처럼 광막한 공간을 상상할 수 있는 사람은 없었다. 지구-백조자리 61 간 거리를 빛이 통과하는 데 걸리는 시간(10.3년)으로 이해하기 쉽게 환산한 베셀조차 상상할 수 없었다.[49]

우주의 장대한 거리를 일목요연하게 표현하는 까다로운 작업에 적합한 새로운 측정 단위인 '광년'은 이렇게 탄생했다.

그런데 우주의 크기를 묻는 질문은 이제 일상적으로 측정 가능한 수천 광년 거리에 놓인 별들의 영역에서 벗어나, 라틴어로 '구름'을 의미하는 성운의 신비로운 영역으로 이동했다. 안드로메다 성운Andromeda Nebula은 안드로메다 별자리에 있는 흐릿한 얼룩으로 고대에는 하늘 관찰자들의 관심 밖에 있다가, 서기 965년 페르시아 천문학자 알수피al-Sufi가 저서 《The Book of the Fixed Stars고정된 별들의 책》에서 15개의 '흐릿한 얼룩'에 안드로메다 성운을 포함하면서 최초로 기술됐다.[50] 독일 천문학자 지몬 마리우스Simon Marius는 1612년 망원경으로 안드로메다 성운을 관측한 결과가 그리 좋지 않아 "밤에 뿔을 통해서 본 촛불 같다"라고 표현했다.[51]

20세기에 접어들어 새롭고 강력한 도구가 등장했다. 희미하거나 복잡한 관측 대상을 민감하게 포착해 기록으로 남기는 도구인 '사진건판photographic plate'이었다. 별은 수십만 개로 수가 늘어나고,

성운은 수백 개가 새롭게 등장했다. 끊임없이 증가하는 천체를 사진건판에 담아 수집하려면, 네빌 매스켈라인의 인간 컴퓨터를 계승한 인간 컴퓨터 군단이 각 성운이나 별의 위치, 밝기, 색, 기타 특성을 측정해야 했다. 천문학에서 사진의 체계적 사용법을 개척한 하버드 천문대 책임자 에드워드 피커링Edward Pickering은 그러한 목적으로 여성을 고용하면 사회적으로 가치 있으리라 판단했다. 1882년 피커링은 관측자를 모집하며 다음과 같은 글을 썼다.

"많은 여성이 천문학에 관심이 있고 망원경을 보유하고 있다. 이들 중 상당수는 그러한 일을 하는 데 필요한 자질이 있다. 여성의 고등 교육을 반대하는 사람들은, 여성에게 새로운 지식 창출 능력이 없는 까닭에 그들의 노력으로는 인류 지식이 발전하지 못한다고 비판한다."[52]

이에 피커링이 제시한 답은 여성에게 최첨단 천문 연구에 공헌할 기회를 주자는 것이었고, 실제로 많은 여성이 성과를 거두었다.

가장 많은 업적을 남긴 여성 천문학자는 애니 점프 캐넌Annie Jump Cannon으로, 40년 동안 천문대에서 근무하며 20만 개가 넘는 항성을 직접 분류했다. 또 다른 여성 천문학자 헨리에타 스완 레빗Henrietta Swan Leavitt은 변광성 1,777개를 확인하고, 남반구에서는 맨눈에도 보이는 희뿌연 소小 마젤란 성운 속의 변광성 16개에서 낯선 패턴을 발견했다. 그녀는 다음과 같은 글을 남겼다.

"변광성의 밝기가 밝을수록 주기가 길다는 점에 주목할 가치가 있다."[53]

변광성은 밝을수록 변화하는 주기가 길어진다. 레빗이 관측한 변광성은 모두 소 마젤란 성운에 속했으므로, 지구와의 거리가 비슷하다고 가정해야 합리적이었다. 따라서 변광성의 관측된 밝기가 서로 다른 이유는 지구-변광성 간 거리가 아닌 변광성의 실제 밝기가 다르기 때문이었다.

레빗이 도출한 결과는 획기적이었다. 레빗의 법칙Leavitt's law 덕분에, 천문학자는 변광성의 주기를 관측해 변광성의 절대적 밝기(별의 고유 밝기)를 구할 수 있게 됐다. 또한 별의 관측된 밝기는 거리의 제곱과 반비례하므로, 천문학자는 관측된 밝기를 기준으로 지구-별 간 거리를 구할 수 있었다. 레빗이 관측한 변광성은 오늘날 '세페이드 변광성Cepheid variables'이라고도 불리는데, '세페이드'라는 명칭은 그러한 유형의 별이 발견된 세페우스자리Cepheus에서 유래한다. 세페이드 변광성은 질량이 태양보다 몇 배 무거우며, 외층에 복사를 가두어 팽창하다가 결국 냉각된다. 냉각된 뒤 복사가 외부로 빠져나오면, 세페이드 변광성은 밝기가 점차 밝아지고 수축하며 새로운 주기를 시작한다. 이는 마치 별이 일정한 간격으로 빛을 방출하며 호흡하는 것과 같다.

에드윈 허블Edwin Hubble은 곧 레빗의 관측 결과를 활용하기 시작했다. 허블은 캘리포니아 마운트 윌슨 천문대에 설치된 100인치 후커망원경으로 안드로메다 성운 속 레빗의 변광성 2개를 추적했다. 그러던 중 역사에 남을 사진건판을 촬영하고, 처음 발견한 별 옆에 자필로 'VAR!'라는 감탄사를 남겼다(영문 약자는 빛의 세기가 시간에 따라서 변하는 항성, 변광성variable을 줄여서 표기한 것이다). 레빗의 법칙 덕분에 허블은 변광성의 주기에 근거해 지구-안드로메다

간 거리를 추정했고, '100만 광년'이라는 답을 도출했다. 이는 실제 거리의 절반에도 미치지 못하지만, 안드로메다는 은하가 아니라 비교적 지구에 가까운 기체 구름에 불과하다고 여전히 주장하는 사람들에게 치명적인 증거였다.[54]

허블의 발견은 수백만 광년까지 인류의 시야를 확장하며 외부 은하천문학extragalactic astronomy으로 향하는 길을 열었다. 코페르니쿠스 우주관은 궁극적 결론에 도달했다. 지구는 태양 주위를 도는 하나의 행성에 불과하고, 태양은 다른 수천억 개의 항성과 마찬가지로 별다른 특색 없는 중년의 항성이며, 이러한 행성과 항성을 포함해 규모가 제법 큰 우리 은하는 팽창하는 우주에서 또 다른 500억 개의 사촌 은하들과 점차 멀어져 간다.

시계태엽 우주

자연은 수학적 분석과 과학적 방법을 상대로 내밀한 비밀을 속속 드러냈지만, 태양계나 별들 사이에 존재하는 어느 공간에서도 '신이 머무는 거처'는 발견되지 않았다. 우주의 최초 원인 제공자는 어디로 떠났을까? 18세기에 새로운 발견이 거듭되자, 중세 철학자 니콜 오렘이 제시한 '시계태엽 우주'라는 은유의 톱니바퀴가 돌기 시작했다. 우주를 거대한 기계 장치로 여긴다면, 이 모든 장치를 설계한 시계공이 있어야 한다는 것은 당연한 결론이었다.

하지만 신이 더 이상 우주에서 적극적인 역할을 하지 않는다는 견해에 뉴턴은 동의하지 않았다. 태양계의 섬세하고 질서정연한 배열은 태양계의 원인이 '맹목적이거나 우연에 기대지 않으며, 역학과 기하학에 매우 능숙하다'는 증거라고 생각할 뿐만 아니라, 신이 중력을 공급하고 필요에 따라 조정하며 태양계 배열이 계속 유지되도록 개입했다고 믿었다.[55]

　뉴턴은 신이 우주에 관여하지 않는다는 견해에 맞서며 과학적 논거를 제시했다. 그가 관측한 바에 따르면, 토성과 목성의 상호 중력은 시간이 흐를수록 태양계의 안정성을 교란하는 섭동을 일으키므로 '맹목적 운명은 모든 행성을 동심원 궤도에서 동일한 방식으로 움직이게 할 수 없었다.'[56]

　뉴턴은 하늘이 작동하는 과정에 신이 지속적으로 개입하지 않으면 행성의 움직임은 머지않아 혼란스러워지리라 주장했다. 이에 독일의 과학자 고트프리트 라이프니츠 Gottfried Leibniz 는 뉴턴의 주장을 반박했다.

　　아이작 뉴턴 경과 그의 추종자들은 신의 일에 관해 기이한 의견을 지닌다. 그들의 교리에 따르면 전능한 신은 때때로 자신이 만든 시계태엽을 감고 싶어 한다. 그렇지 않으면 시계가 움직이지 않을 것이기 때문이다. 신에게는 시계태엽을 영원히 움직일 만한 선견지명이 없었던 것 같다. 아니, 뉴턴과 추종자들에 따르면 신이 만든 기계는 너무도 불완전하다. 그래서 신은 특별한 개입을 통해 기계를 청소하고, 심지어 시계공이 시계를 고치듯 기계를 수선해야 할 의무가 있다.[57]

16세기와 17세기 자연철학자는 자연을 둘러싼 신비로움이 신의 장엄한 계획을 뒷받침한다고 믿었다. 케플러는 우주의 기하학적 구조를 신의 마음이 반영된 거울로 여긴 플라톤적 신비주의자였고, 갈릴레오는 교회와 갈등을 겪으면서도 독실한 가톨릭 신자로 살아가며 다음과 같은 믿음을 의심하지 않았다.

"신은 인간이 이해할 수 없는 균형에 맞춰 천체가 움직이도록 명령했다."[58]

하지만 19세기에 들어서 신은 추방당했다. 1802년 나폴레옹 보나파르트가 수학자 피에르 시몽 라플라스에게 하늘에서 신이 하는 역할을 질문하자, 라플라스는 "저는 그런 가설이 필요 없습니다"라며 단언했다고 한다.

라플라스의 답변은 수학자의 무신론적 세계관을 보여주는 듯하지만, 답변에 내포된 의미는 나폴레옹과 라플라스의 대화를 직접 목격한 자가 밝혔듯 그보다 심오하다. 여기서 목격자란 고대 이후 새로이 관측된 행성인 천왕성을 발견한 인물로 유명한 천문학자 윌리엄 허셜이다.

허셜의 기록에 따르면, 8월의 어느 더운 날 나폴레옹은 라플라스, 허셜, 허셜의 아내와 만나 다양한 주제로 대화했다. 그러던 중 천문학으로 자연스럽게 주제가 바뀌자 나폴레옹은 두 사람에게 하늘의 구조에 대해 질문했고, 라플라스의 대답에 열렬히 흥분하며 "그러면 이 모든 것의 창조자는 누구인가!"라고 외쳤다.

또한 허셜에 따르면, 라플라스는 '일련의 자연적 원인이 이 경이로운 체계의 구성과 보존을 설명할 것'이라 주장했다.[59] 이 주장은 뉴턴이 내린 결론과 달리, 목성과 토성의 궤도를 고정하기 위해 신이 개입할 필요는 없다는 것을 의미했다. 라플라스는 뉴턴을 사로잡았던 중력 섭동의 영향력이 시간 흐름에 따라 역전되는 까닭에 행성 궤도가 무기한 안정적으로 유지된다는 사실을 발견했다. '신이 만든 기계'에는 어떤 조정도 필요하지 않았다.[60]

라플라스가 1825년 완성한 《La méchanique céleste 천체 역학》는 《Philosophiae Naturalis Principia Mathematica》 이후의 모든 저술을 능가했다. 라플라스는 뉴턴의 아이디어를 받아들여 수학적으로 발전시키고 행성 궤도의 장기 안정성을 입증했을 뿐만 아니라, 새로운 수학적 방법을 도입해 중력 섭동을 설명하고 달의 운동과 지구의 조석 현상을 이해하며 예측하는 방식을 개선했다.

《La méchanique céleste》는 천체의 운동을 수학 용어로 설명한다는 점에서, 프톨레마이오스가 1,700년 전 고안한 우주관을 정점에 이르게 한 걸작이었다. 이후 라플라스는 '프랑스의 뉴턴'으로 추앙받았다.

《La méchanique céleste》의 영어 번역본 《Mechanism of the Heavens 하늘의 기계 장치》는 옥스퍼드대학교와 케임브리지대학교에서 수십 년간 천체역학의 표준 교과서로 쓰일 정도로 호평받았다. 이는 라플라스의 수학 계산을 상세히 번역, 설명한 스코틀랜드 수학자이자 천문학자인 메리 서머빌 Mary Somerville 덕분이었다. 서머빌은 오늘날 스코틀랜드의 10파운드 지폐와 달에 있는 평범한 분화구로 기억된다. 달 분화구 1,546개 중 여성의 이름이 붙은 분화구는 32개에 불과하며, 그 가운데 하나가 '메리 서머빌'로 불리는 영예를

얻었다.[61]

영어 번역본의 제목은 우주를 '기계 장치'로 표현한다는 점에서 2,000년 전 시작된 순환을 완결한다. 하늘은 아르키메데스와 안티키테라 기계를 제작한 무명의 발명가에게 기계 모형을 만들도록 영감을 줬고, 이러한 모형의 탄생은 자연을 완전하며 철저한 기계 장치, 즉 '시계태엽 우주'로 이해하는 것이 가장 바람직하다는 개념을 심었다. 밤하늘의 아름다움이 수학적 질서로 변모했다.

하지만 뉴턴 물리학의 정확성은 오래가지 못했다. 이론가였던 케플러는 브라헤의 정밀한 데이터 덕분에 코페르니쿠스 모형을 증명할 수 있었다. 갈릴레오의 망원경 관측은 물리천문학의 발전을 촉발했다. 뉴턴은 이 모든 성과를 종합해 만유인력이라는 거대한 구조를 완성했고, 핼리는 뉴턴 방정식을 활용해 혜성의 귀환을 예측하며 쿡의 탐험대가 태양계의 크기를 측정하도록 동기부여했다. 라플라스가《La méchanique céleste》를 완성한 뒤, 뉴턴의 우주 모형은 떨어지는 사과부터 목성 위성 궤도의 섭동에 이르는 다양한 현상을 설명하고 예측할 수 있게 됐다.

19세기 초, 진자의 추는 되돌아왔다. 우주에 관한 이론적 설명이 분명해질수록 천체 예측 또한 정확해졌고, 천문학자의 관측에 동반되는 미세한 오차는 더 이상 간과할 수 없게 됐다. 망원경 관측 데이터는 축적됐으나 모든 것, 특히 오차를 이해하려면 새로운 유형의 수학이 필요했다.

프랑스의 뉴턴이 이 작업에 뛰어들었다.

칼
리
고
설
화

✦

들소 수색자

길 안내자가 말을 마치기도 전에 들소 수색자가 벌떡 일어났다. 그러더니 대지의 구멍에서 솟아나는 샘물처럼 입에서 말을 쏟아 냈다. 들소 수색자는 기억에 압도당했다.

나는 기억한다! 수많은 박쥐가 깨어나기 전, 큰 거래의 초원에서 데려온 남편 한 명이 내게 들려준 이야기를 기억한다. 남편의 옛 이름은 잊었고, 우리 종족은 그날 이후로 그를 '돌 던지는 자^{Stone Thrower}'라고 불렀다.

한 줄기 빛이 비치면, 오래전 원로 들소 수색자는 밖으로 나와 풀잎의 길이를 살펴보며 들소가 돌아오는 시기를 확인했다. 돌 던지는 자는 우리 종족 사이에서 여전히 자신의 길을 탐색했고, 많은 여성의 강한 남편이 되는 것 외에 자기 역할을 깨닫지 못했다.

그는 구름 관찰자가 아니었고, 그저 평범한 창을 만드는 자에 불과했다. 어쩌면 그는 들소 수색자가 되는 방법을 기억할 수 있을지도 몰랐다. 그래서 빛이 비치면 그는 오래전 원로 들소 수색자와 함께 밖으로 나왔다.

돌 던지는 자와 오래전 원로 들소 수색자가 풀잎에 코를 대고 단서를 찾을 때, 언덕 뒤에서 비명이 들렸다. 두 사람은 벌떡 일어나 바람처럼 달렸다. 언덕 위에 도착하자 한 소년이 보였다. 소년은 아직 이름이 없었다. 소년은 비명을 지르며 구름을 가리키고 있었는데, 흥분한 상태인지 두려움에 떠는 상태인지 알 수 없었다.

두 사람이 도착하자, 소년은 구름이 찢어져 물총새 날개 깃털과 같은 색의 구멍이 보였다고 말했다. 이들은 구름에서 구멍을 샅샅이 찾았지만 헛수고였다.

오래전 원로 들소 수색자가 고개를 든 채로 등을 돌리자, 약하게 쿵 하는 소리와 울먹이는 소리가 들렸다. 돌 던지는 자가 몸을 숙여 두 번째 돌을 집어 들더니, 첫 번째 돌로 그랬듯 소년을 향해 던졌다. 두 번째 돌이 날아간 뒤 소년은 더 이상 움직이지 않았지만, 돌 던지는 자는 세 번째 돌을 던지고 네 번째 돌을 던졌다.

오래전 원로 들소 수색자가 멀리서 그를 바라보며 "왜?"라고 물었다.

돌 던지는 자는 주저 없이 고개를 치켜들며 대답했다.

"소년은 거짓말을 했다. 구멍은 존재하지 않는다."

8

✦

악마가 풀려나다

모든 별이 하늘에 배열될 준비가 됐을 때,

첫 번째 여인은 이렇게 말했다.

"나는 인류를 영원히 다스릴 법을 기록할 것이다.

이 법은 형태가 변하는 물 위에 쓸 수 없고,

바람에 지워지는 모래 위에도 쓸 수 없지만,

별에 쓰면 영원히 읽고 기억할 수 있다."

– 나바호족 창조 신화[1]

불확실성의 수학

물리학 강의를 처음 듣는 신입생은 대부분 이론물리학에 매료된다. 이 분야의 매력을 물으면 일반상대성이론의 우아함, 양자역학의 기묘함, 우주론의 장엄함, 만물 이론의 흥미로움을 언급한다. 그런데 이러한 아이디어들이 현실에서 검증되는 방식을 거론하는 사람은 아무도 없다.

이론적 모형과 관측 데이터를 비교하는 과정에는 모든 수학 분야 중에서 가장 폄하되는 분야인 통계가 활용된다. 영국의 정치인 벤저민 디즈레일리Benjamin Disraeli가 "세상에는 세 가지 거짓말이 있다. 첫째는 거짓말, 둘째는 저주받은 거짓말, 셋째는 통계다"라고 말했다며 그릇된 정보를 퍼뜨린 미국 작가 마크 트웨인Mark Twain을 탓하자. 실제로 해당 문구의 출처는 밝혀지지 않았다.[2]

우주를 지배하는 법칙을 증명하기 위해, 계몽주의 이후 자연철학자는 아리스토텔레스나 플라톤이 그랬듯 상식, 아름다움에 더는 호소할 수 없었다. 궁극적이며 사실상 유일한 판단 근거는 데이터에 있었다. 그러나 19세기에 접어들어서도 이론과 데이터를 정량적으로 연결할 수 있는 수학이나 개념을 아는 사람은 없었다.

피에르 시몽 라플라스는 《La méchanique céleste》에서 뉴턴의 중력 이론을 난해한 천문학적 수수께끼에 적용해 설명력을 강화했다. 문제는 계산 결과를 이용 가능한 데이터와 비교해 검증하는 방법이었다. 라플라스는 토성 위치를 관측한 결과와 자신의 예측을 검증하는 과정에서 오차를 정밀하게 처리하는 개념적 돌파구인 통계학을 탄생시켰다.[3]

은둔형 과학자 뉴턴과 다르게 라플라스는 높은 지위를 차지하기 위해 노력했다. 24세에 프랑스 과학 아카데미 회원으로 선출된 뒤 파리사관학교 교수, 파리고등사범학교 교수, 상원의장을 역임했다. 하지만 나폴레옹은 라플라스를 내무부 장관으로 임명한 지 6주 만에 해임시키며 "라플라스는 무한소의 정신을 행정부에 적용했다"라고 평했다.[4] 또한 미국 천문학자 조셉 로버링Joseph Lovering은 라플라스의 아내가 그에게 찬장 열쇠를 달라고 부탁하는 말을 듣고, 라플라스에 대한 존경심이 산산조각났다고 말했다.[5]

라플라스는 스위스 수학자 레온하르트 오일러Leonhard Euler를 인류의 스승으로 여겼다. 그런데 1812년 《Théorie analytique des probabilités확률론의 해석이론》에서 50년 전 오일러도 도출하지 못한 데이터 통합 방식을 제시하며 자신의 영웅을 능가했다.[6] 라플라스의 통찰은 측정 정밀도가 낮아 무작위 오차가 있는 여러 관측 결과를 수학적으로 조합하면, 개별적으로 관측할 때보다 정확하게 천체의 위치를 결정할 수 있다는 것이었다. 이는 직관에 반하는 개념으로 보일 수 있으며, 오일러도 분명 그렇게 여겼을 것이다.

하지만 관측자 2명이 토성 위치를 측정하며 평균적으로 약 6분의 1도 오차를 일으킨다고 가정할 때, 측정값 2개를 결합하면 1개인 경우보다 참에 더 가까운 결괏값(약 8분의 1도 오차)을 구할 수 있다. 핵심은 오차가 무작위로 발생하고, 큰 오차보다는 작은 오차가 발생할 확률이 높으며, 참값을 중심으로 측정값이 대칭적으로 분포해야 한다는 점이다. 그러면 일부 측정값은 참값보다 크고 다른 일부 측정값은 참값보다 작을 것이다. 평균적으로 오차는 서로 상쇄되므로 이를 결합하면 더욱 정확한 추정치를 얻게 된다.

이러한 추론을 바탕으로 라플라스는 프랑스 수학자 아드리앵 마리 르장드르Adrien-Marie Legendre가 혜성 측정 데이터를 결합하기 위해 고안한 '최소 제곱법'을 독일 수학자 카를 프리드리히 가우스Carl Friedrich Gauss의 '오차 이론'과 결합해 성공적으로 설명했다.

1801년 1월 1일 이탈리아 천문학자 주세페 피아치Giuseppe Piazzi가 화성과 목성 궤도 사이에서 새로운 행성으로 추정되는 천체를 발견한 뒤, 가우스는 유럽 전역을 흥분으로 몰아넣었다. 농경의 여신이자 시칠리아의 수호여신 케레스Ceres의 이름을 따 '세레스'로 명명된 이 새로운 행성은 태양과의 거리순으로 나열한 행성 목록에서 비어 있는 자리를 채웠다. 행성 목록을 구체적으로 살펴보면, 태양-행성 간 거리 비율은 4(수성), 4+3(금성), 4+6(지구), 4+12(화성), 4+48(목성), 4+96(토성)과 같은 산술적 관계를 따랐으며, 이때 각 항은 4에 이전 항의 2배인 숫자를 더한 값이었다. 그런데 4+24에 해당하는 자리는 비어 있었고, 1772년 독일 천문학자 요한 보데Johann Bode는 다음과 같은 결론을 내렸다.

"우주의 창조주가 이 자리를 비워두었다고 믿을 수 있을까? 절대 아니다!"[7]

피아치가 관측에 성공하기 30년 전부터 천문학자들은 보이지 않는 행성을 찾았지만, 이를 발견한 사람은 없었다. 그런데 피아치가 몇 주에 걸쳐 관측에 몰두하는 동안, 1801년 2월 세레스는 태양 뒤로 사라져버렸다. 천문학계는 분노했다. 피아치가 자신의 발견을 제때 공유하지 않아 궤도를 측정하기도 전에 세레스가 사라졌고, 이제는 그 새로운 행성이 어디서 나타날지 예측할 수 없게 됐기 때문이다. 1801년 여름, 네빌 매스켈라인은 신랄한 글을 썼다.

"천문학계에 엄청난 소식이 있다. 천문학자 피아치는 올해 초 새로운 행성을 발견했고, 이 먹음직스러운 음식을 6주 동안 독식할 만큼 탐욕스러웠다. 그가 옹졸함이라는 병에 걸린 사이 행성 궤도를 놓쳤다."[8]

하지만 가우스는 기회를 발견했다. '하늘에서 티끌 같은 행성을 발견할 희망이 극소수의 관측 결과에 따른 대략적인 궤도 지식에만 달려 있던' 순간은, 곧 자신이 새롭게 고안한 오차 이론을 검증하며 그 가치를 돋보이게 할 기회였다.[9] 빈약한 관측 자료를 분석한 가우스는 '세레스가 1년 후, 처음 발견된 하늘과는 완전히 다른 영역에 나타날 것'이라 예측했다. 그리고 사라진 행성은 그가 예측한 시각과 위치에 정확히 나타났다.[10]

1802년 2월 윌리엄 허셜이 세레스를 '별과 같은' 의미의 소행성asteroid이라는 새로운 유형의 천체, 즉 커다란 바위로 분류하자 흥분은 사라졌다. 하지만 라플라스는 가우스의 성공에 깊이 감명받아 그를 "인간 몸에 깃든 초인간적 영혼"이라고 묘사했다.[11]

세레스의 재발견에 결정적인 역할을 한 것은 가우스의 '측정 오차 처리법'으로, 가우스는 이를 현재 '가우스 분포'라 불리는 종 모양의 곡선으로 설명했다. 라플라스의 최소 제곱법과 가우스의 오차 처리법을 통합한 결과는, 통계학자 스티븐 스티글러Stephen Stigler의 말처럼 '과학 역사상 가장 중대한 성공 사례'로서 모든 현대 과학을 지탱하는 정량 분석의 초석을 다졌다.[12]

평균 인간의 탄생

벨기에 과학자 아돌프 케틀레Adolphe Quetelet는 천문학이 보유한 가장 강력한 도구를 인간의 신체적·지적 조건에 적용하기 위해 많은 노력을 기울였다. 그의 이름은 거의 알려지지 않았는데 '높은 자리에 올랐다가 망각으로 가라앉았다'고 묘사될 정도다.[13] 하지만 케틀레가 고안한 한 가지 아이디어에 관해서는 들어본 적 있을 것이다. 사람의 키 대비 체중을 나타내는 지표인 체질량지수BMI다. 1972년까지 BMI는 발명가의 이름을 따 '케틀레지수'라고 불렸다.

1822년 브뤼셀 천문대 설립 감독 역할을 맡은 케틀레는 파리로 건너가 파리 천문대의 운영 방식을 조사했다. 그때 라플라스를 만나 확률론의 신흥 분야, 특히 새로 개발된 오차 이론을 배웠다.

　브뤼셀로 돌아온 케틀레는 아무도 예상하지 못한 지점에서 규칙성을 발견했다. 스코틀랜드 군인의 가슴 치수 분포가 가우스와 라플라스의 종 모양 곡선을 따른다는 것이었다. 이탈리아 징집병의 키, 독일 군인의 체중, 프랑스 남성과 여성의 신체적 특징도 마찬가지였다.

　이것은 계시였다. 케틀레는 도덕적·지적 자질도 마찬가지일 수 있다고 의심하기 시작했다. 살인이나 알코올 중독, 정신병 등은 우연이 아니라 예측 가능한 통계적 패턴에 따른다는 것이다. 1850년 찰스 디킨스 Charles Dickens 는 케틀레의 아이디어가 과거에는 예측 불가능하다고 여겨진 영역까지 확산된 과정을 익살스럽게 언급했다.

　"과학자들은 번개로 메시지를 보내고 증기로 소포와 승객을 운반하는 것에 만족하지 않고, 고대 점성술사와 현대 집시의 역할을 대신해 숨겨진 법칙을 찾아낸다."[14]

　인간의 평균적인 신체적·지적 특성은 상대적 비율로 측정할 수 있고, 이 데이터를 종합하면 케틀레가 '평균 인간'이라 불렀던 전형적이고 이상적인 인간의 초상을 만들 수 있다. 케틀레의 해석에 따르면(이 해석은 나중에 그릇된 것으로 판명된다), 평균 남성은 특정 시대에 특정 인구 집단에서 가장 흔한 유형이 아니었다. 그는 평균 남성을 '위대하고 선하고 아름다운 것', 다시 말해 자연이 여러 특성을 수렴해 구현하려 시도하는 '완벽한' 유형으로 제시했다.[15]

　케틀레는 별의 관측 오차를 처리하는 것과 동일한 통계 법칙을 인간에게 적용하며 새로운 학문을 창시했다. 바로 '사회물리학 social physics'으로, 학문적 목적은 전 인류를 규제하는 '시간 및 인간의 변덕과 무관한' 법칙을 밝히는 것이었다.[16]

케틀레는 자신이 고안한 사회물리학 법칙을 하늘의 규칙성과 분명하게 연결하고, 별이 뉴턴 법칙을 맹목적으로 따르는 현상과 인간이 이해할 수도 피할 수도 없는 신성한 패턴을 무의식적으로 따르는 현상을 비교했다.

"우리는 천체를 지배하는 법칙만큼이나 확고한 법칙을 찾는다. 인간의 자유 의지가 완전히 제거된 물리학 현상으로 돌아가면, 창조주의 일이 방해받지 않으며 우세해지게 된다."[17]

라플라스의 악마가 승승장구하다

케틀레는 오늘날 '라플라스의 악마Laplace's demon'라 불리는 존재의 유혹에 빠져들었다. 라플라스의 악마란 사악한 영혼이나 초자연적 존재가 아니라, 충분한 데이터를 수집하고 수학적으로 분석해 그 데이터를 지배하는 법칙을 밝혀낼 수 있는 가상의 지능이다.

라플라스는 이러한 지능이 있다면 우주는 영원히 투명할 것이며, 우주의 현재 상태를 기점으로 무한한 과거와 미래까지 수학의 힘으로 계산할 수 있으리라 생각했다. 라플라스는 이 가상의 지능이 잘 작동하는 본보기가 천문학이라고 강조했다.

그렇다면 우리는 우주의 현재 상태를 과거의 결과이자 미래의 원인으로 간주해야 한다. 자연을 움직이는 모든 힘과 구성 요소의 상황을 이해할 수 있는 지능, 그러한 데이터를 분석할 수 있는 지능이 주어진다면, 이 지능은 우주에서 가장 거대한 천체와 가장 가벼운 원자의 움직임을 동일한 공식으로 포괄할 것이다. 이 지능에게는 불확실한 대상이 없으며 미래도 과거처럼 눈에 보일 것이다. 인간 정신은 천문학을 절정에 이르게 했으나, 이 지능과 비교하면 미약하다.[18]

라플라스의 과학적 결정론은 실증주의적 세계관(그가 말한 '지능'이 훗날 얻은 이름)을 명료하게 표현한 선언으로 여겨졌다. 19세기 후반 별들 사이에서 탄생한 라플라스의 악마는 강이 하구에 이를수록 강한 강줄기를 뻗어내듯 영향력을 퍼뜨렸다.

라플라스의 악마가 지닌 전형적인 능력은 과거 관측을 바탕으로 미래를 예측하는 것으로, 수학적 분석을 통해 이뤄진다. 먼저 수학 언어로 기술된 법칙을 정립하고, 당면한 현상에 그 법칙을 적용한 다음, 현재 관측 데이터와 법칙을 활용해 미래를 예측하며, 필요한 경우 이론적 모형을 완성하는 데 사용되는 새로운 관측 데이터를 얻는다. 이러한 접근 방식은 현대 과학 기술의 청사진이 됐다.

라플라스 악마는 자연 현상과 사회 분야에 끊임없이 영향을 미쳤고, 자연과학자와 사회과학자 모두 목적을 달성하기 위해 악마의 전지전능한 눈을 적용했다. 수리물리학자 조제프 푸리에Joseph Fourier는 1822년《Théorie analytique de la chaleur열 분석 이론》에서 직접 경험할 수 없는 현상에 대한 수학적 분석을 언급하며 "인간의 짧은

수명과 불완전한 감각을 보완하는 수단"이라고 설명했다.[19]

라플라스의 악마는 불과 한 세기 전 철학자 존 로크 John Locke가 천사만이 가졌다고 생각했던 능력을 과학자에게도 부여했다. 로크에 따르면 특정 천사는 세상을 바라보는 '완벽한 관점'을 지닌 덕분에, 인간이 그릇된 결정을 내리는 것과 다르게 '결론의 확실성'을 성취할 수 있다.[20]

하지만 악마는 천사를 그 어느 때보다 멀리 내쫓게 됐다.

악마를 키우다

낡은 수학적 도구는 악마가 갈망하는 데이터를 처리하기에 더이상 충분하지 않았다. 1614년 존 네이피어 John Napier가 로그 logarithm를 발명하자 계산천문학의 핵심인 삼각법 계산이 단순해졌고, 라플라스는 새로운 계산법이 "노동력을 단축해 천문학자의 수명을 두 배 늘렸다"라고 언급했다.[21]

네빌 매스켈라인은 《항해연감》의 표를 채우는 데 필요한 숫자를 계산하기 위해 인간 컴퓨터 조직망을 구축했다. 숫자표를 작성하기 위해 장시간 반복해서 손으로 계산하다 보면 실수는 불가피했지만, 당시에는 숫자표 의존도가 높았다. 문제는 숫자를 신뢰할 수 없다는 것이었다.

1834년 런던대학교 천문학 교수 디오니시우스 라드너 Dionysius Lardner의 조사 결과, 무작위로 선정한 표 40개에서 오류 3,700여 개가 발견됐다. 전 세계 선원이 매일 사용하는 《항해연감》의 경우, 숫자의 오류가 선원의 생사를 가를 수 있었다(간혹 그런 일이 일어났다).[22] 더욱 심각한 것은, 아직 아무도 발견하지 못한 오류였다. 천문학자 존 허셜은 1842년 재무장관에게 보낸 편지에서 "로그표에서 인식되지 않은 오류는 아직 발견되지 않은 바닷속 암석과 같아서 어떤 난파 사고를 일으켰는지 알 수 없다"라며 한탄했다.[23] 인간의 불완전한 계산을 대체할 기계가 필요했다.

찰스 배비지Charles Babbage만큼 인간이 만든 숫자표의 오류에 실망한 사람은 없을 것이다. 배비지가 소장한 140권의 책 중에서 라드너가 오류투성이라며 추려낸 책이 40권에 달했기 때문이다. 1812년 케임브리지대학교에서 수학을 공부하던 배비지는 이미 기계로 로그표를 작성하는 꿈을 꾸고 있었다.[24] 케임브리지 재학 시절 그는 어린 존 허셜과 친구가 됐고, 이 만남은 배비지의 삶에 큰 영향을 미쳤다. 배비지와 허셜은 '알 수 있는 모든 것과 알 수 없는 많은 것'을 주제로 토론했다. 두 사람의 우정은 평생 이어지는 듯했지만, 말년에 이르러 퇴색했다.[25]

1820년 두 사람은 다른 12명과 함께 학회를 창립했고, 이 학회는 이후 왕립 천문학회가 됐다. 천문학은 천왕성 발견자 윌리엄 허셜의 아들인 허셜에게는 타고난 관심사였지만, 부유한 은행가의 후손인 배비지에게는 관심 대상이 아니었다. 하지만 배비지는 별에서 운명적 매력을 느꼈으며, 이후 자신의 부고 기사가 이렇게 작성되리라고는 상상조차 못 했을 것이다.

"불행하게도 그는 많은 재산을 잃고 괴로움만 얻는 길을 선택했다.”[26]

1821년 어느 날, 허셜이 가져온 천문표가 배비지를 자극했다. 새로 설립된 학회의 목표는 달 위치표를 개선하고 '하늘을 체계적으로 조사'해 우주 전체를 대상으로 별 지도를 만드는 것이었다.[27] 학회의 초대 회장인 존 허셜은 《항해연감》을 보완하기 위해 배비지에게 도움을 요청했으며, 이는 인간 컴퓨터의 계산을 검증해달라는 의미였다.

훗날 배비지는 다음과 같이 회상했다. “내 친구 허셜이 컴퓨터 계산 결과를 가져왔고, 우리는 지루한 검증 작업을 시작했다. 시간이 지나며 많은 오류가 발견됐는데, 어느 순간에는 오류가 너무 많아서 내가 '이 계산이 증기로 실행되면 좋겠다!'라고 외쳤다.”[28]

배비지는 그 상상을 실현하는 기계를 발명하는 데 남은 평생을 바쳤다. 1823년 그는 불과 몇 년 안에 자신의 기계가 '감자만큼 값싼 로그표'를 생산하리라 확신했다.[29] 1824년에는 왕립 천문학회에 '계산 기계'를 제안해 최초의 금메달 수상자가 됐으나, 이 상상은 악몽이 됐다. 1829년 배비지의 친구 윌리엄 휴얼William Whewell은 지인에게 다음과 같은 편지를 보냈다.

“배비지는 자신의 기계가 불러올 성공과 명성을 불안해하고 있으며, 이는 무척 불행한 일이다.”[30]

10년간의 노력 끝에 배비지의 첫 번째 설계안인 '차분기관 difference engine'을 구현하기 위한 프로젝트가 시작됐다. 그런데 실제 작동하는 견본의 완성이 임박했음에도 자금 문제로 프로젝트는 무산됐다. 이 무렵 배비지는 완전한 프로그래밍이 가능한 범용 계산 기계로 달성 가능한 것 중에서 로그표와 천문표는 극히 일부에 불과하다는 사실을 깨달았다. 그리하여 차분기관은 포기하고, 더욱 거창한 계산 기계를 설계하기 시작했다.

이전에는 배비지와 같은 목표를 가진 사람이 없었다. 그는 '지적 과정을 기계 작업으로 대체하는 것'을 목표로 삼았다.[31] 라플라스의 악마를 모든 계산이 가능한 기계식 컴퓨터로 개발하기 위해, 배비지는 어렵게 얻은 루커스 석좌 교수 자리를 사임하고 막대한 정부 지원금과 재산 대부분을 쏟아부었다. 비록 그는 성공하지 못했지만, 그의 상상은 시대를 앞서갔으며 후대에 지속적인 영향을 미쳤다.

최초의 범용 컴퓨터는 1940년대에 전자 부품으로 제작됐지만, 배비지는 핀이 달린 회전통과 톱니바퀴로 제작된 컴퓨터가 증기로 작동하도록 설계했다. 1991년 배비지 탄생 200주년을 기념하기 위해, 런던 과학박물관은 배비지가 살았던 당시의 기술과 공정만을 활용해 그가 제시했던 대로 차분기관을 제작했다. 차분기관은 의도한 대로 작동했다.[32]

1830년대에 배비지는 자택 응접실에 자신이 생각하는 완벽한 차분기관에서 7분의 1에 해당하는 견본을 전시했다. 이 기계에는 광택이 나는 황동 기둥 3개가 있었고, 각 기둥에는 회전통 6개가 장착됐으며, 0부터 9까지 숫자가 우아하게 새겨진 회전통들은 정교하게 맞물린 전동장치로 정밀하게 구동됐다.

차분기관은 증가하는 숫자 배열(0, 1, 2, 3 등)을 표시하다가 배비지의 개입 없이 특정 지점에서 새로운 숫자 배열로 전환해 표시하도록 프로그래밍됐다. 이처럼 명백하게 이질적인 두 법칙은, 실제로 변화의 가능성과 더불어 필요성까지 아우르는 상위 법칙의 산물이라고 배비지는 설명했다.

배비지의 파티에는 최상류 사람들이 모였다. 라플라스 저서의 영어 번역가 메리 서머빌은 배비지의 설명을 들은 뒤 그를 '일류 수학자'로 평가했다. 또한 에이다 러브레이스Ada Lovelace는 1843년 배비지의 해석기관에서 처리되는 프로그램을 작성하고 역사상 최초의 프로그래머가 됐다. 케임브리지 재학 시절부터 배비지와 가까운 친구였던 철학자 윌리엄 휴얼은 1834년 '광범위하게 과학을 연구하는 사람'을 설명하기 위해 '과학자scientist'라는 단어를 만들었다. 그리고 찰스 다윈은 비글호에 탑승해 세계 일주를 마치고 돌아온 참이었다.[33] 이곳에 초대받은 다윈은 열광했다.

"배비지의 파티는 런던에서 지식인들을 만나기에 가장 좋은 자리라고 했다."[34]

배비지는 자신의 파티에서, 〈The Ninth Bridgewater Treatise 제9차 브리지워터 논문〉을 발표하며 차분기관을 은유의 대상으로 삼아 진화 작용을 이해하는 방법을 간략하게 설명했다.

> 바퀴 몇 개를 나란히 배열한 기계에서 도출되는 단순한 결과(차분기관을 언급)로부터 관점을 전환하면, 강력하고 훨씬 복잡한 자연 현상에 동일한 추론을 적용하지 않을 수 없다. 모체인 지구가 적응한 결과로 식물이 다채롭게 존재하게 된 것은 강력한 창조적 힘의 발현에 있다. 변화하는 물리적 환경 탓에 일부 종이 자

연 소멸하고 버려졌던 서식지에 새로운 종이 나타나 그곳을 차지하는 등 오랜 세월에 걸쳐 변화하는 현상은 자비로운 힘이 여전히 영향력을 행사하는 것에 불과하다. 종 자체 또는 종을 구성하는 개체 또는 종이 서식하는 지구에 일어나는 모든 변화가 하나의 포괄적 법칙에 근거해 예견되고 발생한다는 것은 훨씬 더 높은 차원의 힘과 지능이 존재함을 나타낸다.[35]

배비지의 파티가 끝난 후, 다윈은 수첩에 종간 변이transmutation of species에 관한 자신의 생각을 처음으로 털어놓았다.

"한 종이 다른 종으로 바뀐다면, 그것은 갑작스러운 전이에 의한 것이어야 한다."

이는 배비지의 엔진이 돌연 출력을 바꾸고, 새로운 숫자 배열을 표시한 것과 정확히 일치한다.[36]

결국 배비지와 존 허셜의 우정은 산산조각 났다. 허셜은 아버지의 천문학 업적을 이어받아 당대 영국에서 가장 저명한 과학자가 됐지만, 배비지는 '본질적으로 시작만 하고 완성은 해내지 못한 인물'로 기억될 운명이었다.[37] 배비지가 마지막으로 보낸 편지의 수신인은 허셜의 아내였는데, 고인이 된 친구의 명성에 가려진 자신에 대한 푸념이었다. 허셜이 웨스트민스터 사원 본당의 뉴턴 묘지 옆에 화려하게 안치되고 5개월 뒤, 배비지는 켄살그린 지역의 공동묘지에 조용히 묻혔다.[38]

예상치 못한 연결

스코틀랜드 물리학자 제임스 클러크 맥스웰James Clerk Maxwell은 케틀레의 연구 성과를 주제로 허셜이 집필한 리뷰 논문에서 사회물리학을 발견했다. 논문에 감명받은 맥스웰은 인간의 영역과 마찬가지로 이해할 수 없는 원자의 영역에 동일한 통계적 추론을 적용했다. 맥스웰의 통찰은 인구 집단의 살인율 예측을 위해 개인의 정신을 이해할 필요가 없듯, 물리학자도 온도나 압력 등을 기술하기 위해 방 안의 모든 입자를 측정할 필요가 없다는 것이었다.

그것은 통계적 설명으로 충분할 것이며, 맥스웰과 함께 열역학의 공동 창시자로 여겨지는 루트비히 볼츠만Ludwig Boltzmann 또한 1872년 사회통계학에서 비슷한 영향을 받아 정확히 같은 아이디어를 도출했다. 이후 통계역학은 우주의 시작, 금융 시장의 흐름, 숲의 성장, 뇌의 학습 패턴을 설명하면서 발전했다.

영국의 유전학자 프랜시스 골턴Francis Galton은 케틀레의 연구를 한층 발전시켰다. 골턴은 인간의 지능에 초점을 맞췄는데, 평균이 아닌 전체적인 분포를 눈여겨봤다. 그는 지능의 분포에서 드러나는 라플라스-가우스 종 모양 곡선을 설명하기 위해 '정규 분포normal distribution'라는 용어를 고안하고, 곡선의 정점에 해당하는 평균에서 벗어난 모든 편차를 '이상abnormal'이라고 불렀다.

현대의 지능 검사는 골턴의 아이디어에서 나왔으며, 우생학이라는 용어 또한 골턴이 창안했다. 그는 바람직하다고 여겨지는 자질을 사회적으로 통제해 인류를 '개량'해야 한다는 개념을 옹호했

다. 영국의 우생학자 앨프리드 트레드골드Alfred Tredgold는 다음과 같
이 주장했다.

"지적장애는 정신 이상, 간질, 알코올 중독, 결핵 등의 여러 질
환과 밀접하게 관련돼 있다. 이것이 범죄자, 빈곤층, 실업자 상당수
를 발생시킨다는 점에서 이 문제가 얼마나 광범위한지 깨닫는다."[39]

순식간에 우생학은 온갖 비인간성의 촉수가 뻗어 나오는 늪이
됐다. 영국에서는 우생학의 동기부여와 정당화를 발판으로 1913년
정신 지체법Mental Deficiency Act이 제정됐는데, 이 법은 정부가 정신 질
환자와 도덕적 결함이 있는 것으로 여겨지는 사람을 강제로 정신병
원에 가둘 수 있도록 허용했다. 그 결과 1957년까지 6만 명의 삶이
파괴됐다.

미국에서는 우생학에 근거해 장애인에게 강제 불임 시술을 시
행했고, 1979년 그러한 관행이 금지되기까지 캘리포니아에서만
2만 명이 강제로 불임 시술을 당했다. 나치 독일에서는 우생학이 더
욱 끔찍한 방향으로 진행되며 수많은 사람들을 대량학살했다.[40]

이러한 비극을 결코 잊어서는 안 된다.

인간 기계

오늘날 스위스 시계는 정밀성, 독점성의 대명사가 됐다. 스위
스 시계 산업이 시작될 때부터 핵심은 별의 시간을 정확하게 읽는
것이었고, 그러한 이유로 스위스 시계 제조의 주요 중심지인 제네

바와 뇌샤텔에 천문대가 설립됐다.

1861년 뇌샤텔 천문대의 책임자인 아돌프 히르쉬Adolph Hirsch는 반년 보고서에 천문대의 모든 기능적 측면이 '최고 수준으로 목표를 달성하기 위해 계산된 것'이라고 작성했다.[41] 그런데 히르쉬는 최고 수준의 시간 측정 정밀도를 달성하기 위한 연구를 가로막는 장애물이 있음을 이내 깨달았다.

시계 별이 망원경의 거미줄을 통과하는 순간에 관측자가 반응하는 시간은 불분명했다. 이를 프리드리히 베셀 이후 천문학자는 '개인 오차personal equation'라 불렀으며, 오늘날 우리는 '반응 시간'이라 부른다. 1816년 베셀은 한 가지 소식을 듣고 이 현상을 적극적으로 조사했는데, '통과 현상을 부정확한 방식으로 더디게 관측'하는 바람에 오차가 800밀리초 발생했다는 이유로 네빌 매스켈라인이 그의 젊은 조수를 해고했다는 소식이었다. 그 조수는 해고되기 불과 2주 전 동료의 조카와 결혼하라는 매스켈라인의 권유를 거부했는데, 어쩌면 이 일이 그의 해고에 영향을 미쳤을 수도 그렇지 않았을 수도 있다.[42]

개인 오차는 사람마다 다르게, 같은 날 밤 같은 사람에게서도 다르게 나타났다. 이러한 오차는 라플라스 방법으로도 처리하기가 어려웠는데, 무작위가 아니라 늘 같은 방식으로 발생했기 때문이다. 그래서 히르쉬는 별을 통한 시간 측정을 잠시 멈추고, 총알 속도를 측정하는 '크로노스코프chronoscope'를 사용해 자신과 친구들이 청각·촉각·시각 자극에 반응하는 시간을 체계적으로 연구했다. 이 연구 결과는 이후 전 세계 실험심리학자에게 채택됐다.

또한 히르쉬는 인공 별 장치를 제작해 통제된 실험 조건에서 각 관찰자의 개인 오차를 측정했다. 히르쉬는 '인간은 정밀 기계와 같다'고 결론지었고, 다른 예민한 도구와 마찬가지로 인간 관찰자도 정확하게 작동하려면 세심한 보정이 필요하다고 설명했다.[43]

별을 관측하는 한 가지 장치인 감각에 대한 탐구를 계기로, 시계태엽 우주는 다시 인간에게 적용됐다. 머지않아 인간 관측자는 그림에서 완전히 사라지고 별의 통과 순간을 측정하는 최신 전자 기록 시계, 사진건판, 마지막으로 디지털 이미지 생성 기술로 대체될 것이다. 낭만주의 시인들은 인간과 자연의 기계화에 격분하며 이따금 별에게 그들의 고뇌를 증언해달라고 호소했는데, 별이 시계태엽의 전형이었다는 점을 고려하면 모순적인 일이었다. 1865년 월트 휘트먼Walt Whitman은 다음과 같은 시를 썼다.

박식한 천문학자의 설명을 들을 때
증명과 숫자가 내 앞에 나열될 때
더하고 나누고 측정하는 그래프와 도표를 바라볼 때
강의실에 앉아서 존경받는 천문학자의 강연을 들을 때
나는 얼마나 빠르게 지치고 아팠는지
혼자 방황하다가 조용히 밖으로 나와
신비롭고 축축한 밤공기 속에서
고요 속의 별들을 올려다봤네.

제조 공정의 표준화, 대량생산 라인의 발명, 운송 수단에 쓰이는 목재·철·석탄·석유에 대한 수요 급증, 새로운 생산 수단과 파괴 수단은 사람을 기계 설비의 부품으로 투입했다. 카를 마르크스^{Karl Marx}의 말처럼, 새로운 제조업 세계에 필요한 반복적이고 순차적인 공정은 개인을 '일부 파편화된 작업을 수행하는 자동 모터'로 변화시켰다.[44]

세상은 새로운 우주 질서로 재편됐다. 별이 예측 가능한 시간에 뜨고 지듯, 증기선은 무역풍의 변덕에 아랑곳하지 않으며 바다를 누비고, 열차는 반짝이는 강철 선로를 따라 대륙을 가로지르고, 뉴스는 모스 부호의 리듬에 맞춰 전신선을 타고 전 세계로 퍼져나갔다. 천체의 공전은 안티키테라 기계에 불완전하게 복제되고, 야코포 데 돈디의 웅장한 시계 문자판에 각인되고, 뉴턴의 수학 법칙으로 변환되고, 배비지의 황동 및 강철 기계에 숨을 불어넣으며, 마침내 라플라스 악마의 만연한 영향력에 널리 확산됐다.

시간의 무한함

라플라스의 악마는 다윈이 배비지와 마주치고 케틀레의 저작을 읽는 동안 다윈의 초기 진화론에 영향을 미쳤을 것이다. 그런데 다윈의 이론은 핵심 요소인 시간이 방대하게 필요했다.

여기서도 별들은 호의를 베풀었다. 천문학적 거리 단위는 이전에 상상할 수 없을 만큼 거대한 단위인 광년으로 도약했으며, 이 단위를 프리드리히 베셀이 처음 도입한 1838년은 다윈이 진화에 관해

고민하던 시기였다. 천문학이라는 본보기 덕분에, 지질학자와 진화생물학자는 망원경이 발견한 우주의 무한한 확장에 대응하는 시간의 한없는 심연을 즐길 준비가 됐다.[45]

하지만 그에 못지않게 중요한 것은, 별은 우주론적 시간이 성경의 창조 역사보다 훨씬 광범위하다는 긍정적 증거를 제시했다는 점이다. 천문학과 진화론을 연결하는 숨겨진 흐름을 밝히려면 지질학을 통해 그 구불구불한 길을 따라가야 한다.

오늘날 현대 지질학의 창시자로 여겨지는 제임스 허턴James Hutton은 자신의 농장에서 한 방울의 물이 토양에 천천히 스며드는 과정을 보며 지질학적 시간의 방대함을 깨달았다. 또한 충분한 시간이 주어지면 바람과 산을 타고 흘러내리는 빗물 때문에, 새로운 토양이 생성되지 않는 한 모든 토양은 결국 바다에 남게 되리라 추론했다.

스코틀랜드의 제방을 조사하던 중 체비엇 언덕에서 조개 화석을 발견한 그는 연구 끝에 기원전 2350년 창세기에 기록되어 있는 홍수가 일어나지 않았다고 결론지었다. 그리고 1785년에 "오래된 대륙은 닳아 없어지고, 바다 밑에서 새로운 대륙이 형성된다"라고 주장했다.[46]

그러나 찰스 라이엘Charles Lyell의 《Principles of Geology지질학의 원리》 출간 전까지 지구의 긴 연대에 관한 허턴의 주장은 간과됐다. 라이엘은 대륙과 산이 갑작스러운 지각변동이나 성경에 언급된 홍수에서 생겨난 것이 아니라, 바람과 물과 태양이 일으키는 지루한 침식 과정을 통해 수백만 년에 걸쳐 형성됐다는 주장을 펼쳤다. 라이엘의 점진적 '동일과정설uniformitarianism'도 당시 조롱당했으나, 다음 세대의 지질학자들이 널리 받아들였다.[47] 예외적으로 우주의 광대함에 익숙한 존 허셜이 라이엘의 시간에 관한 주장을 곧장 수용했다. 1836년 허셜은 라이엘에게 다음과 같은 편지를 썼다.

"시간! 시간! 시간! 우리는 성경에 기록된 연대기를 배척해서는 안 되지만, 두 가지 진리는 양립할 수 없는 까닭에 공정한 탐구로 밝혀진 진리에 근거해 성경을 해석해야 한다."[48]

1837년 2월 다윈은 누이에게 보내는 편지에서, 허셜의 아이디어를 인간 출현 이후의 시간에 적용했을 때 참신함이 드러난다고 전했다.

구약성서의 연대기가 틀렸다는 허셜 경의 아이디어에서 새로운 점이 보이지 않는다고 말씀하시는군요. 제가 연대기라는 단어를 모호한 방식으로 사용했는데, 허셜 경이 언급한 것은 창조의 날이 아니라 최초의 인간이 모습을 드러낸 이후의 시간을 가리킵니다. 많은 사람이 아직 6,000년이 올바른 기간이라고 생각하지만, 허셜 경은 그보다 훨씬 긴 시간이 지났으리라 생각합니다.[49]

인쇄소에서 갓 나온 라이엘의 《Principles of Geology》는 찰스 다윈이 탑승한 비글호의 작은 도서관에 있었다. 다윈은 라이엘의 열렬한 추종자가 됐으며, 이는 지질학뿐만 아니라 라이엘이 열어놓은 과거의 아득한 시간까지 포함해서였다.[50]

1915년 아일랜드 지질학자 존 졸리John Joly는 다음과 같은 글을 남겼다.

"지구의 공전 반지름이 우주의 광대한 크기를 알리는 척도인 것처럼, 지질학적 연대는 우주의 까마득한 시간을 나타내는 척도로 작용한다."[51]

졸리는 바다의 염분이 현재 농도까지 축적되는 데 필요한 시간을 연구해 지구의 나이를 약 1억 년으로 추정했다. 염분으로 지구 나이를 추정하는 것은 1715년 에드먼드 핼리가 처음 제안한 아이디어로, 그는 "아마도 지구는 지금까지 많은 사람이 상상한 나이보다 훨씬 오래됐다고 밝혀질 것"이라고 예견했다.[52]

19세기 후반 물리학자는 지질학자가 주장하는 시간의 무한한 연장을 인정하는 데 어려움을 겪었다. 켈빈 경Lord Kelvin은 태양 에너지가 중력에서만 유래한다면 '지금 우리에게 알려지지 않은 에너지원이 거대한 창고에 준비돼 있지 않은 한' 태양의 나이는 2,000만 년을 초과할 수 없다며 단호하게 주장했다.[53]

그런데 20세기 초 방사능이 발견된 후 지질학자는 납과 우라늄의 비율을 측정해 암석의 나이를 추정할 수 있었고, 그 결과 10억 년이 넘는 추정치가 도출됐다. 천문학자인 조지 다윈George Darwin은 태양 성분 중에 방사성 원소가 소량 존재해도 그 열이 태양을 수억 년간 유지할 수 있음을 입증하면서 이 견해를 뒷받침했다.[54] 오늘날 우리가 아는 약 50억 년이라는 태양의 나이가 도출된 시점은, 1930년대에 태양열이 열핵융합 반응에서 유래한다고 밝혀진 이후다.

우주는 태양보다 훨씬 오래됐다. 베셀이 별의 시차 현상을 발견하기 전에는 별까지의 거리를 거의 상상할 수 없었듯이, 우주의 나이도 라플라스의 악마에게 고정밀 데이터가 공급되기 전에는 결정되지 않았다.

1992년 빅뱅에서 방출된 빛의 잔해가 처음 관측된 뒤, 모든 것이 시작되고 불과 38만 년이 지난 당시 아기 우주의 스냅사진이 라플라스의 악마에게 제공됐다. 이 악마는 빅뱅 이후의 에너지 분포가 완벽하게 반영된 라플라스-가우스 종 모양 곡선을 분석하며, 우주 팽창 이후 지금까지 시간순으로 별의 점화, 은하의 형성, 우주에 배열된 천체의 통계적 분포가 어떻게 변화했는지 예측했다. 그 결과 우주가 얼마나 오래됐는지 매우 정밀하게 추정됐다. 우주의 나이는 138억 년이고 오차 범위는 ±300만 년이며, 이는 지구 나이의 오차 범위보다 10배 더 정확한 수치다.

이처럼 악마의 힘을 지닌 우주론자는 과거에 누구도 상상할 수 없었을 만큼 어마어마하게 오래된 우주를 우리에게 선사했다.

다시 태어난 악마

데이터와 통계 분석과 연산 능력의 융합을 통해, 라플라스의 악마는 가속기 내부 입자의 순간적 충돌과 은하의 형성을 아우르는 시간 규모에 걸쳐 아원자 입자부터 외부은하까지 다양한 현상을 조사하고 예측할 수 있게 됐다.

이 악마는 과거에 이뤄진 관측을 바탕으로 천체 위치를 예측하는 수준을 뛰어넘어, 이전에 볼 수 없었던 것을 예측하는 어려운 문제로 넘어간 것이다. 1846년 프랑스 천문학자 위르뱅 르 베리에 Urbain Le Verrier는 천왕성 궤도의 섭동을 분석하고, 과학적 계산을 통해 새로운 행성인 해왕성을 발견했다. 또한 일식 기간에 발생하는 태양 주위 별들의 겉보기 위치 변화는 1915년 알베르트 아인슈타인이 일반상대성이론을 바탕으로 계산하고, 1919년 아서 에딩턴 Arthur Eddington이 검증했다. 아인슈타인이 마찬가지로 예측한 중력파의 존재, 즉 빛의 속도로 이동하는 시공간 구조의 섭동은 검증하는 데 한 세기가 소요됐다.

악마가 천문학에서 거둔 성공에 용기를 받은 19세기 초 물리학자들은 시스템의 동적 변화, 이를테면 태양 주위를 공전하는 행성, 바이올린 줄의 당김, 금속 막대를 타고 확산하는 열 등을 설명하는 미분방정식을 풀면서 현재 상태를 과거 또는 미래로 전환하는 데 익숙해졌다. 볼츠만과 맥스웰은 악마에게 동일한 입자로 이뤄진 대규모 입자 집단의 평균 성질을 탐구하도록 가르쳤다. 예컨대 피스톤으로 압축된 공기의 온도와 압력을 계산하기 위해 각 원자의 세부 궤적을 추적할 필요는 없었다.

20세기 초 양자역학은 악마에게 새로운 속임수를 쓰도록 강요했다. 원자 수준에서는 확률이 확실성을 대체했고, 베르너 하이젠베르크 Werner Heisenberg의 불확실성 원리 영향으로 악마는 원하는 모든 데이터를 얻지 못했다.

양자 세계에서 입자 위치에 관한 지식은 입자 속도(더욱 정확하게는 운동량)에 관한 무지로 이어지며 그 반대의 경우도 마찬가지이므로, 악마는 위치와 속도를 동시에 확신할 수 없다. 그럼에도 악마는 가능한 모든 측정 결과의 확률을 예측하는 방법을 익혔고, 수십 년 만에 인간이 경험하지 못한 아원자 세계의 구조를 깊이 이해하게 됐다. 이는 라플라스의 원대한 꿈을 넘어서는 결과였다.

악마는 자신이 아는 한 가지 언어인 수학에 집중했다. 갈릴레오는 수학이 자연의 언어라고 설명한 최초의 인물로, 이 언어의 글자는 "삼각형, 원, 기타 기하학적 도형이며 이러한 도형이 없으면 인간은 자연의 언어를 한 단어도 이해할 수 없다"고 말했다.[55]

20세기 초 양자역학이 등장하자 갈릴레오의 말은 새로운 의미를 띠었다. 이제 아원자 입자의 거동은 수학적 모형 없이 이해할 수 없었다. 이론물리학자는 순수수학을 활용해 세계의 거동을 기술하는 새로운 모형을 구축하고, 악마에게 '수학적 필연성'이라는 예견력을 부여했다. 알베르트 아인슈타인은 에딩턴의 천문 관측을 통해 일반상대성이론이 틀렸다고 증명됐다면 어떻게 했을 것이냐는 질문에 "신을 불쌍히 여겼을 것이다. 일반상대성이론은 옳다"라고 받아쳤다.[56]

놀랍게도 물리학자의 순수수학에 대한 믿음은 열매를 맺었다. 수학에 대한 믿음으로 반물질의 존재를 추측하게 된 이론물리학자이자 노벨물리학상 수상자 폴 디랙Paul Dirac은 1931년 다음과 같은 글을 남겼다.

"한때 정신적 허구이자 논리적 사상가의 오락거리로 여겨졌던 비유클리드 기하학Non-euclidean geometry과 비가환 대수학non-commutative algebra은 이제 물리적 세계의 일반 사실을 설명하는 데 꼭 필요한 것으로 밝혀졌다."[57]

수학이 현실 세계에서 일어나는 자연 현상을 기괴할 만큼 정확하게 묘사하는 이유는 무엇일까? 어떻게 사과는 2차 미분방정식으로 계산된 박자에 맞춰 정확히 떨어지는 것일까? 이론물리학자 유진 위그너Eugene Wigner의 말처럼 '자연 과학에서 수학의 비합리적 효과'가 거듭 증명됐음에도, 위의 질문에 대한 답은 여전히 나오지 않았다.[58]

21세기의 두 번째 10년이 시작되자, 라플라스의 악마는 한 번더 놀라운 변화를 겪었다. 인터넷의 확산과 모바일 기기의 보편화는 기계 학습의 알고리즘과 연산 능력을 동시에 발전시키고, 악마의 능력과 적용 영역을 확장했다. 2008년 기술 저널리스트이자 기업가인 크리스 앤더슨Chris Anderson의 기사 내용은 많은 논쟁을 불러일으켰다. "방대한 데이터와 이를 분석할 수 있는 통계 도구가 새롭게 등장하면서 세상을 이해하는 혁신적인 방식이 등장했다. 이제가설 설정, 모형 구축, 검증으로 이어지는 과학적 접근 방식은 쓸모가 없어지고 있다."[59]

인공지능은 오늘날 어디에나 존재하며, 불과 10년 전만 해도 상상할 수 없었던 능력을 발휘하고 있다. 챗GPTChatGPT 같이 인간처럼 말하는 컴퓨터 프로그램 챗봇chatbot과의 유창한 대화부터 자연어natural language 설명으로 진행되는 주문형 작품 제작, 음성인식, 자율주행에 이르기까지 인공지능은 우리 삶의 모든 면을 빠르게 변화시키며, 심지어 기술 시대에 인간이라는 의미를 재정의하고 있다. 몇 몇 사람들은 이 최신형 악마가 초인적인 힘을 갖게 될 순간을 두려워하는데, 그 힘은 한때 인류가 경외한 신이었던 별에서 내려온 악마의 기술이다.

푸앵카레는 "천문학은 우리에게 자연을 이해할 수 있는 영혼을 줬다"라고 썼고, 라플라스의 악마는 그런 자연에 대한 이해를 예견과 행동으로 옮겼다.[60] 그런데 악마의 힘은 물질적인 외부 세계에만 작용한 것이 아니었다. 갈릴레오가 고안한 최초의 원시적 칸노키알레에서 제임스 웹 우주망원경의 적외선을 감지하는 눈에 이르기까지, 별들 사이에서 진화한 라플라스의 악마가 제시하는 새로운 현실 및 인류에 관한 전망으로 인류는 내면에서부터 변화했다.

정량적인 과학의 세계를 뒤로하면, 보름달 빛이 우리의 또 다른 면과 다시 연결을 이루기 위해 우리를 유혹한다.

불을 지키는 자

들소 수색자가 지쳐서 앉아 있던 돌 위로 쓰러지자, 양치기는 불을 지키는 자Fire-Keeper가 웅크리고 있는 곳으로 가서 말했다.

"불을 지키는 자여, 그대 덕분에 동굴이 따뜻해지고 어둠이 동굴 입구에서 멈췄다. 우리가 불을 어떻게 돌보는지 기억하라!"

불을 지키는 자가 부지깽이를 내려놓고 이야기를 시작했다.

불과 번개는 하나지만, 번개가 더 순수하다. 불은 번개가 준 선물이며, 우리는 불을 잘 받들어야 불과 친구가 될 수 있다.

불은 고기를 익히고, 추위를 막아준다. 또 늑대에게 겁을 주고, 가죽을 그을리고, 모피를 말린다. 어둠 속에서 길을 안내하고, 나무 진액을 뿌리면 맹렬히 타오른다. 불은 우리와 함께 여행하며 불씨 속에서 잠을 자다가, 우리가 마른 나뭇잎을 갖다 대고 입김을 부드럽게 불면 다시 일어날 준비를 한다. 불은 기억 의식 중에 구름을 소환한다. 나는 불이 베푸는 선물을 관리하고 불의 노여움을 달래는 방법을 기억한다.

어둠 속에서 내리치는 번개처럼, 불은 내면에서 어둠을 끌어낸다. 불이 밝게 타오르면 타오를수록 어둠은 깊어진다. 그 어둠은 우리의 내면에 있으며 불이 타오를 때는 보이지 않는다. 우리는 이를 '그림자'라고 부른다.

그림자는 지금 동굴 벽에서, 우리 뒤에서 춤을 추기 위해 일어선다. 하지만 우리는 두려워하지 않는다. 그림자가 동굴 바깥의 심원한 어둠에서 떨어져 나온 일부라는 것을 알기 때문이다.

나는 그림자를 이용하는 방법을 기억한다! 그림자가 우리에게 가르쳐주는 것을 보라!

불을 지키는 자는 모닥불에서 불이 붙은 막대기를 그러모았다. 그리고 두 개의 커다란 바위 사이에 불이 타오르는 막대기를 꽂고, 그 주위를 돌며 그림자를 손에서 떼어냈다. 그림자는 동굴 벽에서 흔들리더니 매머드 모양으로 변해 느리고 힘차게 나무를 우적우적 씹었다. 우리는 오랫동안 매머드의 사냥을 지켜봤고, 나는 사냥의 전율을 온몸으로 느꼈다.

마침내 그림자에서 우리 중 한 명의 형상이 떠올랐다. 창을 들고 겁도 없이 달려드는 걸 보니, 분명 창 던지는 자였다. 창 던지는 자는 매머드 뒤로 달려들어 매머드가 쓰러질 때까지 창을 휘두른 끝에 승리했다. 그가 매머드 위에 올라타 춤을 추던 중 그림자가 흔들리더니 사라졌다. 불이 타오르던 막대기에서 연기가 피어올랐다. 불은 사라졌다.

불을 지키는 자가 말했다.

"그림자에서 알아내자! 불이 어둠의 일부를 떼어내 우리에게 줬으니, 그 어둠의 일부는 앞으로 일어날 일을 우리에게 가르쳐줄 것이다! 매머드는 정복될 것이다!"

우리는 포효했다. 불은 거짓말을 하지 않았고, 우리는 다가올 사냥 준비를 마쳤다고 느꼈다. 양치기가 다시 일어나 말했다.

"안개를 잡는 자Mist-Catcher여, 불 다음으로 얼음을 기억하게 하라. 이름 짓기에 대해 이야기하라!"

안개를 잡는 자가 일어나 이야기를 시작했다.

9

✦

우리 자신을 비추는 거울

하지만 이러한 것들이 진실이라고 일단 받아들이면,
심각한 의문에 직면하게 된다.
우리는 별과 무슨 관련이 있는 걸까?

– 칼 구스타프 융Carl Gustav Jung

태양 숭배자

나는 경사면을 따라 내려가기 시작한 순간 넋을 잃었다. 20년이 지난 지금도 나의 두 다리가 저절로 움직여 거대한 전시장의 끝을 향해 걸어가던 그 순간이 생생히 떠오른다. 전시장의 벽 쪽에 걸쳐진 공중 통로를 가득 메운 사람들의 실루엣은 마치 우주여행을 떠나면서 작별인사를 나누는 승객 같았다.

다리 건너편에 도착하자 빛나는 거대한 원반이 높이 솟아 있었다. 근처에서 한 소녀가 원반을 가리키며 외쳤다. "아빠, 저거 봐요, 태양이에요!" 그곳의 사람들은 꿈을 꾸듯 넋을 잃은 채 태양을 향해 걸어갔다. 그리고는 깍지 낀 손으로 머리를 받치고 위를 바라봤다. 5층 높이의 천장 거울에서 깊이를 가늠할 수 없는 주황색 안개 위에 떠 있는 내 모습이 보였다. 주황색 안개는 그 공간을 다른 행성으로 변모시켰다. 태양은 움직이지 않았고, 시간은 흐르지 않았다. 나는 전시장 바닥에 앉아 열기가 없는 영원한 석양을 바라보았다.

2003년 아이슬란드계 덴마크 예술가 올라퍼 엘리아슨Olafur Eliasson은 런던 테이트 모던 미술관에서 거대한 터바인홀을 탁월하게 활용해 예술 작품을 전시했다. 그는 벽돌, 산업용 콘크리트, 강철로 이뤄진 드넓은 터바인홀에 배경 조명으로 단색 램프 200개가 장착된 15미터 크기의 반원형 인공 태양을 설치해 몽환적인 빛을 발산하게 했다. 전체가 거울로 이뤄진 천장은 반원형 인공 태양이 마치 완전한 원 모양인 듯한 착각을 불러일으키고, 천장에 비친 모습을 바라볼 수 있는 기회를 관람객에게 제공했다.

작품의 제목은 〈날씨 프로젝트The Weather Project〉로, 표면적으로는 기상 현상을 실내에서 인위적으로 제어하며 시뮬레이션하는 데 초점을 맞췄다. 그런데 5개월 동안 200만 명이 넘는 관람객이 경험한 작품의 힘은 단연 '태양' 그 자체에서 나왔다. 엘리아슨은 태양의 상징적인 힘을 화려하게 부활시켰다. 테이트 모던 미술관을 방문한 관람객들은 이 작품에 포함된 독창적 기술을 통해 수천 년간 인류의 정신에 스며든 원초적이고 신비로운 느낌에 직면했다.

엘리아슨의 설치 작품은 인류가 존재의 의미를 탐구하는 여정에서 태양이 어떤 역할을 했는지 이야기한다. 이를 바탕으로 우리는 인간의 기술, 인간이 탐구하고 소통하고 시간을 측정하고 삶을 조직하는 방식, 그뿐만 아니라 인간 존재를 지지하는 토대인 인간의 집단정신을 별들이 어떻게 형성했는지 질문하게 된다.

인류의 선조가 일식과 혜성에 부여한 의미, 별자리와 별에 얽힌 이야기, 행성에 부여된 신성한 힘, 달에서 발견되는 죽음과 재생의 순환을 통해 우리가 이미 마주했던 모든 상징성은 과학 혁명과 함께 사라지지 않았다. 오히려 더 깊은 골짜기, 탐구가 덜 이뤄진 내면의 공간으로 밀려났다.

이번 장에서는 하늘이 우리 영혼에 미치는 영향을 살펴보자.

무적의 태양신

이탈리아 티마보강에서 몇 킬로미터 떨어진 천연 동굴에는 미트라Mithra를 숭배한 고대 종교의 흔적이 남아 있다. 미트라는 로마 제국의 혼란스러운 쇠퇴기에 널리 숭배된 태양신이다. 로마 군단 사이에서 미트라가 행사한 지배력은, 기원후 69년 로마 내전 당시 베스파시아누스가 결정적인 승리를 거둔 이야기에서 확인할 수 있다.

베스파시아누스의 군대와 비텔리우스의 군대는 야간 전투 중이었고, 어느덧 새벽이 밝았다. 미트라 숭배자였던 베스파시아누스 군대는 전투 도중 동쪽을 바라보며 떠오르는 태양을 향해 힘찬 환호와 경례를 보냈다. 이 영향은 즉각적이고 결정적이었다. 비텔리우스의 군대는 적군의 행동이 지원군을 반기는 것이라 착각하고 도망쳤다. 전쟁에서 승리한 베스파시아누스는 로마 황제로 선언되고 알렉산드리아에 머무는 동안 파라오로 환영받았으며, 따라서 이집트 태양신 라의 아들로 선포됐다.[1]

서기 274년 미트라 숭배는 아우렐리아누스 황제에게 공식 승인을 받았다. 아우렐리아누스 황제의 어머니는 마을의 태양 신전에서 여사제로 일했고, 황제 자신도 아우셀ausel, 태양을 숭배하는 가문의 후손이었으며, 이 가문은 당시 아우셀리Auselii라고 불렸다(이후 아우 렐리Aurelii로 바뀌었다).

로망스어군의 단어 아우레오aureo, 황금와 금의 원소기호 Au의 어원은 아우셀이다. 금의 화려한 외관은 태양의 밝은 빛을 연상시 키며, 이는 고대부터 금속을 소중히 여겨온 이유다. 또한 금을 지칭 하는 이탈리아 단어 '오로oro'는 고대 태양신과 관련이 있다. 제프리 초서Geoffrey Chaucer가 저술한 《캔터베리 이야기 The Canterbury Tales》에서 대성당 참사회원의 종자는 스승의 연금술 연구를 설명하며 "태양은 금이요, 달은 은이라고 말한다"라고 언급한다.[2]

아우렐리아누스 황제와 그의 후계자들이 공식적으로 승인한 결과, 솔 인빅투스Sol Invictus, 무적의 태양신 숭배가 로마인들을 장악했다. 현재는 미트라와 완전히 동일시되고 있는데, 서기 3세기에 이르러 미트라교와 기독교는 많은 신앙을 공유했고, 교회의 교부를 불편하 게 할 만큼 놀랍도록 유사한 의식을 치렀다. 4세기 중반, 무적의 태 양신이 힘을 되찾아 세상에 생명력을 다시 부여한다는 12월 25일 동짓날에 미트라교는 성대한 기념식을 거행하며 로마 제국 시민의 영혼을 차지하기 위한 전투에서 승리하고 있었다.

미트라교에 불리한 흐름이 전개된 계기는, 콘스탄티누스 황제 가 기독교로 개종하고 서기 313년 밀라노 칙령으로 기독교를 공인 한 이후부터다. 4세기 후반 기독교는 태양을 순수한 상징으로 승화 하는 작업을 완료했다. 성 아우구스티누스는 성탄절 설교에서 예수 와 돌아오는 빛의 유사성을 설명하며, 태양의 상징이 아닌 실제 태양을 숭배하는 이교도의 실수를 피하라고 경고했다.

> 온 세상을 밤의 어둠으로 뒤덮은 불신앙은 신앙의 증가로 줄어
> 들어야 했고, 따라서 우리 주 예수 그리스도의 탄생일에는 밤이
> 짧아지고 낮이 길어지기 시작했다. 그러니 나의 형제여, 물질적
> 태양을 위해 불신자처럼 행동하지 말고 태양을 만드신 분을 위
> 해 이날을 거룩하게 지키자. 이제 그분은 참된 정의의 태양을 보
> 지 못하는 사람들이 신으로 숭배하는 태양 위에 계신다.[3]

태양의 신학적 중심성은, 니콜라우스 코페르니쿠스와 갈릴레
오 갈릴레이가 태양계에서 태양이 지닌 물리적 중심성을 주장했을
때는 별 도움이 되지 않았다. 하지만 다음에 촛불, 반짝이는 색색의
조명으로 성탄절을 장식할 때는 이날이 다른 종류의 빛을 기념하는
날이었다는 사실을 기억하자. 크리스마스트리의 기원으로는, 마르
틴 루터 Martin Luther가 밤에 눈 덮인 전나무 숲을 걷다가 반짝이는 하
늘의 아름다움에 감탄해 가족을 위해 재현했다는 이야기가 있다.
이 이야기는 영원히 지속되는 신화적 힘이 깃든 전설이다.[4]

종교의 태양과 관련된 상징은 권력을 부여하는 데에도 영향을
미쳤다. 많은 문화권에서 통치자는 최고 태양신의 직계 후손이자,
권력과 권위를 부여받은 후계자로 여겨졌다. 잉카의 왕은 '태양, 나
의 아버지'라고 불렸으며, 아즈텍 사람들은 스스로를 '태양의 민족'
이라고 일컬었다. 18세기 프랑스의 태양왕 루이 14세는 태양을 자
신의 상징으로 삼아 "짐이 곧 국가다"라고 말했다. 태양왕의 명령

에 따라 건축된 루브르 박물관의 동쪽 전면부에는 기둥들이 웅장하게 줄지어 있는데, 이 또한 로마의 태양신 아폴론 신전을 묘사한 오비디우스의 작품에서 영감을 받았다고 전해진다.[5]

앞서 살펴봤듯, 태양의 광채는 달에 가려 사라질 수 있다. 그런데 상징의 세계에서는 그와 반대되는 엄폐 현상이 목격됐는데, 초기에 달이 점한 우위를 태양에게 빼앗겼기 때문이다. 역사학자와 고고학자의 장비는 이번 탐구에 더 이상 충분하지 않다. 이제 정신분석학자의 도움을 받아야 할 차례다.

달에 맹세하지 않는다

나의 사무실 벽에는 딸 에마가 9살 때 그린 그림이 걸려 있다. 그림 속 왼쪽의 초승달은 오른쪽을 향하고 있으며, 태양과 합쳐져 둥근 형태가 된다. 태양이 쓴 왕관은 노란색과 주황색, 빨간색 광선을 뿜으며 찬란하게 빛난다. 하늘에는 뾰족뾰족한 별과 고리 모양 행성, 그리고 나선 은하가 가득하다.

방문객들은 그림에 대해 언급하지 않지만, 그들의 시선을 보면 이 장면이 마음 깊숙한 곳을 끌어당긴다는 걸 알 수 있다. 나와 방문객들은 과학자인 까닭에 능숙히 사용할 수 있는 유일한 상징이 미적분학에서 적분, 대수학에서 직합 등을 나타내는 기호다. 하지만 우리는 직합 기호인 원에 포위된 십자가가 태양을 상징한 고대 그림 문자에서 유래하며, 태양이 타고 다닌다고 여겨진 전차 바퀴 모양에서 차용됐다는 점은 알지 못한다.

스위스 심리학자 칼 구스타프 융은 정신분석학에서 새로운 분야를 개척하며 '집단 무의식' 개념을 도입했다. 집단 무의식은 고대의 원초적 상징인 '원형'으로 구성돼 있으며, 개별적으로 발달하기보다 대를 이어 유전된다.[6] 융은 아이들이 '집단 무의식에 뿌리를 두고 있다'고 생각했고, 시인 윌리엄 예이츠William Yeats는 이를 '대대로 전해 내려오는 위대한 기억'이라 언급했다.[7]

아마도 에마의 그림은 사람들이 공유하는 깊고 어두운 집단 무의식에서 연상association을 끄집어냈을 것이다.

4장에서 봤듯, 달이 차오르고 지는 주기는 단순한 낮과 밤의 교차를 넘어서 시간 측정까지 영향력을 확장했다. 그런데 중요한 것은 달의 위상이 반복되는 생명의 주기, 보편적 생성 법칙, 인간의 탄생·성장·노화·죽음이라는 피할 수 없는 수레바퀴와 관련이 있으며, 이는 모두 근본적으로 융의 원형에 해당한다는 점이었다.

새로운 달이 뜨기 전에 매달 3일간 달이 사라지는 현상은 흔히 진정한 죽음으로 여겨졌고, 마법 의식이나 춤, 기도, 희생 덕분에 달은 부활할 수 있었으며, 부활의 성공 여부에 지구상 모든 생물의 생명이 달려 있었다. 페루 잉카인은 "달님이시여, 우리 모두 죽지 않도록 죽지 마소서"라고 기도했다.[8] 그래서 은빛 초승달이 모습을 드러내면 거대한 안도의 물결이 부족을 휩쓸었다. 또한 아메리카 원주민은 원을 그리며 춤을 추고, 하늘에 손을 뻗고 구호를 외치며 달이 다시 떠오르도록 도왔다.

어둠에서 주기적으로 부활하는 달은 인간에게도 비슷한 운명을 약속했다. 캘리포니아 원주민 부족은 "달이 죽고 다시 살아나듯, 우리도 죽으면 다시 살아날 것이다."[9]라고 기도했다.

달이 죽었다고 여겨지는 3일은 예수의 죽음과 부활 사이의 시간과 일치하며, 이는 선지자 요나Jonah가 '고래 뱃속에 3일 동안 갇힌 것'으로 예언됐다.[10]

그런데 역사의 어느 시점에 달 중심의 종교 세계관은 태양 중심으로 변화하기 시작했다. 어쩌면 이집트인의 태양신 라에 대한 집착으로 흐름이 바뀌었는지도 모른다. 거대한 라의 신전이 있던 도시를 이집트인은 파라Pa Ra, 라의 집, 그리스인은 헬리오폴리스Heliopolis, 태양의 도시라고 불렀다.[11]

달의 지위를 강등시킨 것은 다음과 같은 깨달음이었을 수도 있다. 고대 그리스 철학자 아낙사고라스Anaxagoras는 기원전 5세기에 '달에 밝기를 더하는 것은 태양'이라는 글을 남겼다.[12] 또한 플라톤은 《국가론Republic》에서 유명한 동굴의 비유를 들어, 태양은 빛의 근원이자 진리의 샘이라고 설명했다.

달의 지위 하락은 아리스토텔레스가 타락할 수 있는 지상 세계와 하늘의 신성한 영역 사이에 명확한 경계선을 그은 것으로 확정됐는지도 모른다. 그는 지상 세계에 달을 포함시켰다.

키케로는 다음과 같이 요약했다.

"달 아래에는 신의 은총으로 인간에게 주어진 영혼을 제외하면 없어질 것들만 존재하지만, 달 위에는 모든 것이 영원하다."[13]

기독교에서는 예수를 무적의 태양신과 연관시켜 '정의의 태양' 또는 '의Righteousness의 태양'이라 은유하며, 자연스럽게 달의 신화적 속성은 성모 마리아가 이어받았을 것이다. 성모 마리아는 요한계시록에 등장하는 '해 옷을 입고 달을 발밑에 밟고 열두 별이 박힌 면류관을 머리에 쓴' 여인으로 묘사된다.[14] 5세기부터 성모 마리아는 보호자를 상징하는 '바다의 별stella maris'이라는 호칭을 얻었으며, 이는 이전 종교에 등장하는 달의 여신들이 지닌 속성과 유사하다.

달은 서구 세계에서 여성적 원리를 상징했는데, 광범위한 생명 주기의 일부로서 정신적 성숙과 여성 생식 능력, 아기의 건강을 늘 지배하기 때문이다. 반면 태양은 남성적 영웅으로 내면화됐다.

융에 따르면, 외부 세계에서 태양이 뜨고 지는 현상을 관찰하는 일은 '곧 정신 세계와 관련된 일이었다. 궤도를 따라 움직이는 태양은 궁극적으로 인간의 영혼에만 거주하는 신이나 영웅의 운명을 상징하기 때문이었다.'[15]

태양의 순수하고 찬란한 힘은 루이 14세 같은 남성 왕들의 전유물이 됐고, 달은 가부장제의 공격을 받으며 나약함의 대명사가 됐다. 인간 언어에서 달의 주기라는 표현은 한때 생명 본질을 의미하는 신성한 표현으로 여겨졌지만, 이제는 변덕스러움을 의미하는 표현으로 전락했다.

오, 둥근 궤도 안에서 한 달 내내 모습을 바꾸는
지조 없는 달에게 맹세하지는 마세요.
당신의 사랑도 달처럼 바뀌지 않도록.

이는 윌리엄 셰익스피어의 비극에서 줄리엣이 연인 로미오에게 간청하는 대사다. 오늘날 단어 lunacy는 간간이 표출되는 어리석음을, being moonstruck은 특히 사랑에 빠졌을 때 나타나는 어리석음을 뜻한다. Moonshine은 헛소리를, to moon about은 허황된 꿈만 꾸고 행동하지 않는 것을 의미한다. 이탈리아어로 la luna storta기울어진 달를 가진 사람은 짜증 나고 못마땅한 상태. '부, 성공, 행운'을 의미하는 게일어 단어 rath의 어원이 '보름달'이었음을 고려하면, 달의 상징적 가치는 얼마나 하락했는가![16]

태양=남성, 달=여성이라는 가부장적 이분법은 역사와 문화 전반에 걸쳐 나타나는 폭넓은 다양성을 간과한다. 예컨대 일부 설화에서 태양의 여신과 달의 신이 등장하는 전통이 있으며(일부 마오리족에게 달은 '모든 여자의 남편이다'), 때때로 이 둘은 부부로 묘사된다.

또한 일부 신화에서 달은 태양의 어머니이고(아메리카 원주민 호피족 신화), 태양은 남성인 달의 여자 형제다(북유럽 신화). 달은 차오르는 동안 남성이다가 기우는 동안 여성이 되기도 하며(인도양 북동부 안다만 제도의 부족 신화), 보름달일 때 두 소년의 어머니가 되기도 한다(나바호족 신화). 플라톤의 《향연Symposium》에서처럼, 달은 '양쪽 성별의 특성을 가진다'라고 여겨지는 경우도 있었다.

민속학 전문가들은 20세기 후반까지만 해도 달이 '전 세계 민속 신앙과 관습에 미치는 영향력에서 그 어느 것에도 뒤지지 않았다'고 인정했다.

위대한 기억

    지구, 하늘, 자연의 다양한 측면과 마찬가지로 달과 태양은 천문학적 본질을 초월해 인간 종의 의식을 담는 그릇이 됐다. 이러한 현상을 심리치료사는 '투사projection'라고 부르고, 융은 다음과 같이 설명한다.

    "신화 속의 여름과 겨울, 달의 위상, 우기 등 자연 현상은 물리적으로 일어나는 그러한 현상을 비유하는 것이 아니다. 신화 속 자연 현상은 오히려 투사를 통해 인간 내면에서 일어나는 정신의 내적·무의식적 드라마를 상징적으로 표현한 것이다. 즉, 자연의 사건에 반영된 인간 내면이다."[17]

    태양과 달이 보이지 않는 세상에서는 인류의 집단정신이 지금과 얼마나 달랐을까! 만약 태양이 지평선 위에 영구적으로 떠 있는 거대한 적색 원반이었다면, 지구가 적색 왜성red dwarf의 근접 궤도를 공전하면서 중력에 의해 지구의 적색 왜성 공전 주기와 지구의 자전 주기가 동기화됐다면*, 태양은 지금과 같은 힘을 발휘할 수 있었을까? 지구가 화성처럼 감자 모양의 울퉁불퉁한 달 2개가 뜨는 환경이었다면, 인간의 죽음과 부활에 대한 믿음은 어떻게 달라졌을까?

    랠프 월도 에머슨은 별이 신성한 감각을 배양하는 데 필수적이라고 생각했다.

---

* 이는 '조석 고정(Tidal locking)'을 의미하며, 이렇게 되면 지구의 한쪽 반구는 낮이, 반대쪽 반구는 밤이 영원히 지속된다.

"별이 1,000년에 한 번, 단 하룻밤에만 나타난다고 상상해보라. 사람들은 얼마나 별을 숭배할 것이며, 이렇게 드러난 신의 도시에 대한 기억을 잊지 않으려 여러 세대에 걸쳐 얼마나 애쓸 것인가! 하지만 그 아름다움의 사절은 매일 밤 나타나 훈계의 미소로 우주를 밝힌다."[18]

별이 보이지 않는 세계에 사는 외계 종족의 심리적 구성은 쉽게 상상할 수 없다. 이는 근본적으로 다른 진화적 압력evolutionary pressure을 받는 행성에 사는 외계 종족의 신체 형태를 예측할 수 없는 것과 마찬가지다. 그런데 융의 주장이 옳고, 진화로 형성되는 정신의 심리 작용이 보편적이라면(큰 전제다!), 칼리고인의 집단 무의식에는 인간을 인간답게 만드는 결정적 요소가 부족할 것이다.

별에 이끌리다

수천 년 동안 사람들 대부분은 별이 인간의 일에 상징적 존재를 넘어서는 역할을 한다고 믿었다. 점성술은 천체의 위치와 상호 관계, 주기가 인간 성격을 결정하고 운명에 영향을 미친다는 신념 체계다. 현대 과학은 점성술을 무의미한 관행으로 여긴다. 하지만 별이 인간의 행동을 적극적으로 조종하지는 않았더라도, 별의 영향에 대한 인간의 믿음은 분명 인간 행동에 영향을 미쳤다.

점성술에서 특히 중요한 것은 하늘에서 태양이 지나가는 경로인 '황도'를 중심으로 형성된 띠에 분포한 별자리 12개다. 양자리,

황소자리, 쌍둥이자리, 게자리, 사자자리, 처녀자리, 천칭자리, 전갈자리, 궁수자리, 염소자리, 물병자리, 물고기자리. 이들이 모여서 우리에게 친숙한 황도12궁을 형성하고, 4가지 원소(물, 공기, 불, 흙)를 기준으로 분류돼 각 원소의 특성을 이어받는다. 각 행성도 저마다 고유한 기질을 지니며 황도 근처를 이동하는 동안 별자리 성질에 영향을 받아 점성술적 의미가 변화한다.

지구 관점에서 볼 때(점성술은 엄격히 지구 중심적 관점을 취한다) 행성들은 황도 주위로 지나가는 사이에 황도대 별자리와 기하학적 관계를 맺으며 상징적 패턴을 생성한다. 점성술사는 행성의 양상과 그외 다양한 요소(황도12궁, 황도와 달 궤도의 교차점, 행성 통과 시점 등)를 조합해 사람의 운명을 해석하고, 미래를 예측하고, 특정 활동의 최적 시점을 점치며, 역사상 일정 시기를 분석한다.

점성술이 물리적 우주와 거의 관련이 없다는 것은 분명하다. 별자리 12개는 황도에서 제각각 정확히 30도씩 차지하지만, 각 별자리의 실제 크기는 서로 달라서 그와 일치하지 않기 때문이다. 이를테면 전갈자리는 7도, 처녀자리는 45도를 차지한다.

서양 점성술은 춘분점의 세차운동도 무시한다. 춘분 때 태양의 위치를 가리키는 일명 '양자리의 첫 번째 점first point of Aries'은 프톨레마이오스가 황도대를 체계화한 2,000년 전에는 양자리에 있었지만, 세차운동의 영향으로 서쪽을 향해 약 30도 이동해 현재는 물고기자리 안에 있다. 하지만 황도대는 움직이지 않으므로, 3월 21일은 태양이 물고기자리에 있음에도 '양자리의 첫 번째 점'으로 남아 있다(그리고 앞으로 수백 년 뒤에는 물병자리에 있을 것이다). 즉, 여러분이 탄생한 당시 태양이 위치했으리라 추정되는 별자리인 여러분의 탄생 별자리는 천문학적 사건이 아닌 점성술적 관행이다.

오랫동안 정교한 예언 도구로 여겨진 점성술은 혼자서 천문 현상과 행성 위치를 예측하고 점성술 도표를 계산하는 지식인들이 치열하게 수호한 지식으로 뒷받침됐다. 융은 점성술을 '첫 번째 형태의 심리학'이라 부르며 "과거 사람들은 심리적 동기에 끌린다고 하는 대신 별에 끌린다고 말했다."[19]고 설명했다.

점성술사는 후기 로마 제국부터 큰 인기를 끌었다. 로마 황제들은 일상적으로 잠재적 경쟁자의 천궁도를 작성하고, 별이 위협적이라고 지목한 이들을 제거했다. '황제의 천궁도'를 타고나는 것은 로마에서 단명하는 확실한 방법이었다.[20]

점성술사는 중국에서 더욱 강력한 영향력을 행사했는데, 중국인들은 수천 년 동안 거시 우주macrocosm와 미시 우주microcosm가 대응 관계에 놓였다고 믿으며 하늘과 사회를 조화시키는 수단으로 점성술을 활용했기 때문이다. 점성술은 미래를 기록하고 현재를 통제하는 도구로서 국가에 의해 엄격히 규제됐다.[21]

권력의 배후에 개입하던 점성술사는 간혹 곤경에 빠졌다. 기원후 초반 300년 동안 로마에서는 점성술사를 대거 추방하라는 명령이 8번 넘게 내려졌는데, 황제의 적이 주요 정보를 얻지 못하도록 차단하기 위해서였다. 고대 로마 역사가 타키투스Tacitus는 점성술사를 다음과 같이 냉담하게 묘사했다.

"권력자에게는 가장 신뢰할 수 없는 종족이고, 야심가에게는 기만적인 종족이며, 우리 국가에서는 항상 금지된 동시에 존속할 종족이다."[22]

그런데 타키투스가 암묵적으로 인정했듯, 정치에서 점성술의 효과는 분명했다. 불길한 징조는 백성들 눈에 비치는 군주, 성직자, 통치자의 지위를 약화하고, 그들의 적을 대담하게 만들었다. 따라서 점성술은 자기 실현적 예언이 됐다. 2장에서 설명한 해럴드 고드윈슨과 노르망디의 윌리엄이 핼리 혜성을 목격하고 정반대로 반응한 것을 떠올려보라. 핼리 혜성을 두고 해럴드는 나쁜 징조로, 윌리엄은 미래에 성취할 영광의 징조로 받아들였다. 융은 이런 심리 상태가 전투에 나서는 잉글랜드의 왕 해럴드에게 불리하게 작용했다고 분석했다. 결국 해럴드는 돌아오지 못했다.

점성술사는 이미 4세기에 교회로부터 유죄를 선고받았지만, 교황조차도 혜성이나 일식 같은 파멸의 전조가 나타날 때면 점성술사에게 도움을 받았다. 1628년 교황 우르바노 8세는 12월 25일 일식이 불러오리라 예견된 자신의 죽음을 막기 위해, 이단자로서 유죄 판결을 받은 톰마소 캄파넬라에게 도움을 요청했다.

캄파넬라는 하얀 리넨과 나뭇가지로 장식된 방에서 교황과 함께 임박한 일식을 막는 태양계의 모습을 재현했다. 그는 촛불로 해와 달을 대신하고 횃불로 행성을 표현했다. 우르바노 8세가 로즈마리, 월계수, 은매화를 태우면서 캄파넬라가 제조해준 술을 마시는 동안, 부분일식이 로마 상공을 지나갔다. 천체의 위협은 사라졌고, 캄파넬라는 '신학의 대가'라는 칭호와 함께 자유를 얻었다.[23]

미신을 비웃고 싶은 독자들도 있겠지만, 이 내용은 당시 인간 정신에 하늘과 땅의 관계가 얼마나 깊이 뿌리박혀 있었는지 가르쳐준다. 결혼식 날짜, 임신과 출산, 부동산 매매, 밭 갈기까지 17세기에 점성술이 급격히 쇠퇴하기 전까지 크고 작은 수많은 결정이 점성술에 달려 있었다. 최근 역사에서도 점성술은 권력의 연결 고리에 종종 끼어들었다. 1981년 3월 로널드 레이건 대통령에 대한 암살 시도 이후, 영부인 낸시 레이건은 점성술사와 정기적으로 상담하며 남편의 일정을 검토하고 공개 행사에 알맞은 날을 택했다. 이러한 이야기가 알려졌을 때, 대통령은 "나는 점성술에 영향을 받아 결정을 내린 적이 없다"라고 단언했다.

소원해진 어머니

서구 세계에서 점성술사의 이름은 천문학 역사에 꾸준히 등장한다. 히파르코스, 프톨레마이오스, 레기오몬타누스, 갈릴레오, 튀코 브라헤, 요하네스 케플러는 모두 점성술사이기도 했는데, 이는 점성술 관행이 그들의 직무에 속했기 때문이다. 17세기 후반까지는 대개 한 사람이 천문학자와 점성술사 그리고 수학자 역할을 맡았으며, 그러한 사람을 마테마티쿠스mathematicus, 수학자라고 불렀다.

과학 혁명이 점성술에 큰 빚을 졌다는 사실은 간과되곤 하지만, 점성술 연구는 주요 과학적 혁신에 동기를 부여하거나 영감을 선사했다. 7장에서 살펴봤듯, 케플러는 점성술에 기반해 합 현상을 조사하던 중 태양계 구조에 대한 첫 번째 기하학적 통찰을 얻었다.

그에 앞서 코페르니쿠스는 1496년부터 1500년까지 볼로냐에서 법학을 공부하는 동안 천문학 교수 도메니코 마리아 노바라 Domenico Maria Novara와 함께 살았는데, 도메니코는 대학에서 매년 점성술적 예측을 발표하는 저명한 점성술사이기도 했다. 코페르니쿠스는 도메니코의 조수로 일했으며, 아마도 천문 관측과 점성술 도표를 작성하는 데 도움을 줬을 것이다.

갈릴레오는 파도바대학교에서 교수로 일하며 의대생에게 천궁도로 점치는 법을 가르쳤다. 이는 당시 의사들에게 필수적인 기술로, 그들은 천궁도에 의존해 사혈, 물약 섭취, 연고 바르기, 목욕하기 등에 가장 적합한 시기를 파악했다. 갈릴레오는 또한 가족과 친구, 후원자, 자신을 위해 예언했고, 점성술사로서 명성을 누렸다는 증거도 있다. 그는 딸들의 천궁도를 상세히 해석해 기록으로 남겼지만, 공교롭게도 본인의 천궁도에 관한 해석은 전혀 기록하지 않았다.[24]

가톨릭교회는 별자리가 운명을 정한다는 운명론적 점성술을 이단으로 간주했다. 성 아우구스티누스에 따르면 이러한 점성술은 신이 원하는 경우 직접 개입할 수 있는 힘을 제한하고, 인간이 저지른 죄를 신이 책임지도록 했기 때문이었다.[25] 다가올 일에 대한 선제 경고로서 1604년 종교재판소는 천체 결정론을 주장한 혐의로 갈릴레오를 조사했고, 이는 심각한 혐의이긴 했으나 이후 기각됐다.

아이작 뉴턴이 등장한 무렵 점성술은 인기가 추락했다. 뉴턴이 남긴 방대한 저술 가운데 천궁도에 관한 기록은 없다. 또한 그의 서재에 있던 1,700권이 넘는 책 중 점성술에 관한 책은 네 권뿐이었다. 그러나 점성술은 뉴턴에게 잠재적으로 결정적인 역할을 했다.

뉴턴은 케임브리지 트리니티칼리지에서 공부하던 1663년 여름, 박람회에서 '호기심'으로 점성술 책을 구입했다.[26]

하지만 삼각법을 전혀 몰랐던 그는 해독할 수 없는 도표에 좌절했다. 그래서 유클리드의 《Elements원론》와 르네 데카르트의 《Geometry기하학》로 눈을 돌렸고, 얼마 지나지 않아 독학으로 17세기 수학 지식의 경계에 도달했다. 독보적 존재가 된 뉴턴은 자신에게 필요한 새로운 수학을 발명했다. 훗날 뉴턴은 점성술을 다음과 같이 신랄하게 비판했다.

"과학으로 가장한 점성술의 허영과 공허함을 확신했다."[27]

점성술은 오늘날에도 여전히 인기가 많다. 위험하다고 생각하는 사람도 있지만, 별 너머로 물러난 세계에서도 신의 의미를 탐구하게 해준다는 점에서 점성술을 가치 있다고 여기는 사람들도 있다. 타키투스가 "인간의 본성은 신비를 믿고 싶어 한다"라고 결론지었을 때, 분명 점성술의 영속적인 매력을 포착했을 것이다.[28]

마지막 잔물결

미국 시인 존 시아디John Ciardi는 다음과 같은 글을 썼다.

"상징은 웅덩이에 던진 돌과 같다. 돌은 사방으로 잔물결을 일으키고, 잔물결은 끊임없이 퍼져나간다. 마지막 잔물결이 어디서 사라지는지 누가 알 수 있을까?"[29]

점성술의 잔물결은 작지만 중요한 방식으로 우리를 둘러싸고 있다. 게다가 찾는 법을 아는 사람 눈에만 그 잔물결이 보인다. 우울하고 침울한 성격을 가리키는 단어는 saturnine인데, 이는 점성술에서 토성이 느리고 무거움을 상징하는 행성이라는 점, 그리고 무거움과 관련된 원소가 납이라는 점에서 유래한다*. 또한 단어 jovial(유쾌한, 즐거운, 우호적인)과 mercurial(변덕스러운, 기민한, 불안정한)은 각각 목성과 수성의 점성술적 특성에서 뜻이 파생됐다.

피에르 시몽 라플라스가 '천문학 지식의 가장 오래된 기념비'로 여겼던 요일은, 어쩌면 점성술이 남긴 가장 보편적인 유산인지도 모른다.[30] 시간을 7일로 나눈 것은 고대 유대인의 발명품으로, 하느님이 6일간 지구를 창조하고 7일째에 휴식을 취했다는 성경 내용을 바탕으로 만들어졌을 것이다. 요일의 원시적 뿌리는 성경보다 훨씬 이전 시대로 거슬러 올라가는데, 수메르인은 7일로 이뤄진 주를 채택하며 그중 하루를 휴식일로 정했다.

요일의 이름은, 적어도 로망스어군에서는 유대교와 기독교적 특성이 반영된 토요일과 일요일을 제외하면 명백하게 행성과 관련이 있다.

이탈리아어에서 한 주의 시작인 월요일은 lunedì, 달Luna의 날로 시작한다. 다음으로 화요일 martedì는 화성Marte의 날, 수요일 mercoledì는 수성Mercurio의 날, 목요일 giovedì는 목성Giove의 날, 금요일 venerdì는 금성Venere의 날이다. 토요일 Sabato는 유대인의

---

* saturnine은 '음침한', '토성의 영향을 받고 태어난', '납 같은'을 의미한다.

기도일^{Shabbat}이고, 일요일 domenica는 기독교 안식일이다(주님의 날을 의미하는 라틴어 dies domini에서 유래).

지금까지는 라플라스가 옳았다. 하지만 더욱 심오한 점성술적 연관성은 보이지 않는 곳에 숨어 있다. 월요일부터 달-화성-수성-목성-금성-토성-태양 순서는 지구와의 거리(프톨레마이오스 체계에서) 등 분명한 순서를 반영하지 않는다. 그런데 행성들이 하루 24시간 중 각각의 시간에 점성술적 '시간의 군주'가 된다고 가정해보자.

토요일 첫 시간부터 행성들은 지구와의 거리 역순으로, 즉 토성-목성-화성-태양-금성-수성-달 순서로 각각 1시간씩 할당받는다. 하루에서 8번째 시간이 오면 토성으로 다시 돌아오며, 위 순서는 하루가 끝날 때까지 반복된다.

천체 7개가 모두 3번 순환하고 토성, 목성, 화성이 토요일의 마지막 3시간을 채우면, 나머지 천체 4개는 다음날로 넘어가며 태양이 첫 번째 순서다. 이 절차는 계속되므로, 하루가 지날 때마다 순서상 첫 번째 천체는 3칸씩 이동한다. 주말이 지나면 모든 시간이 천체에 할당되고, 매일 첫 번째 시간을 할당받은 천체(그날의 점성술적 통치자가 되기도 한다)가 그날의 이름을 가르쳐준다.

토성, 태양, 달, 화성, 수성, 목성, 금성. 자, 우리가 아는 한 주가 완성됐다.

저마다의 별

오늘날 세계에서 가장 흔한 기호인 오각별은 품질(5성급 호텔), 권위(5성 장군), 맛(미슐랭 3스타 레스토랑) 등을 연상시키는 상징이 됐다.

이집트인이 별을 표시하기 위해 사용했던 상형문자에서 오각별이 유래했다는 사실을 기억하는 사람이 있을까? 오각별의 기원은 그보다 훨씬 먼 과거로 거슬러 올라가며, 적어도 기원전 3000년부터 메소포타미아 도시 우루크에는 오각별 형태가 존재했다.

강력한 마법에 대한 방어를 상징하는 오각별은 주술 의식의 필수 요소였으며, 기독교 의식까지 확장됐다. 전통 기독교의 관은 단면이 오각형으로 이뤄져 있는데, 이는 죽은 자가 땅으로 들어가는 위험한 여정에서 시신을 보호한다고 한다.

이탈리아 통일 운동을 이끈 주세페 가리발디Giuseppe Garibaldi는 오각별의 방어력을 신뢰한 까닭에 베레모 안감에 금실로 수놓은 오각별을 늘 지니고 다녔다. 가리발디는 팔레르모를 정복하기 전날 밤, 북쪽 하늘에서 세 번째로 밝은 별이자 목동자리에 속한 적색 거성 아르크투루스Arcturus를 오랫동안 응시했다. 그리고 그 별을 자신의 '수호 별'이라며 다음과 같이 말했다.

"사람들은 저마다 자신의 별을 지니며, 아르크투루스는 나의 별이다."[31]

온라인에서 상품, 서비스, 사람을 평가하는 별점 시스템은 1844년 카를 베데커Karl Baedeker가 자신의 이름을 딴 안내서에서 놓치지 말아야 할 볼거리를 선정하기 위해 처음 도입했다.[32] 이 아이디어는 경쟁 업체들이 이내 모방했다.

1879년 영어판 《Handbook for Visitors to Paris파리 방문자를 위한 안내서》에서는 '가치나 중요도에 따라 별점으로 표시해' 명소를 평가했다.[33] 루브르 박물관, 노트르담 대성당, 베르사유 궁전은 별점 3점으로 최고점을 받았지만, 샹젤리제 거리의 음악 공연은 별점 0점과 함께 '공연이 부도덕한 경향이 있다'라고 혹평받았다.

할리우드 명예의 거리는 포장도로에 영화계 최고 '스타'의 이름을 오각별 안에 새겨넣고 영원히 기리는 장소다.[34] 1815년에는 극에서 주연을 맡는다는 의미로 관용구 '극에서 스타가 되다star in a play'가 처음 사용됐고, 1865년부터는 유명 연예인이나 운동선수가 명성을 얻으면 '스타덤에 오르다gain stardom'라고 표현했다.

우리는 행운이 연이어 따르는 사람을 '행운의 별 아래에서 태어났다born under a lucky star'라고 묘사한다. 반대로 재앙을 뜻하는 disaster는 라틴어로 '불운한 별bad star'을 의미한다.

팔각별eight-pointed star은 1845년부터 뉴욕 경찰을 나타냈다. 처음에는 '별 경찰'이라 불리다가, 나중에는 별 배지를 만드는 소재인 구리에서 유래한 속칭 카퍼copper 또는 캅cop으로 불렸다.[35]

나의 아들 벤저민은 한 문제도 틀리지 않은 맞춤법 시험지를 자랑스럽게 보여줬다. 교사는 시험지에 칭찬의 말을 적고, 인증의 의미로 빛나는 별 도장을 찍어줬다. 나는 오각별을 바라보며 미소 지었다.

안개를 잡는 자

안개를 잡는 자가 일어나 이야기를 시작했다.

첫눈이 언덕에 수북이 쌓이고 곰이 잠들 준비를 하면, 그때가 구름이 우리를 빙설로 불러들이는 시기다. 불타오르는 막대기로 길을 밝히며 길 안내자가 이끄는 대로 고요한 숲을 가로지르면, 우리 얼굴은 구름과 마주치며 구름의 휘몰아치는 감촉을 느낀다.

이름이 없는 자는 길을 잃지 않도록 손을 맞잡은 채 앞서 걷고, 이름을 전할 자가 그의 뒤를 따른다.

빙설은 빛의 끝에서 기다리고 있고, 우리는 주위에 얼음만 남을 때까지 언덕을 오른다. 이때는 길 안내자의 뒤를 바짝 따라붙어야 하는데, 빙설에 생성된 수많은 균열은 쌓인 눈에 가려 보이지 않지만 언제든 우리를 통째로 삼킬 수 있기 때문이다.

안개는 한 걸음 내디딜 때마다 짙어지며, 얼음의 땅 깊숙이 들어갈수록 우리 입에서 뿜어져나온다. 이름을 지을 자들을 우리가 둥글게 에워싸면, 막대기의 불길로 온 세상이 반짝인다. 나는 불타오르는 막대기를 양손으로 치켜들고 원 안으로 들어간다. 이름을 전할 자들이 눈을 한 움큼 쥐고 공중에 훅 불어 날리면, 그들 앞에 안개가 짙게 피어오른다. 작은 불이 어둠을 채운다.

속이 빈 나무줄기에 사슴 가죽이 팽팽하게 걸려 있고, 사슴이 울부짖는 소리가 어둠을 몰아낸다. 처음으로 이름을 전하는 자가 가운데에 있다. 이는 가죽을 벗기는 자로, 어린 자와 손을 잡는다. 둘의 코가 맞닿으면 나는 이들의 입에서 안개를 불러낸다.

"가죽을 벗기는 자여! 그대가 원로 가죽을 벗기는 자로부터 받은 안개는 이제 어린 자의 안개와 함께 있다. 어린 자여! 그대는 가죽을 벗기는 자의 안개를 받는다. 구름이 우리에게 새로운 어린 자를 보낼 때까지 새 힘을 전하며 돌봐주게."

다시 내가 말한다.

"가죽을 벗기는 자여! 그대는 원로 가죽을 벗기는 자로 명명된다. 어린 자여! 그대는 어린 가죽을 벗기는 자로 명명된다. 그대의 기억이 원로 가죽을 벗기는 자처럼 강하고 훌륭하기를 바란다!"

이들은 차례로 손을 잡고 앞으로 나와 코를 맞대고 안개를 섞는다. 어린 자들은 정해진 이름을 물려받는다. 우리 종족이 구름은 세계의 한쪽 끝에서 다른 쪽 끝으로 흘러간다는 것을, 구름은 제각기 다르지만 언제나 동일하다는 것을 계속해서 기억할 수 있도록.

안개를 잡는 자가 이처럼 이야기하자, 나는 동굴을 지키는 자Cave-Keeper가 됐을 때의 기억이 떠올라 가슴이 벅찼다.

10

✦

별을 다시 바라볼 시간

그분은 앞에서 나는 뒤에서 위로 올라갔으며,

마침내 나는 동그란 틈 사이로

하늘이 운반하는 아름다운 것들을 봤으니,

우리는 밖으로 나와 별들을 봤다.

– 단테 알리기에리, 《신곡》

빗자루 별과 마주치다

    우리 가족은 정원 안락의자에 누워 하늘을 보고 있었다. 집 안 조명을 전부 끈 상태에서 눈이 어둠에 적응하는 데 몇 분 정도 걸렸고, 우리는 쇼가 시작될 때까지 기다리고 있었다.

    서쪽에서는 석양의 마지막 빛이 황금빛 해변 뒤로 사라졌다. 정면에 보이는 호수는 하늘이 반영돼 어둑했고, 수면에 비친 어슴푸레한 빛은 인근 몬팔코네 조선소에서 나오는 불빛이었다. 나는 1912년 시인 라이너 마리아 릴케가 발코니에서 바다를 바라보며 〈두이노의 비가: 제1비가〉를 쓰는 장면을 상상했다.

    "오 그리고 밤, 밤, 우주로 가득 찬 바람이 우리의 얼굴을 파먹으면."[1]

    나는 한 세기 전 릴케의 밤이 지금보다 얼마나 더 어두웠을지 궁금했다. 그래도 카르스트 지대인 새집의 정원에서는 런던에서보다 은하수가 훨씬 또렷하게 보였다.

나는 저 멀리 보이는 돌로미티 산맥 바로 위 북서쪽 지평선으로 시선을 돌렸다. 가리발디가 목동자리에서 발견한 특별한 별 아르크투루스는 금방 눈에 띄었고, 나의 목표물은 지평선에 상당히 가까이 있어 안개에 휩싸였을 수도 있었다. 나는 북두칠성의 손잡이를 따라 밝은 별이 없는 하늘의 한 구역으로 시선을 내렸다.

"저기 있어!"

내가 외쳤다. 니오와이즈NEOWISE 혜성은 20년 만에 맨눈으로 관측한 혜성이었다. 물리적으로 불가능하지만, 꼬리가 혜성 뒤에서 흔들리는 듯했다. 고대 중국의 문헌에서 혜성을 '빗자루 별'이라 부를 만했다.

아내와 아이들은 내가 가리키는 방향을 보고 탄성을 터뜨렸다. 접안렌즈로 관측한 니오와이즈는 밝고 조밀한 핵core과 두 갈래로 갈라진 꼬리를 지녔다. 두 꼬리 중 하나는 햇빛을 반사하는 먼지로 이뤄진 흐름이고, 다른 하나는 빛나는 기체로 이뤄진 흐름이었다.

아이작 뉴턴은 혜성이 태양에 연료를 공급하고, 행성에 물과 생명력을 선물한다고 믿었다.[2] 니오와이즈가 하늘을 휩쓸고 지나가는 모습을 보면서, 나는 뉴턴의 말을 믿고 싶어졌다.

"아빠, 저거 국제우주정거장이에요?" 벤저민이 하늘을 가로지르는 밝은 점을 보며 외쳤다. "아니, 저기가 우주정거장이야!" 에마는 별자리를 횡단하는 다른 점을 가리켰다. 내가 제대로 설명하기도 전에 에마는 움직이는 점들을 발견하고 또 발견했다. "점의 정체가 뭐든 멋지지 않아! 별을 망치잖아!" 화가 난 딸은 집 안으로 들어갔고, 나는 곧장 그 뒤를 따라갔다.

검은색 캔버스

우주 시대의 여명기에 밤하늘은 예술의 마지막 개척지였다.

현대 대지 예술은 전시장에서 벗어나 현장, 때때로 공중에서만 감상할 수 있도록 외딴곳에 작품을 제작한다. 마이클 하이저Michael Heizer의 〈Double Negative이중 부정〉는 유문암과 사암 24만 톤을 이동시킨 작품으로, 네바다주 모먼 메사에 조성된 깊이 15미터 구덩이 2개가 협곡을 사이에 두고 서로 마주 보는 형태다.[3]

로버트 스미스슨Robert Smithson의 〈Spiral Jetty나선형 방파제〉는 현무암과 흙으로 이뤄진 길이 450미터 나선형 구조물로, 호숫가에서 유타주 그레이트솔트호로 뻗어 나가며 시계 반대 방향으로 감긴다. 현재 〈Spiral Jetty〉는 해수면 상승으로 절반이 물에 잠기고 조류가 서식하는 까닭에 50년 된 작품인데도 마치 오래된 문명이 남긴 유적처럼 보인다.

예술가의 시선이 하늘로 향하는 것은 시간 문제였다. 별들 사이에서 빛을 발하며 자기 궤도에 전 인류를 포용하는 동시에, 인류가 새롭게 성취한 능력을 이야기하는 예술 작품보다 더 인상적인 것이 있을까?

이와 같은 의도가 담긴 작품이 〈L'Anneau Lumière빛의 고리〉로, 우주 공간에 현대판 에펠탑을 만든다는 목표로 개최된 1986년 공모전의 우승작이었다. 이 작품은 궤도상에서 부풀려지면 지름 6미터의 반사 풍선 100개로 구성된 인공 별자리가 될 예정이었다.

이 작품은 연결된 풍선이 지름 24킬로미터 원을 이루는 구조로, 밤이면 태양 빛을 반사해 달보다 큰 원으로 배열된 1등급 별처럼 밝게 빛날 것이었다. 이 작품은 마찰로 서서히 고도가 낮아지다가 3개월에서 2년 사이에 대기 중에서 불타 없어지는 식의 일시적 작품으로 설계됐다. 하지만 기술적 어려움으로 중단됐다.[4]

1971년 뉴욕 예술가 앨버트 노타버톨로Albert Notarbartolo는 2차원 그림 그리기에 제약을 느끼고, 3차원 종이 조각으로 전환했으나 문제를 해결하지 못했다. 작품을 벽에 가두는 게 힘들었던 그는 '행성 사이의 공간, 위아래와 좌우가 없는 장소의 진정한 자유'를 갈망하기 시작했다.[5]

그리하여 〈spaceworks우주 작업〉라는 일련의 프로젝트를 구상했다. 앨버트의 아이디어 〈Project Beacon프로젝트 비콘〉은 정지궤도로 공전하며 태양 빛을 반사하는 조형물로, 지구로 돌아오는 우주 여행자들을 맞이하는 작품이었다. 하지만 앨버트의 아이디어는 하나도 실현되지 않았다.

앨버트 노타버톨로 이후 많은 사람이 지구 주위를 궤도 운동하며 관측되는 예술품을 제안했다. 이를테면 지상에서 밝은 별로 보이는 풍선 위성, 레이저 광선으로 비추는 인공 별자리, 태양 빛을 받아 궤도 운동하는 돛단배, 천천히 서로를 공전하는 한 쌍의 구체 등이었다. 하지만 비용이 많이 들며 기술적으로 복잡하다는 문제가 있었다. 그래도 일부 사람들은 '예술을 위한 예술'이라는 가장 순수한 이상을 구현하는 작품으로 여겼다.

이는 1970년대 초반, 우주에 인공물이 거의 없던 시절이었다. 하지만 우주로 가는 길의 광채는 사라졌다. 이미 1972년 〈뉴욕타임스New York Times〉는 달 표면의 황량한 풍경과 그곳에서 느릿느릿 걷는 우주비행사가 담긴 영상이 '평범하고 심지어 지루하기까지 하다'고 한탄한 바 있다.[6] 대중은 이에 동의했고, 아폴로 17호는 아폴로 계획의 마지막이 됐다.

2018년 우주 기업가 피터 벡Peter Beck이 거대한 미러볼을 연상시키는 소형 위성인 휴머니티 스타Humanity Star를 궤도로 발사했다. 휴머니티 스타는 세계 통합의 메시지를 담았다는 그의 주장에도 비난받았다. 천문학자, 언론인 등은 지름 1미터에 면이 65개인 위성을 두고 '홍보용 곡예', '우주 낙서', '해충 같은 위성', '반짝이지만 혐오스러운 우주 쓰레기', '밤하늘 파괴자'라고 평했다.[7]

이미 인간이 만든 작은 별들이 수없이 떠 있는데, 아름답든 그렇지 않든 굳이 더 하늘에 보내야 할 이유가 있을까? 우주 궤도에 광고판을 세우자는 제안은 주기적으로 다시 등장해, 1945년 프레드릭 브라운Fredric Brown이 발표한 소설 《Pi in the Sky하늘의 파이》를 떠올리게 한다. 이 소설에서 부유한 사업가는 밤하늘의 가장 밝은 별 168개를 배열해 자사 비누 광고를 띄운다. 그런데 회사 이름이 틀렸다는 사실을 깨닫고 심장마비로 사망한다.[8]

예술은 인간과 환경이 형성하는 관계의 가능성을 새롭게 구상한다. 상업적 제국주의는 우주를 채굴해야 하는 또 다른 자원으로 여기며, 한때 예술가들이 우주에서 확인했던 가능성의 영역을 축소한다. 우리가 미래를 위해 시도해야 할 것은 인간이 하늘을 바라보던 원래 시야를 되찾는 것, 즉 밤을 무분별한 오염이 없는 상태로 되돌리는 것이다.

프랑스 사진작가 티에리 코헨Thierry Cohen은 이러한 이상을 실현하는 데 근접했다. 코헨은 세계 주요 대도시와 동일한 위도에 해당하는 어두운 지역의 밤하늘을 사진으로 남겼다. 그런 다음, 도시의 모든 불빛을 없애고 어두운 지역의 밤하늘을 덧입혔다.

예술 평론가 프랜시스 호지슨Francis Hodgson의 표현을 빌리자면, 코헨의 〈Villes éteintes소멸된 도시〉 프로젝트는 '꿈속의 환상적인 하늘이 아닌 실제로 보여야 하는 하늘'을 잊히지 않는 이미지로 도출한다. 이를테면 리우데자네이루 상공에서 강렬히 빛나는 은하수, 뉴욕 스카이라인의 윤곽, 파리의 자갈 도로를 비추는 별빛 등이다.[9]

그의 작품 속에서는 인간이 세운 거대한 도시가 버려지며, 밤하늘이 한 번 더 주권을 되찾는다.

세계의 마지막 공유지

내 딸을 화나게 했던 빛점들은 예술 작품이 아니었다. 그것은 새로운 우주 경쟁의 확산으로, 이 경쟁을 지지하는 사람들의 주된 목표는 주식 시장의 중력을 거스르는 것이다. 21세기 인터넷 거물과 기업가들은 우주를 수익 창출의 마지막 영역으로 재정의했다. 우주는 전 세계 공동체에 미치는 영향에 대한 고려 없이, 식민지화와 착취가 가능한 마지막 공유지가 됐다.

우주에 대한 접근은 과거에 국가 정부나 유럽 우주국European Space Agency 같은 국제기관의 전유물이었으며, 이들은 대형 로켓을 제작하고 운영하는 데 필요한 재정적·기술적·과학적 자원을 통합했다. 인간의 우주 비행은 특히 까다로웠는데, 유인우주선은 호흡 가능한 공기를 탑재하는 동시에 강렬한 진동과 초음속, 작은 운석과의 충돌, 극도로 낮거나 높은 온도 등을 견뎌야 하기 때문이다. 이는 구현하기 쉽지 않고 저렴하지도 않았다. 아폴로 임무는 1969년부터 1972년까지 우주인 12명을 달로 보내는 동안 현재 화폐 가치로 7,000억 달러를 지출했다. 이는 우주인이 달 표면을 걷는 매 초마다 120만 달러를 지출한 셈이다.[10]

지구에서 부유하기로 손꼽히는 몇몇 사람들은 2000년대 초부터 우주에 관심을 쏟아왔고, 우주 기업을 설립했다. 일론 머스크Elon Musk의 스페이스X, 제프 베이조스Jeff Bezos의 블루오리진이 대표적이며, 폴 앨런Paul Allen은 마이크로소프트를 설립해 축적한 재산을 첫 상업 우주 비행에 투입했다.

이들은 직립 착륙이 가능한 로켓엔진이 장착된 값싼 재사용 로켓을 설계했다. 효과는 있었다. 위성을 궤도에 진입시키는 데 드는 비용은 우주왕복선의 경우 킬로그램당 6만 달러였지만, 스페이스X가 개발한 팰컨9의 경우 킬로그램당 3,700달러로 낮아졌다. 여기에는 공적 자금도 투입됐다. 미국 정부는 2000년부터 2018년까지 민간 우주 기업에 70억 달러 이상의 자금을 배정하는 등 점점 더 많은 자금을 지원하고 있다.

새로운 우주 경쟁은 고상한 인도주의적 목표를 내걸고 시작됐다. 이를테면 전 지구를 연결하고, 부와 기회를 확산하며, 지식에 대한 접근을 대중화한다는 것이다.

스페이스X는 전 세계 어디서든 고속 인터넷을 이용할 수 있는 유토피아를 실현하기 위해, 인터넷 위성을 수천 개 발사해 지구 곳곳에 무선 신호를 끝없이 내리는 비처럼 뿌린다. 훨씬 적은 수의 고고도 위성으로 전 세계 인터넷 접속을 달성할 수 있었지만, 2018년부터 스페이스X는 두 가지 주요 대상 집단에 훨씬 더 빠른 인터넷을 제공할 수 있도록 최대 3만 개의 저고도 위성을 배치하기로 했다. 첫 번째 집단은 은행가, 두 번째 집단은 게이머였다.[11]

스페이스X의 수익 모델은 '정보의 대중화'라는 목표와 모순된다. 지상 기반 인터넷이 없어 위성 기반 인터넷 접속이 절실한 최저개발국 사람들 대다수는 스페이스X가 부과하는 월 이용 요금을 감당할 수 없다. 반면 서구권 사람들은 대부분 빠른 인터넷 접속을 이미 누리고 있는 도시 지역에 산다.[12] 하지만 우리 모두 비용을 지불하게 될 것이며, 이미 지불하고 있다.

천문학계는 밤하늘의 예상치 못한 급격한 오염으로 곤경에 처했다. 재사용 가능한 인공위성이 잇달아 발사되면서, 2019년 이후 밤하늘은 수백 개부터 수천 개의 인터넷 위성으로 혼잡해졌다.

초기에 하늘 관찰자들은 위성이 최종 궤도로 올라가는 동안 카메라에 남기는 밝은 잔상에 의아해했다. 인터넷에는 밤하늘에서 진주를 꿴 줄이 빠르게 움직이는 동영상이 급속히 확산됐다. 그것은 인터넷 위성 60개가 배치되는 장면이었다. 포물선 모양 안테나와 태양 전지판은 특히 해가 진 직후와 새벽이 오기 전에 태양 빛을 반사해 밤하늘을 횡단하는 밝고 작은 별이 된다. 위성이 회전할 때는 거울처럼 태양 빛을 반사해 금성보다 더 밝게 빛난다. 몇몇 추정에 따르면 2030년 무렵에는 눈에 보이는 가짜 별이 진짜 별보다 많아질 수 있다.[13]

이러한 위성의 침범은 혜성 관측의 마법만 망친 것이 아니다. 하늘을 장시간 노출 촬영할 때 위성이 지나가면 사진에는 흉터처럼 흔적이 남는다. 이 때문에 아마추어 천문학자의 심우주 천체 사진과 더불어 전문가가 사용하는 수십억 달러 규모의 망원경으로 수집한 데이터의 상당수가 완벽하지 않다.[14] 허블 우주망원경은 지구 궤도를 도는 망원경의 눈이 위성과 가까워서 매우 큰 영향을 받는다.[15]

전파천문학자는 아주 민감한 전파 수신기가 머리 위 위성의 인터넷 신호로 망가질 수 있음을 발견했는데, 이는 수신기가 포착하도록 설계된 우주의 속삭임보다 100억 배 강한 위성 신호에 압도당하기 때문이었다. 천문학자는 이처럼 과열된 상업적 우주 경쟁을 억제하기 위해 안간힘을 쓰며, '수백 년간 우주 궤도와 전자기 복사를 연구해 획득한 기술이 이제는 추가적인 우주 탐사를 영구히 막는 힘이 됐다는 뜻밖의 결과'를 한탄할 수밖에 없었다.[16]

1836년 랠프 월도 에머슨은 밤하늘의 아름다움을 다음과 같이 노래했다.

"천체 속에 숭고함이 존재한다는 걸 인간에게 알리기 위해 대기가 투명하게 만들어졌다고 누군가는 생각할지도 모른다."[17]

최근 발발한 상업적 우주 전쟁은 인간에게서 고대의 숭고함을 영원히 앗아갈 것이다. 별이 전하는 메시지는 인스턴트 메시지에 밀려났다. 그런데 위성의 초대형 별자리가 무분별하게 확산하며 위협받는 것은 우주 관측뿐만이 아니다. 인간의 우주 접근성도 위험에 처했다.

지구 저궤도는 규칙도 경찰도 없는 혼잡한 고속도로로, 위성이 시속 2만 7,000킬로미터로 쏜살같이 이동한다. 이 속도에서 포도알 크기의 파편은 국제우주정거장 측면에 구멍을 내고, 폐기된 위성은 국제우주정거장을 파괴할 수 있다.

위성의 수가 증가할수록 오작동이나 오류의 영향으로 위성 간 충돌이 발생할 확률 또한 증가한다. 현재 추적 중인 우주 쓰레기 2만 7,000여 개 가운데 일부는 2009년 위성 충돌과 위성 요격 무기 시험에서 나왔으며, 이러한 우주 쓰레기가 충돌을 일으켜도 그 여파에 대한 보호 장치는 없다. 중국 과학자들은 스페이스X의 인터넷 서비스가 자국 안보에 위협이 될 경우를 대비해 궤도 무기 개발을 촉구했다.[18]

위성이 일정 밀도를 넘어서면 충돌이나 표적 파괴로 생성된 파편이 다른 위성을 강타하고 파괴하는 식으로 연쇄 반응이 일어나며, 그 결과 위성 대부분이 산산조각나고 궤도가 우주 파편의 띠로 채워져 통과 불가능한 상태가 될 수 있다. 이는 1978년 이 시나리오를 최초로 설명한 천문학자 도널드 케슬러 Donald Kessler의 이름을 따 '케슬러 효과'라 불린다.[19] 이렇게 되면 지구 저궤도를 통과하는 통로가 위험해져, 향후 모든 임무에서 인류는 우주에 접근하지 못할 수 있다.

1967년 체결된 우주 조약은 우주를 '모든 인류의 영역'으로 정의하지만, 우주에 발생한 시급한 환경 문제에 적절히 대응하지 못하고 있다. 마지막으로 남은 미개척지인 우주는 상업 개발이 공격적으로 노리는 표적이다. 한 법률 분석에 따르면, 미국 의회는 2015년에 조약의 허점을 악용하며 '미국 우주 기업에게 우주에서 얻은 전리품을 소유, 보관, 사용 및 판매할 권리를 부여'하는 입법을 통해 천체의 상업적 채굴을 합법화했다.[20]

여러 민간 기업은 소행성 채굴의 기술적 실현 가능성을 입증하기 위해 경쟁한다. 2021년 개봉한 사회풍자 영화 〈돈 룩 업 Don't Look Up〉의 두 천문학자는 소행성 충돌을 경고하지만, 희소 금속을 채굴해야 한다는 상업적 필요성 때문에 그 경고를 무시당한다. 이 영화는 인류의 파멸을 초래할 수 있는 탐욕과 정치적 부패를 끔찍할 만큼 현실적으로 묘사한다.

이동광선을 쏴줘, 스코티!

인공위성이 훼손한 에머슨의 '숭고한 존재'를 되찾으려면, 여러분이 그런 인공위성 중 하나가 돼야 할 수도 있다. 밤하늘의 황폐화를 초래한 바로 그 우주 산업의 거물들이 광고하는 준궤도 suborbital 관광 탑승권을 구입하는 것이다.

하늘은 모든 사람을 위한 것이었지만, 우주는 그렇지 않다. 로켓 시대에 접어들어 탑승권이 비교적 저렴해지긴 했으나 2023년 버진 갤럭틱의 우주 비행기를 타고 몇 분간 무중력 상태를 경험하려면 45만 달러를 내야 했다. 2021년 7월 제프 베이조스의 블루오리진 로켓에 탑승해 대기권 밖으로 나가 지구의 굴곡을 감상하는 첫 번째 좌석은 경매에서 2,800만 달러에 낙찰됐다(익명의 낙찰자는 개인 일정 때문에 동행하지 못했다). 2022년 4월 국제우주정거장에서 몇 주간 휴가를 보낸 민간인 세 명은 관광 비용으로 각각 5,500만 달러를 지불했는데, 음식은 비용에 포함됐지만 화장실은 서로 공유해야 했다.[21]

우주 관광의 첫 번째 물결이 밀려오는 동안 한 남자의 우주여행은 허구를 현실로 바꿔 놓았다. 영화 〈스타트렉Star Trek〉의 커크 선장으로 유명한 배우 윌리엄 샤트너William Shatner는 2021년 10월 90세의 나이로 베이조스의 로켓 뉴 셰퍼드New Shepard에 탑승하며 최고령 우주 여행자가 됐다. 샤트너는 우주에서 보낸 10분간 자신의 기대와 다르게 압도적인 슬픔을 느꼈다고 전했다. 그는 우리가 사는 따뜻하고 푸른 행성과 차갑고 황량한 우주의 대비를 느끼고 다음과 같이 말했다.

"아름다움은 저 밖에 있지 않고 바로 여기, 우리와 함께 있다는 것을 깨달았다. 나는 지구를 떠난 계기로 우리의 작은 행성과 더욱 깊은 유대감을 형성했다."[22]

샤트너는 우주 시대가 시작된 이후 우주비행사들이 보고한 경외감, 유대감 심지어 영적 각성을 기술하기 위해 1987년 작가 프랭크 화이트Frank White가 사용한 개념인 '조망 효과overview effect'를 경험했다.[23]

아폴로 15호 우주비행사 알프레드 워든Alfred Worden은 다른 두 승무원이 달 표면에 있는 동안, 혼자서 보조 우주선을 타고 달 궤도를 돌며 통찰의 물결을 만끽했다.

나는 달 궤도를 돌다가 어느 순간에 지구와 태양이 전부 가려진 완전한 어둠으로 들어갔다. 그러자 갑자기 저 밖의 별자리들이 내가 전혀 예상하지 못한 모습으로 눈에 들어왔다. 별이 너무 많아서 제대로 보이는 게 하나도 없었다. 그저 한 면의 빛이었다. 이를 영적 경험이라 부를 수 있을지 모르겠으나, 아무도 보지 못한 방식으로 아득한 별의 영역을 봤을 때 꽤 심오한 생각이 들었다. 우리는 우주에서 유일무이한 존재가 아니다.[24]

지구로 돌아온 뒤 그 생각은 더욱 강렬해졌고, 워든은 자신이 느꼈던 감정을 시로 표현했다.

모든 별, 달, 행성 중에
내가 보거나 상상할 수 있는 모든 것 중에
이것이 가장 아름답다.
우주의 모든 색이
하나의 작은 지구에 모였다.
이곳은 우리의 고향이자 안전지대다.
이제 내가 여기에 있는 이유를 알았다.
달을 자세히 살피기 위해서가 아니라

돌아보기 위해서다.

우리의 고향

지구를.[25]

달 위를 걸은 여섯 번째 우주비행사인 아폴로 14호의 에드거 미첼Edgar Mitchell은 지구로 귀환하는 우주선의 창문 너머로 지구, 달, 태양이 조용히 지나가는 모습을 바라봤다.[26] 1974년 인터뷰에서 그는 다음과 같이 설명했다.

"순식간에 지구를 유기체로 인식하고, 인류를 지향하고, 세계 상황이 지극히 불만족스러워지고, 무언가를 해야 한다는 충동을 느낀다. 달에서는 국제 정치가 너무 시시해보인다. 정치인의 멱살을 잡고 40만 킬로미터* 밖으로 끌고 나가 '저기 좀 봐, 이 개자식아!'라고 말하고 싶어진다."[27]

미첼의 말이 옳다면, 지구 대기권 바로 위에서도 조망 효과는 우주 관광객들이 지구에 사는 인류가 얼마나 취약한지 그리고 지구와 인류가 얼마나 유기적으로 연결됐는지 깨닫는 데 도움을 줄 것이다. 상업 우주 관광에 드는 천문학적 비용을 고려하면, 우주에서 지구를 조망할 수 있는 운 좋은 소수는 상위 0.1퍼센트에 속할 가능성이 높다. 이들이 환경에 대한 인식 전환을 경험한다면 기후 변화, 물 부족, 감염병 범유행 등 인류 생존을 위협하는 수많은 문제에 대

---

* 지구와 달의 평균 거리에 해당한다.

응할 수단과 영향력을 확보할 수 있을 것이다.

행복의 상실

매년 6퍼센트씩 증가하는 인공조명은 인간이 생태계에 미치는 영향의 증가를 단순하게 드러내는 지표가 아니다. 그 자체로 생태학적 위협이다. 밤에도 황혼이 지속되는 현상은 상호 연결된 생태계의 균형을 깨뜨리며, 인간은 그러한 현상의 광범위한 영향력을 이제 막 파악하기 시작했다.

새, 박쥐, 물고기, 곤충, 거북이 모두 인공 빛에 영향을 받는다.[28] 도시의 새는 숲의 새보다 일찍 일어나고 늦게 잠들기 때문에 생체시계가 더 빠르게 돌아간다. 박쥐는 밤에 먹이 활동지로 이동하는 경로가 빛에 차단된다. 때로는 빛 때문에 박쥐의 먹이 사냥 기회가 줄어들기도 하는데, 박쥐가 잡아먹는 곤충은 박쥐가 싫어하는 빛에 끌리기 때문이다. 밝은 광원은 야간에 이동하는 철새의 행동을 교란시키며, 그러한 철새는 광선 주위를 돌다가 지쳐서 궁극적으로 번식 가능성이 낮아진다.[29]

밤에 해변 둥지를 떠나는 바다거북 새끼들은 그들의 눈이 민감하게 감지하는 근자외선에 이끌려 바다로 이동한다. 해변에 설치된 인공조명은 바다거북의 방향 감각을 교란해 길을 잃게 하며, 한 연구에서는 근처 주택의 조명으로 향하다가 목숨을 잃는 바다거북도 있었다.[30]

인공 빛에 영향을 받는 생물은 동물만이 아니다. 현화식물은 빛이 있으면 나방과 같은 야행성 수분자*가 찾아올 확률이 낮아져 열매를 맺는 횟수가 줄고, 잘 알려지지 않은 이유로 꿀벌 같은 주행성 수분자의 방문 또한 감소해 수분 작용이 저하한다.[31]

빛 공해는 인간이 밤하늘에 일으키는 변화가 드러나지 않도록 숨기고, 인간은 무감각해진다. 영국방송공사British Broadcasting Corporation, BBC가 수집한 제2차 세계대전 당시 기억들 속에서, 런던 시민은 런던 대공습 동안 경험한 밤하늘을 다음과 같이 회상했다.

"정전 기간에 하늘이 맑은 밤이면 완전한 어둠이 깔렸고, 빛이 한 점도 없었다. 그리고 서리가 내리는 맑은 밤에는 별이 수천 개나 떴다."[32]

독일의 융단폭격이 낳은 비극이었다.

나는 트리에스테의 고원지대이자 서쪽에는 지중해, 북동쪽에는 슬로베니아의 숲이 보이는 곳으로 이사한 뒤 하늘을 일부 되찾았다. 이곳에서 약 10킬로미터 떨어진 트리에스테 시는 런던보다 40배 작다. 달이 뜨지 않고 구름 한 점 없는 밤이면 은하수가 아름답게 반짝였다.

1월의 어느 날 저녁, 나는 그 장관에 압도당했다. 오리온은 새카만 하늘에서 맹렬히 빛을 뿜고, 오리온의 발치에서는 충직한 개가 뛰놀며 시리우스가 하늘에 느낌표를 찍듯 눈부시게 빛을 냈다.

* 꽃가루를 운반해 수분을 매개하는 곤충.

나는 거인의 허리띠와 허리띠에 걸린 검을 봤다. 그의 다부진 어깨, 넓게 벌린 다리, 공격을 준비하며 높게 들어올린 곤봉, 방패를 들고 쭉 뻗은 왼팔에 경탄했다.

그 순간, 나는 선조들이 경험했을 경외심의 일부를 느꼈다. 살아 있는 동안 절대 체감하지 못할 광대한 시간, 그리고 수많은 원자의 기상천외한 배열에서 탄생한 생명이자 의식이 있으며 하늘을 올려다보는 존재들과 연결을 인식했다.

젊은 시절 예술 애호가였던 찰스 다윈은 말년에 이르러 과학 연구에 몰두하면서 치렀던 대가를 아쉬워했다.

> 나의 정신이 수많은 사실들의 집합에서 일반 법칙을 뽑아내는 일종의 기계가 된 것 같다. 그런데 이러한 활동이 왜 뇌에서 더 높은 취향에 관여하는 영역만 위축시켰는지 이해할 수 없다. 내가 인생을 다시 살게 된다면 적어도 일주일에 한 번은 시를 읽고 음악을 들을 것이다. 그러면 지금 뇌의 위축된 부분은 활성화될 것이다. 이러한 취향의 상실은 행복의 상실로 이어지고, 지성에 해로울 수 있으며, 더 나아가 우리 본성의 감정적 부분을 약화시켜 도덕적 성격을 해칠 수 있다.[33]

나에게 별이 없는 것은 다윈에게 시와 음악이 없는 것과 같았다. 나는 별을 사색하는 일이 겸손함과 유한함에 대한 감각을 키워주며, 나의 감성적 본성을 풍요롭게 한다는 것을 깨달았다. 우리가 광활한 우주에서 지극히 일부분이라는 사실을 느낄 수 있다면, 세상은 훨씬 나은 곳이 되리라 생각했다.

우리가 치러야 할 대가

1만 년이라는 짧은 시간 동안 인류는 도시를 세우고, 우주정거장을 건설했으며, 예술 작품을 창조했다. 상상조차 불가능한 파괴력을 지닌 무기를 개발하고 12명을 달로 보냈으며, 달로 간 우주비행사 몇몇은 골프를 쳤다. 그런데 행성과 항성이 사는 장대한 시간과 비교하면 인류의 업적은 얼마나 덧없는가!

작가이자 지질학 전문가인 존 맥피John McPhee는 다음과 같이 비유했다.

"지구에서 생명체가 살아온 시간이 '두 팔을 양옆으로 뻗은 길이'로 표현된다면, 중간 크기의 손톱에 인류의 모든 역사가 가려진다."[34]

이처럼 눈 깜빡할 시간 동안, 별에서 영감을 받은 과학과 기술은 인류에게 큰 혜택을 안겼다. 특히 지난 한 세기 동안 의학, 식량 생산, 교육의 발전으로 삶의 질이 크게 향상했다.

그런데 인류는 혜택을 한쪽에 비축한다. 전 세계에서 수백만 명의 사람들은 여전히 굶주림에 시달리거나 영양실조 상태이고, 다른 수백만 명의 사람들은 비만과 심장마비 그리고 초가공식품 과잉 섭취와 관련된 질병으로 조기 사망한다. 소득 불평등은 그 어느 때보다 높아졌다. 가장 부유한 10퍼센트는 전 세계 부의 4분의 3을 소유하고, 우주 산업계 거물을 포함한 세계 10대 부자의 총자산은 코로나19 범유행이 발생한 2020년 3월 이후 2배 증가했다.

"지난 100년간 인류의 창의적 천재성이 이룩한 업적은 우리의 삶을 자유롭고 행복하게 만들었을 것이다. 인류의 조직화 능력과 기술 발전이 보조를 맞출 수 있었다면 말이다. 기계 시대에 간신히 성취돼 우리 세대의 손에 들어온 업적은 3살 아이가 손에 쥔 면도날만큼 위험하다."[35]

1932년 군축회의disarmament conference를 앞두고 알베르트 아인슈타인이 작성한 이 글은, 90여 년 전보다 오늘날 더욱 가슴에 와닿는다. 아인슈타인은 이 글을 일평생 곱씹었을 것이다. 1939년 프랭클린 루스벨트Franklin Roosevelt 대통령에게 핵무기 개발을 촉구하는 등 핵무기가 세상에 등장하는 데 결정적 역할을 한 이후 히로시마와 나가사키의 참상을 겪었기 때문이다. 그는 평생 후회했다.

그러는 동안 인간은 지구를 가득 채웠다. 인구는 80억 명이 넘었고, 과학과 기술로 평균 수명은 길어졌으며, 질병은 퇴치됐고, 영아 사망률은 감소했으며, 빠른 배송을 통해 물질적 변덕을 마음껏 충족할 수 있는 세상이 만들어졌다. 리처드 파워스Richard Powers의 소설 《오버스토리The Overstory》 속 등장인물이 인간과 나무와의 관계를 두고 한 말을 빌리자면, "우리는 10억 년 동안 지구가 모은 유대를 현금화하고, 그 현금을 온갖 사치품에 날리고 있다."[36]

우리가 결국 치러야 할 대가는 엄청나다. 2022년 유엔 보고서에 따르면 전 세계 토지의 40퍼센트가 황폐해졌다. 삼림 벌채는 계속돼 대체 불가능한 고대 생태계를 파괴하고, 집약적 농업은 토양

의 고갈과 염류화, 침식을 초래한다.[37]

　우리의 아름답고 푸른 행성은 한 세대 전에는 상상할 수 없었던 방식으로 상처를 입었다. 인간은 1,000년 된 숲을 개간해 10년 이내에 폐쇄될 팜유 농장을 세우면서 모든 생명체의 기반을 약화하고 있다. 사육 동물은 야생보다 무려 10대 1의 비율로 많아졌다. 한때 무궁무진한 자원으로 여겨진 바다는 과도하게 착취당해 어류 자원의 90퍼센트는 이미 고갈됐다. 영국의 날벌레 개체 수는 2004년 이후 60퍼센트 감소했다.[38]

　인류는 과거에도 동일한 상황에 빠진 적이 있다. 한때 미국 동부에서는 나그네비둘기가 수십억 마리 서식했고, 이들은 거대한 무리를 이뤄 이동하는 며칠 동안 하늘을 어둡게 만들었다. 1871년 위스콘신주에서 형성된 나그네비둘기 군집은 길이 200킬로미터, 폭 13킬로미터에 달했다. 이들은 '생물 폭풍' 또는 '깃털 달린 허리케인'으로 묘사됐다. 그런데 1800년대 말 인간의 무분별한 포획으로 나그네비둘기는 멸종했다. 그토록 많았던 나그네비둘기가 영원히 사라지리라고는 아무도 상상하지 못했다. 그들을 구하기에는 너무 늦었을 때까지 말이다.[39]

　나그네비둘기의 운명은 현재 서식지 파괴, 밀렵, 환경오염, 기후 변화로 위기에 내몰린 동식물 100만 종이 직면한 상태다. 인류의 탄소 기반 경제는 대기 중 이산화탄소를 빠르게 증가시켜 지구를 가열한다. 2023년 기준으로 지난 8년은 관측 기록상 가장 더운 기간이었고, 지구 기온은 산업화 이전보다 섭씨 1도 넘게 상승했다. 빙하가 사라지고, 영구동토대가 녹고, 만년설이 후퇴하고, 해수면이 상승하고 있다. 지구는 평형을 잃은 단계에 벌써 접어들었으며, 하나의 기후 현상이 또 다른 기후 현상을 야기하는 연쇄반응, 즉 되먹임 고리feedback loop는 수십억 인류의 생명과 생계를 위협할 것이다. 그리고 이러한 징후는 이미 시작됐다.

나그네비둘기의 비극은 일단 평형 상태가 무너지면 생명의 풍요로움이 얼마나 빠르게 악화되는지 보여준다. 인류학자 로렌 아이슬리의 말을 빌리자면, 우리는 "갈수록 빠르게 회전하는 검고 거대한 소용돌이로 고기, 돌, 흙, 광물을 삼키고 번개를 빨아들이며 원자에서 힘을 앗아간다. 결국 태곳적 자연의 소리는 무언가의 불협화음에 묻혀 사라진다."[40]

올바른 선조 되기

우주 산업의 거물들은 인간이 지구 생명체에 가한 실존적 위협에 직면한 가운데, 우리에게 다른 별로 도망칠 수 있는 수단을 제공하려 노력한다고 말한다. 제프 베이조스의 블루오리진이 내세우는 사명은 '우리 아이들이 미래를 건설할 수 있도록 우주로 가는 길을 여는 것'으로, 수백만 명의 사람들과 중공업을 우주로 이주시켜 지구를 보존한다는 내용이다.[41]

일론 머스크는 더 높은 목표를 세웠다. 로켓을 만드는 강철로 현대판 노아의 방주를 제작해 비유적이고도 실제적인 홍수에 맞서 인류의 생존을 보장하려 한다. 2015년 그는 다음과 같이 말했다.

"우리는 하드 드라이브를 백업한다. 그렇다면 생명도 백업해야 하지 않을까?"

그는 인류를 구하는 구명보트이자 별로 향하는 디딤돌로서 화성을 정복해야 한다고 믿는다.[42]

이러한 아이디어는 새롭지 않다. 1994년 칼 세이건은 "인류의 생존이 경각에 달렸을 때 다른 세계를 탐험하는 것은 우리의 기본 의무다"라고 썼으며, 천체물리학자 스티븐 호킹 Stephen Hawking 도 같은 생각을 공유했다.[43]

2011년 머스크는 10년 안에 화성에 도달하겠다고 했으나, 이제는 2029년을 언급한다. 그런데 화성은 달보다 훨씬 어려운 목표다. 달까지는 편도로 3일밖에 걸리지 않지만, 화성까지는 편도로 6~9개월 소요된다. 특히 머스크가 내세우는 장기 목표인, 지구로부터 자립 가능한 식민지를 건설하는 일은 훨씬 어렵다고 추정된다. 2021년 국제우주정거장은 250킬로미터 상공의 승무원 7명을 위해 6~8주마다 물자를 보급해달라고 요구했다. 이 정거장은 지구에서 약 1억 6,000킬로미터 떨어진 식민지도 아닌데 말이다.

태양계를 넘어선 '우주의 식민화' 문제는 훨씬 비실용적이다. 다른 은하의 항성에도 지구와 같은 행성이 존재할 가능성은 있지만, 가설 속의 다른 거주 가능한 세계로 건너가려면 우주에서 수백, 수천 년을 보내야 할 것이다. 이는 오늘날 기술적 한계 때문이라기보다 항성 사이의 상상할 수 없을 정도로 먼 거리와 빛의 속도라는 근본적 장벽 때문이다.[44]

또한 화성은 한 가지 생물종만을 위한 피난처가 될 것이다. 고래, 매, 나비를 위한 공간은 없을 것이다. 블루벨이 무성한 초원도, 수천 년 된 미국삼나무도, 산호초도 없을 것이다. 벌도, 지렁이도, 따뜻한 여름 저녁에 들리는 귀뚜라미 소리도 존재하지 않을 것이다. 사실 따뜻한 여름 저녁 자체가 없을 것이다. 화성은 대기가 희박한 사막 행성인 까닭에, 해가 저물면 표면 온도가 급격히 낮아진다. 열대지방에서 오후 최고 기온은 섭씨 영하 14도이며 밤이 되면 섭씨 영하 90도까지 떨어진다.[45]

어쨌든 이 궁극의 폐쇄적 공동체에 여러분이나 나는 초대받지 못할 것이다. 우주 시대가 시작된 1960년대에 기술철학자 루이스 멈퍼드는 거대한 피라미드를 다음과 같이 설명했다.

"우주 로켓과 동일하지만 움직이지 않는 등가물이다. 로켓과 피라미드는 소수의 선택받은 사람들을 위해 천국으로 가는 통로를 확보한다는 목적으로 막대한 비용을 들여 만든 장치다."[46]

실제로 소수의 선택받은 사람만이 가상의 구명보트에 탑승한다는 희망을 품을 수 있다. 실리콘밸리 억만장자의 약 50퍼센트가 '최후의 날을 대비하는 사람doomsday prepper'이라고 한다. 이들은 민간 경비대가 잘 갖춰진 벙커나 뉴질랜드 외딴 지역에 조성된 대규모 자급자족 사유지라는 형태로 '종말 보험'에 가입한다.[47] 지구 전체가 불타고 있다면, 이들에게는 우주가 마지막 탈출구다.

인류의 도덕적 의무는 다른 세계에서 산다는 허황된 꿈을 좇는 대신 지구의 관리자가 되는 것이다. 별은 기술을 탄생시키는 과학으로 인간을 인도했다. 별은 또한 인간의 심리적 구성에 새겨져 있으며, 세계를 정복하는 데 도움이 됐다. 하지만 별은 피난용 탈출구가 아니다. 우리는 현실 문제에 다시 집중해야 한다. 이를테면 모든 인간이 지구 자원을 더 공평하게 공유하는 방법, 인간 외의 생명체가 지구에서 계속 번성하도록 하는 방법, 지속 가능한 환경 기반 위에 문명을 재구성하는 방법, 우리가 물려받은 지구만큼 다채롭고 자비로운 지구를 우리 후손에게 물려주는 방법 등이다.

소아마비 백신 개발자인 조너스 소크Jonas Salk가 남긴 인상적인 말에서 우리는 '올바른 조상'이 되는 법을 배워야 한다. 소크는 "태양에도 특허를 낼 겁니까?"라고 물으며 백신 특허라는 개념을 일축했다.[48]

셰익스피어의 《율리우스 카이사르》에서 카시우스는 "친애하는 브루투스여, 잘못은 우리 별에 있지 않다네"라며, 부하라는 약점이 있는 브루투스가 카이사르에게 맞서도록 부추긴다. 그리고 "인간은 때때로 자기 운명의 주인이 된다네"라며 행동을 촉구한다.[49]

사람들에게 가장 중요한 자기 운명을 통제한다는 과제에서 별은 도움이 될 수 있다. 어두컴컴한 하늘을 향해 고개를 드는 모든 사람은 끝없이 불타오르는 태양, 수많은 세대에 걸친 인류에게 이야기를 들려주는 별자리의 고요한 형상, 원자의 기상천외한 배열에서 탄생한 생명만이 인식할 수 있었던 무한한 팽창을 상대로 조망 효과를 누릴 수 있다.

별과 진정으로 다시 연결된다는 것은 다음 단계를 현명하게 선택할 때 필요한 관점을 스스로에게 부여하는 것이다. 이러한 관점은 근시안적 관점이 아니라, 기록된 지질 시대 중에서 인류세[*]가 가장 짧은 마지막 시대가 되지 않도록 다양한 지질 시대를 아우르는 관점이다.

밤하늘은 지구에 사는 모든 사람이 공유하는 자연의 유일한 요소다. 다른 웅장한 생명체와 풍경도 경외심을 불러일으키지만, 별은 모든 사람에게 공통으로 존재한다는 점에서 특별하다. 인류가 직면한 치명적인 위험에 한마음으로 맞서기 위해서는 이러한 공동 운명체 인식에 호소해야 한다.

로렌 아이슬리는 다음과 같이 말했다.

"인간은 최후의 비밀을 발견하기 위해 별들 사이로 얼마나 많은 길을 걸어야 할까? 이러한 여정은 어렵고 막연하며 때로는 불가능하지만, 그럼에도 몇몇 사람은 여정에 나서기를 단념하지 않을 것이다."[50]

우리가 가는 길이 고독할 필요는 없다. 별을 다시 바라보는 것은 지구에 존재하는 모든 생명체에게 공통된 관점을 취하는 것이다. 언젠가 우리는 원자 내부에서 우주의 끝으로 향하는 과학의 울퉁불퉁한 길 끝에서 우리가 가지 않은 길, 즉 사랑의 길을 통해 고향으로 돌아올 것이다.

---

* Anthropocene, 인간 활동이 지구 환경을 바꾸기 시작한 시점부터 현재까지의 시대를 지칭하는 용어.

해골의 춤

안개를 잡는 자가 이야기를 막 끝냈을 때, 동굴 안에서 강렬한 소리가 들렸다. 번개가 우리 이야기를 들은 것이다! 우리는 모두 일어나 기쁨의 환호성을 질렀다.

그런데 양치기가 지시를 내리며 모두를 진정시켰다.

"구름 관찰자여! 번개가 왔다! 요술쟁이의 머리가 다시 한 번 번개의 힘을 느끼게 하라! 해골의 춤을 시작하자!"

우리는 창을 들고 빗속으로 달려 나갔고, 굵은 빗방울은 곧 사라졌다. 눈을 부릅뜬 벌집은 번개를 부르면서 창을 위아래로 흔들어 해골의 춤에 동참했다. 들소 수색자는 리듬에 맞춰 돌을 두들겼는데, 그때마다 돌에서 불꽃이 튀었다. 다른 이들은 땅을 구르며 번개를 불러 그 힘으로 자신을 채웠다. 창 던지는 자는 오래전 번개로 쪼개졌던 참나무에 몇 차례 이마를 부딪쳐 피를 흘리고 있었다.

이때부터 굵은 빗방울이 세차게 쏟아졌다. 격렬한 굉음이 울려 퍼지며 피와 진흙이 뒤섞인 땅을 뒤흔들었다. 번개가 구름 사이의 둥지를 떠나 우리 종족에게 왔다!

동굴 안에서 노래가 흘러나오자 우리는 얼어붙었다. 양치기가 구름 관찰자, 빛을 기억하는 자 등으로 이어지는 행렬을 이끌었다. 양치기는 맨 앞에서 막대기를 높이 치켜들었고, 우리는 모두 그 옆으로 줄지어 섰다.

나의 시선은 뾰족한 막대기 끝에 꽂힌 요술쟁이의 머리에 고정됐다. 한 걸음 내디딜 때마다 요술쟁이 머리가 마치 살아 있는 듯 흔들거렸다. 불빛이 비치자 요술쟁이의 턱에 달라붙은 피부가 살짝 보였는데 갈색 나뭇잎 같았다.

이러한 광경은 내 마음을 전쟁에 대한 열망으로 가득 채웠다. 살아 있는 칼리고인은 살아 있는 요술쟁이를 목격한 적이 없지만, 우리는 죽은 요술쟁이의 동료가 그를 구하러 돌아올 상황에 대비해 주위의 어둠을 주시하며 도끼로 공격할 준비를 했다.

양치기가 빗속에서 날카롭게 외쳤다.

"요술쟁이 척살자여! 그대가 인도한 대로 따르는 동안, 그대의 용기와 힘이 적과 맞서 싸우는 데 도움이 되기를! 요술쟁이가 우리 종족에게 접근하지 못하도록 번개가 막아주기를!"

바로 그때 일이 일어났다. 양치기의 외침을 들은 번개가 전력을 다해 양치기를 찾아왔다. 귀청이 찢어지는 듯한 소리가 들리고 힘의 냄새가 공기를 가득 채웠다. 귀가 울리고 눈앞이 보이지 않았다. 나는 쓰러졌다. 사방에서 고통의 비명이 들렸다. 요술쟁이가 돌아온 것인지 궁금했다.

나는 옆으로 구르며 손으로 창을 더듬었다. 혀에서 피 맛이 났다. 둥그스름한 무언가가 손에 닿았다. 요술쟁이의 검게 그을린 머리뼈였다. 그 옆에 누워 있는 양치기는 사지가 뒤틀리고 손에서 연기가 났다. 불에 탄 고기 냄새가 코를 찔렀다.

요술쟁이 머리뼈를 끌어와 눈높이로 들어올렸다. 불에 타 부풀어오른 정수리와 매끈한 이마가 느껴졌다. 이처럼 나약한 존재가 어떻게 구름의 종족인 칼리고인을 겁먹게 할 수 있었을까?

바닥에 다시 쓰러진 내 시선이 요술쟁이 머리뼈 뒤쪽의 구멍을 관통했다. 요술쟁이의 텅 빈 눈구멍을 통해 나는 아무도 기억하지 못한 것을 봤다. 그것은 구름이 찢어지며 드러난 세계의 지붕이었다. 세계의 지붕은 동굴의 둥근 천장처럼 불에 검게 그을리고 수정이 총총 박혀 반짝반짝 빛났다.

에필로그

침묵하는 별을 말하다

여러분이 이 책을 읽는 동안 보이저 1호는 우주의 어둠 속으로 30만 킬로미터 더 나가며 지구로부터 17광년 떨어진 항성 글리제 Gliese 445로 향했다. 쌍둥이인 보이저 2호와 마찬가지로 보이저 1호는 영원에 가까운 시간 동안 은하를 떠돌 것이다. 그리고 두 보이저 우주선 가운데 하나가 항성과 충돌할 가능성이 눈에 띄게 높아지려면, 우주 나이보다 1,000만 배 더 긴 시간이 필요할 것이다.

두 보이저호에는 특별한 것이 부착돼 있다. 칼 세이건은 여러 전문가로 구성된 팀을 꾸려 언젠가 보이저호를 발견하게 될 모든 지각적 존재가 이해할 수 있는 성간 interstellar 메시지를 제작했다. 이 메시지는 금으로 도금된 음반 형태로 '골든 레코드 golden record'라고 불린다.[1]

골든 레코드를 감싼 덮개에는 레코드 재생 방법을 알리는 일련의 사용 설명서가 표시됐으며(그림도 첨부됨), 레코드의 분당 회전수(16.5번) 또한 수소 원자의 기본 주파수 단위로 안내돼 있다. 태양계의 위치는 인근 펄서pulsar 14개를 기준으로 표시됐다.

각 보이저호의 골든 레코드 덮개에는 초고순도 우라늄-238이 실려 있어, 가상의 발견자는 우라늄의 느린 붕괴를 기준으로 발사 이후 시간이 얼마나 흘렀는지 알 수 있다. 이 방사성 시계는 45억 년마다 절반씩 줄어든다. 45억 년이 흐르면 골든 레코드 쌍둥이는 은하 절반 거리만큼 서로 멀어져 다시 만나지 못할 것이며, 늙고 팽창한 태양의 영향으로 지구가 오래전 파괴된 까닭에 인류가 존재했음을 암시하는 유일한 증거가 될 것이다.

수년 내에 보이저 1호의 동력원은 고갈될 것이다. 그러면 보이저호는 영원히 침묵할 것이며, 골든 레코드에 실린 방사성 물질의 고요한 붕괴는 영원으로 향하는 길에 놓인 마지막 장벽이 될 것이다. 하지만 언젠가 외계인의 손(그것이 손이라면)이 덮개에서 골든 레코드를 꺼내고, 레코드 재생에 필요한 축음기 바늘을 발견하면 상황은 달라진다. 외계인 과학자는 덮개에 새겨진 그림을 확인하면 재생 기기가 올바르게 작동하는지 알 수 있다.

보이저호의 골든 레코드가 임무를 완수한다면, 상상 불가능할 정도로 아득한 미래의 머나먼 은하 구석에서 1970년대 지구의 소리와 이미지가 다시 떠오를 것이다. 이를테면 고래의 노래, 모차르트의 〈밤의 여왕〉 아리아, F-111의 저공 비행음, 멸종한 귀뚜라미와 개구리의 울음소리 등이다. DNA, 뇌파 기록, 부시맨의 사냥, 타이탄 로켓의 이륙 등이 설명된 그림도 있다. 태국의 교통 체증, 시드니

오페라하우스, 슈퍼마켓 통로에서 포도를 먹는 여자, 진흙집과 고층 빌딩, 인간의 생식 기관, 악어 등이 담긴 사진도 포함된다. 이처럼 수많은 소리와 이미지 그리고 50여 개 언어의 인사말이 다른 생명체에 어떤 영향을 미칠지는 상상에 맡길 수밖에 없다. 나는 어머니가 아이 얼굴에 입을 맞추는 소리, 그리고 나지막한 목소리로 우는 아기를 달래는 어머니의 목소리를 듣고 '외계인' 과학자가 감동하기를 바란다.

이 중에는 당시 미국 대통령 지미 카터Jimmy Carter의 메시지도 담겨 있다. 1977년에 작성된 이 내용은 오늘날 더욱 절실하게 와닿는다.

> 우리 은하에 있는 항성 2,000억 개 가운데 일부, 아마도 다수의 항성에는 거주 가능한 행성과 우주를 여행하는 문명이 있을지 모른다. 그러한 문명 중 하나가 보이저호를 발견하고 이 내용을 이해할 수 있다면, 우리의 메시지는 다음과 같다.
> "이것은 작고 머나먼 행성에서 보내는 선물이다. 여기에는 우리의 소리와 과학, 이미지, 음악, 생각, 감정이 담겨 있다. 우리는 당신의 시대까지 살아남기 위해 우리의 시대를 살아가려 노력하고 있다. 우리는 현재 직면한 문제들을 해결하고 언젠가 은하 문명 공동체와 함께하기를 바란다. 이 레코드는 우리의 소망과 결의, 장엄하고 경이로운 우주를 향한 선의를 담은 것이다."[2]

먼 미래에 누군가가 골든 레코드 덮개에 표시된 펄서 14개를 지도 삼아 지구로 온다면, 죽은 행성을 발견하고 실망하게 될까? 아니면, 목성 궤도 영역에서 어둠을 배경으로 반짝이는 아름답고 푸른 점을 발견하고 경탄할까?

오늘날 우리에게 주어진 시급한 과제는 행성의 힘을 지구상의 모든 생명체가 이용할 수 있도록 재구성하는 것이다. 그리고 우리 시대에 단순히 살아남기 위해서가 아니라, 새로운 시대를 창조하기 위해 자신을 강화해야 한다.

골든 레코드를 별과 별 사이 허공에 쏘아올리는 행동에는 심오한 의미가 있다. 언젠가, 어딘가에서, 누군가 또는 무언가가 그것을 발견하고 우리를 기억해주기를 바란다는 의미다.

골든 레코드는 인류가 존재했다고 말한다.

우리는 별에서 태어났고, 별에 우리의 기억을 맡긴다.

감사의 말

6월의 어느 화창한 오후, T. J. 켈러허에게 '별이 보이지 않는 세상'에 관한 책을 제안했을 때만 해도, 이 아이디어의 씨앗에서 인생을 바꾸는 발견의 여정이 싹트리라고는 상상하지 못했다. 처음부터 나의 제안을 믿어준 T. J.에게 감사드린다.

이 씨앗이 뿌리를 내릴 때까지 도와준 모든 분들에게 감사의 말을 전한다. 큐리어스마인드에이전시의 피터 탤럭과 루이저 프리처드, 베이직북스의 라라 헤이머트와 세라 캐로, 그리고 이들과 함께 빛나는 열정으로 멋진 책을 만드는 팀원들에게 감사의 말을 전한다. 통찰력 넘치는 의견과 날카로운 편집의 메건 하우저, 부드럽고 명확한 문장으로 이 책을 완성시켜준 제니퍼 켈런드에게 특별한 감사를 표한다.

말로 다 표현할 수 없을 정도의 지지와 격려, 영감을 준 친구,

동료, 가족에게 감사드린다. 로라 캐머런과 앤드류 이턴 루이스, 로레타 지아네토니와 파우스토 파그나멘타, 지안프랑코 베르토네, 아이번 카브릴로, 엘리엘 카마고 몰리나, 에이프릭 캠벨, 데이비드 커니얼, 에드 다크, 스티븐 팔로우스, 지지 펀시스와 줄리아 카롤로, 알레산드로 라이오, 루이스 라이온스, 귀도 상귀네티, 테레자 스텔리코바, 엘리자베타 톨라, 리처드 왓슨에게 고마움을 전한다. 슬로베니아의 월든에서 천국을 마련해준 골든 비버 목장의 나스티아 가르트네르와 그레고르 비슈나르에게도 감사의 말을 전한다.

도움을 준 전문가 여러분에게 감사드린다. 데이비드 벤케, 히메나 카날레스, 아르노 차자, 에드워드 그리스피어트, 마크 매코그레인, 펠리시티 멜러, 로저 니본, 에드 크루프, 앤디 로런스, 타일러 노드그렌, 라라 롤스, 스티브 워렌, 마이클 웨더번, 그리고 레베카 랙 사익스에게 고맙다는 말을 전하고 싶다. 물론, 책의 모든 오류는 전적으로 나의 책임이다.

연구에 꼭 필요하지만 찾기 어렵거나 희귀한 자료를 제공해준 도서관 직원들에게 감사드린다. 임페리얼칼리지런던(특히 앤 브루와 로즈메리 러셀), 헌팅턴 도서관, 여키스 천문대, 그리고 트리에스테 국제고등연구대학원 소속 사서들, 특히 스테파니아 칸타갈리, 제라르디나 카르넬루티, 바버라 코르차니, 마리나 피체크에게 감사를 표한다.

친구이자 동료인 파비오 이오코에게도 진심으로 고맙다. 파비오의 존재와 지지, 통찰력 있는 제안이 책의 표지부터 곳곳에 변화를 불러일으켰다.

그리고 더 이상 별을 볼 수 없는 아버지께 모든 것에 감사드린다. 음악은 멈췄을지 몰라도 춤은 끝나지 않았다. 마지막으로 나의 아내 엘리사와 우리의 아이 벤저민, 에마에게 감사한 마음을 전한다. 가족의 격려와 사랑, 인내가 없었다면 이 책은 존재하지 않았을 것이다. 내 정신은 종종 별에 있었지만, 여러분은 나의 우주에서 언제나 가장 밝은 빛이었으며 앞으로도 그럴 것이다.

프롤로그

1 Homer, *The Odyssey*, 11.567.

2 아인슈타인은 다음과 같이 회상했다. "나는 16살 때 이미 역설과 마주쳤다. 진공에서 빛의 속도 c 로 빛줄기를 좇으면 나는 공간적으로 진동하지만 정지한 전자기장과 같은 광선을 관찰해야 한 다. 그런데 경험에 근거하거나 맥스웰 방정식에 따르면 그런 것은 없는 듯하다…. 이 역설에는 특수상대성이론의 싹이 이미 내재함을 알 수 있다"(quoted in Norton, "Chasing the Light," 123).

3 Leopardi, *La storia dell'astronomia*, 731. 내가 이탈리아어로 직접 번역한 문장에는 시의 우아함이 제 대로 표현되지 않았다. "Dacché la Terra ebbe degli uomini, il cielo ebbe degli ammiratori."

4 Mumford, *Technics and Civilization*, 47.

5 Eliade, *Patterns*, 39.

6 Quoted in Krupp, *Beyond the Blue Horizon*, 25.

7 Alighieri, *The Divine Comedy*, Paradise Canto 33, 145.

8 Bridgman, "Who Were the Cimmerians?", 39-40.

9 Homer, *The Odyssey*, 11.11-13.

1. 창백한 푸른 점

1 Sagan, *Pale Blue Dot*, 6.

2 Randall and Reece, "Dark Matter as a Trigger for Periodic Comet Impacts."

3 Eliade, *Patterns*, 39.

4 Poincaré, *The Value of Science*, 84. 이어서 푸앵카레는 우리가 지금은 뉘우쳤어야 할 오만함을 드러
   내며 다음과 같이 말한다. "[천문학]은 인간의 신체가 얼마나 왜소한지, 인간의 정신이 얼마나 위
   대한지 가르쳐준다. 정신의 위대함 앞에서 인간의 신체는 한낱 불명료한 점 하나에 불과하지만,
   인간의 지성은 이런 눈부신 거대함을 품을 수 있고 그것의 조용한 조화를 음미할 수 있다. 따라
   서 우리는 우리 힘에 대한 의식을 얻으며, 이 의식은 우리를 더욱 강력하게 만들어준다는 점에서
   값어치를 따질 수 없다."

5 Poincaré, *The Value of Science*, 84-85.

6 Quoted in Crawford, *Atlas of AI*, 227.

7 Poincaré, *The Value of Science*, 85.

8 Mumford, *Technics and Civilization*, 14.

2. 잃어버린 하늘

일식에 대한 고대 신앙의 주요 출처는 다음과 같다. Krupp, *Beyond the Blue Horizon*; Kelley and Milone,
Exploring Ancient Skies; Close, *Eclipses*. 현대 지식에 관해서는 다음 문헌을 참조하라. Nordgren, *Sun
Moon Earth*. 혜성 관련 지식을 대중 수준에서 다룬 좋은 자료는 다음과 같다. Schechner, *Comets*.

1 Emerson, *Nature*, 9.

2 Joel 2:31 (King James Version).

3 달의 궤도가 지구 궤도 평면을 상대로 5도 기울어진 까닭에 일식이 초승달마다 일어나지는 않는
   다. 달이 지구와 태양 사이에 있을 때(초승달일 때), 달이 대부분 태양 앞에 정렬돼 있지 않으므
   로 일식이 일어나지 않는다.

4 Herodotus, *Histories*, I.74.2-3.

5 Quoted in Krupp, *Beyond the Blue Horizon*, 162.

6 Humphreys and Waddington, "Dating the Crucifixion"; Schaefer, "Lunar Visibility and the
   Crucifixion"; Schaefer, "Lunar Eclipses That Changed the World."

7 Amos 8:9 (King James Version).

8 Quoted in Chambers, *The Story of Eclipses*, chap. 12.

9 Shayegan, "Aspects of History and Epic in Ancient Iran."

10 개기일식이 일어났다는 증거는 없지만, 오늘날 이라크 북부의 수도 아슈르에서 일식이 관측되었
    을 가능성은 있다(Stephenson, "How Reliable Are Archaic Records?"). 험프리스(Humphreys)와 와딩
    턴(Waddington)("Solar Eclipse of 1207 BC")은 구약성경의 한 구절이 기원전 1207년 개기일식을
    암시하는 내용으로 해석될 수 있다고 제안했으며, 기원전 1223년 초에 일식이 기록되었다는 주
    장도 있다(de Jong and van Soldt, "The Earliest Known Solar Eclipse").

11 Krupp, *Beyond the Blue Horizon*, 51-53; Frazer, *The Worship of Nature*, 556, 559-560, 596.

12 달의 크기가 큰 것은 우연이 아닐지도 모른다. 생명의 전제 조건인 지구 자전의 장기적 안정성이
    보장되기 위해서는 커다란 위성이 필요할 수 있다. 그러므로 이는 인류 존재에도 필수적이다(see
    Laskar, Joutel, and Robutel, "Stabilization of the Earth's Obliquity"; Lissauer, Barnes, and Chambers,
    "Obliquity Variations").

13 Numbers 24:17 (King James Version).

14 Matthew 2:2 and 2:9 (King James Version).

15 1987년 2월 23일 은하계에서 발생한 또 다른 초신성 폭발은 현대 장비로 매우 자세히 연구되었다. 그런데 1987년 초신성은 케플러의 초신성과 다른 유형이었다.

16 케플러가 생각한 것(그리고 19세기에 그의 입장이 어떻게 잘못 표현되었는지)에 관한 명쾌한 설명은 다음 문헌을 참조하라. Burke-Gaffney, "Kepler and the Star of Bethlehem"; quotes on 420-421. See also Kidger, *The Star of Bethlehem*.

17 Quoted in Schechner, *Comets*, 51.

18 Dio Cassius, *Roman History*, 8:66.

19 Aquinas, *Summa Theologiae*, Question 73, article 1.

20 Luke 21:25 (King James Version).

21 Botley and White, "Halley's Comet in 1066," 4-6.

22 전설에 따르면 윌리엄의 아내인 마틸다(Matilda) 여왕이 시녀들과 함께 해당 작품을 제작했다고 하는데, 실제 작가는 알려지지 않았다.

23 Westfall, *Never at Rest*, 104.

24 Quoted in Chambers, *The Story of Eclipses*, chap. 12.

25 Dunkin, *The Midnight Sky*, 116.

26 Milton, *Paradise Lost*, VII, 580.

27 DeLillo, *Underworld*, 623.

28 이 일화가 소개된 2008년 〈뉴욕타임스〉 기사에 따르면 '응급 센터와 심지어 그리피스 천문대에도 수많은 전화가 걸려와' 하늘의 '거대한 은빛 구름'에 관한 설명을 애타게 요구했으며, 천문학자는 그것이 은하수에 불과하다고 확신했다고 한다(Sharkey, "Helping the Stars"). 이 사건에 직접 관여한 그리피스 천문대 소장 에드워드 크루프(Edward Krupp) 박사는 "사람들은 어두운 하늘과 수많은 별에 단순히 반응했지만, 지평선에 매우 가까워서 특별히 눈에 띄지 않는 은하수에는 반응하지 않았다"라고 이야기했다. 총 12명 정도로 추정되는 신고자들은 호기심과 의아함을 나타내며 당황했다. 이들은 지진으로 인해 '이상한' 하늘이 생겼다고 생각한 것 같았으며, 이것이 단지 전기 차단의 영향으로 본 적 없는 별이 나타난 현상이라는 사실은 깨닫지 못했다'(Edward Krupp, emails to author, November 24-25, 2020).

29 Quoted in MacCarthy, *Gropius*, 239.

30 Hintz, Hintz, and Lawler, "Prior Knowledge Base of Constellations."

31 Thoreau, *Walden*, chap. 9.

32 Emerson, *Nature*, 9.

3. 구름 아래의 생명

캘러네이스에 관한 자세한 내용은 다음 문헌에서 발견된다. Ponting, *Callanish*; Sawyer Hogg, "Out of Old Books." 다른 행성의 구름과 관련된 사례는 다음 문헌에 설명돼 있다. Helling, "Clouds in Exoplanetary Atmospheres"; Moses, "Cloudy with a Chance of Dustballs"; Kipping and Spiegel, "Detection of Visible Light from the Darkest World"; Libby-Roberts et al., "The Featureless Transmission Spectra." 지구의 구름과 기후에 관해서는 다음 문헌을 참조하라. Still et al., "Influence of Clouds"; Hartmann,

Ockert-Bell, and Michelsen, "The Effect of Cloud Type." 최근 출현한 과학 분야인 외계기후학은 다음 문헌에서 검토되었다. Shields, "The Climates of Other Worlds." 루크 하워드라는 인물에 관해서는 다음 문헌을 참조하라. Hamblyn, *The Invention of Clouds*.

1 Ponting, *Callanish*, 10.

2 Captain Sommerville, quoted in Sawyer Hogg, "Out of Old Books," 86.

3 달의 정체 현상은 달의 궤도가 지구의 공전 궤도 평면에 대해 5도 기울어져 있기 때문에 발생한다. 주요 정체 현상의 정점을 전후로 약 3년 동안 달은 태양이 도달하는 위치보다 더욱 남쪽(하지 무렵) 또는 더욱 북쪽(동지 무렵)으로 뜨고 지게 된다. 주요 정체 현상 사이의 18.6년 주기는 달의 마디(달의 궤도 평면과 황도면의 교차점)의 전진으로 발생하며, 5장에서 설명하는 19년(235개의 보름달을 포함하는)의 메톤 주기와 다르다. 달의 정체 현상을 목격할 수 있는 다음 기회는 2025년이다.

4 Olson, Doescher, and Olson, "When the Sky Ran Red."

5 Gryspeerdt, "Where Is the Cloudiest Place on Earth?"

6 이는 1876년경 캠벨이 직접 만든 장치로 런던 국립해양박물관에 전시돼 있다. 이 장치는 고광택 황동 그릇에 나침반처럼 주요 방향과 각도를 알리는 눈금이 새겨져 있다. 산세리프 글씨체의 라틴어 문구 '나는 고요한 시간만 헤아린다'가 적혀 있어 시간을 측정하는 장치로 오해할 수 있다. 그런데 일조 측정 장치의 핵심은 그릇 안에 있는 유리 구체로, 하늘을 가로질러 이동하는 태양빛을 포착하고 광선을 집중시켜 그릇 바닥에 놓인 종이 조각에 그을린 선을 생성한다. 그을린 선은 태양의 경로를 표시하며 하늘의 구름양을 기록한다.

7 "Niels Ryberg Finsen—Facts."

8 London, *The People of the Abyss*.

9 Quoted in Robson-Mainwaring, "The Great Smog of 1952."

10 Quoted in Robson-Mainwaring, "The Great Smog of 1952."

11 Robinson, "15 Most Polluted Cities in the World."

12 Abbot, "The Habitability of Venus," 170.

13 Quoted in Launius, "Venus-Earth-Mars," 257.

14 Bradbury, "The Long Rain."

15 Burroughs, *Pirates of Venus*.

16 Barlow, *The Immortals' Great Quest*, 81.

17 Barlow, *The Immortals' Great Quest*, 114.

18 이 소설은 나중에 그의 본명으로 재출간됐다. Barlow, *The Immortals' Great Quest*.

19 Sagan, "The Planet Venus," 849.

20 최근 금성에서 생명체를 찾는 과정에서 천문학자 팀(Greaves et al., "Phosphine Gas in the Cloud Decks of Venus")은 2020년 금성 구름에서 포스핀(phosphine)이 발견됐다고 보고했다. 포스핀은 지구 습지와 늪지대의 세균이 생성하는 독성 기체로, 펭귄과 오소리 배설물에서도 발견된다. 포스핀을 찾는 것은 (냄새가 나는) 생명체를 찾는 일이다. 데이터를 재분석한 결과 포스핀 검출이 오류라는 사실이 밝혀지면서, 이 흥미로운 가능성은 일단락되었다(Villanueva et al., "No Evidence of Phosphine in the Atmosphere of Venus").

21 Kreidberg et al., "Clouds in the Atmosphere."

22 Poincaré, *The Value of Science*, 84.

23 Quoted in Beck, "The Caves of Forgotten Times."

24 Quoted in Hooper, "Three Years in a Cave."

25 Kaiho et al., "Global Climate Change Driven by Soot."

26 공룡의 멸종을 초래한 소행성 충돌에 관해서는 다음 문헌을 참조하라. Renne et al., "Time Scales of Critical Events"; on the cometary impact theory around the transition between the Paleolithic and Neolithic periods, see Powell, "Premature Rejection"; Sweatman, "The Younger Dryas Impact Hypothesis."

27 Gould, "The Evolution of Life on the Earth," 100.

4. 별빛의 무게

네안데르탈인의 삶과 고생물학적 증거에 대해서는 다음 문헌을 참조하라. Wragg Sykes, *Kindred*. 원주민의 하늘에 관한 지식은 다음 문헌에 기술되었다. Hamacher, *The First Astronomers*; Norris, "Dawes Review 5." 이누이트족의 하늘에 관한 지식은 다음 문헌을 보라. MacDonald, *The Arctic Sky*. 플레이아데스성단을 둘러싼 전설은 다음 문헌을 참조하라. Krupp, *Beyond the Blue Horizon*, 241ff; Kelley and Milone, *Exploring Ancient Skies*, 141ff. 동물의 별 기준 방향 찾기는 다음 문헌에 설명되었다. Foster et al., "How Animals Follow the Stars."

1 Wragg Sykes, *Kindred*, 38

2 Price, "Africans Carry Surprising Amount of Neanderthal DNA."

3 Wragg Sykes, *Kindred*, 377.

4 Gibbons, "Neanderthals Carb Loaded."

5 d'Errico et al., "The Origin and Evolution of Sewing Technologies."

6 Knight, *Blood Relations*, 344.

7 중위도와 북쪽 고위도 사이에서는 예외가 발생한다. 추분점에 가장 가까운 보름달이 뜬 다음 날 저녁, 이른바 추수감사절에는 달이 매일 밤 지평선에서 더욱 북쪽으로 상승해 지연 시간을 줄이거나 아예 없앤다. 따라서 해질녘부터 새벽까지 보름달이 뜨는 기간은 며칠 밤으로 늘어날 수 있다. 남반구에서는 3월 춘분 무렵에 같은 현상이 발생한다.

8 Colagé and d'Errico, "Culture."

9 Hare and Woods, *Survival of the Friendliest*.

10 Knight, *Blood Relations*.

11 Marshack, *The Roots of Civilization*.

12 후기 구석기시대의 달 표기법에 관해서는 다음 문헌을 참조하라. Hayden and Villeneuve, "Astronomy in the Upper Palaeolithic?"

13 또 다른 유물인 2만 년 전 멸종된 호주 유대류의 이빨 조각은 음력을 상징한다고 추정된 표식 28개가 남아 있다(Vanderwal and Fullagar, "Engraved Diprotodon Tooth"). 최근의 재분석에 따르면 이 표식은 작은 동물이 만든 것으로 나타났다(Langley, "Re-analysis of the 'Engraved' Diprotodon Tooth").

14 금성과 사랑의 여신이 연관된 것은 천문학적 지식에서 영감을 받았을 수도 있다. 금성은 인간의

임신 기간에 해당하는 263일간 '저녁별'로 나타났다가 태양 뒤로 사라지고 50일 뒤 다시 '아침별'로 나타나 265일간 지속된다.

15 '블루문'이라는 이름은 색과 아무런 관련이 없다. 1937년 8월 21~22일자 메인주 농민 연감에서는 "이 여분의 달은 계절마다 찾아오는 방식이 달라 다른 달처럼 시기에 맞는 이름을 붙일 수 없었다. 보통 블루문이라고 불렀다"라고 설명한다.

16 일부 연구에 따르면 가까운 곳에 사는 여성들은 월경 주기가 동기화되는 경향이 있는 것으로 나타났고, 1971년 이를 처음 제기한 연구자의 이름을 따 '매클린톡 효과'라고 불렸으나(McClintock, "Menstrual Synchrony and Suppression"), 그 증거에 대해서는 논란이 있다(Gosline, "Do Women Who Live Together"). 현대 수렵 채집인에 대한 민족지학적 기록은 밴쿠버섬의 누우차눌족 원주민의 문서화된 사례를 제외하면 일반적으로 여성의 월경 주기는 달의 위상과 동기화된 흔적을 나타내지 않는다(Knight, "Menstruation and the Origins of Culture," 211). 월경이 간헐적으로 달의 발광 주기 또는 중력 주기와 일치할 수 있다는 징후도 있지만, 이를 이해하려면 더욱 엄격한 통계적 조사를 진행해야 한다(Helfrich-Forster et al., "Women Temporarily Synchronize"). 어쨌든 현대 사회에서 달의 주기와 여성의 생식력 사이의 상관관계를 관찰할 수 있다면, 여성이 밀집된 집단에서 함께 살았으며 불을 제외한 인공조명이 없었던 선사시대에는 그 상관관계가 훨씬 강하게 드러났을 가능성이 있다고 크리스 나이트는 주장한다.

17 Knight, *Blood Relations*, 97.

18 Glaz, "Enheduanna," 33.

19 마샥의 연구는 '보편성이 적고, 방법론에 대한 묘사가 간결하고, 주장이 입증된 진리로 제시'되었다며 격렬히 비판받았지만(King, "Reviewed Works," 1897), 오늘날에도 여전히 논쟁을 일으키는 숫자 표기법의 기원에 의문을 제기한다(Robinson, "Not Counting on Marshack").

20 O'Connell, Allen, and Hawkes, "Pleistocene Sahul and the Origins of Seafaring."

21 Quoted in Fuller, Norris, and Trudgett, "The Astronomy of the Kamilaroi and Euahlayi Peoples," 10.

22 Hamacher, "On the Astronomical Knowledge," 82.

23 Norris and Harney, "Songlines and Navigation," 143.

24 MacDonald, *The Arctic Sky*, 169.

25 Quoted in MacDonald, *The Arctic Sky*, 167.

26 Norris and Harney, "Songlines and Navigation," 143.

27 하마허("On the Astronomical Knowledge," chap. 5)는 하늘과 관련된 많은 원주민 전통과 이야기가 1만 년보다 오래될 수 없음을 보여주는데, 그 전에는 춘분의 세차운동으로 하늘과의 연관성이 사라지기 때문이다.

28 Quoted in MacDonald, *The Arctic Sky*, 167.

29 Norris, "Dawes Review 5," 22-23.

30 Fuller et al., "Star Maps and Travelling to Ceremonies,"이 문헌에서는 1894년 참석자들이 160킬로미터까지 이동해 참석했던 보라 의식을 이야기한다.

31 Hayden and Villeneuve, "Astronomy in the Upper Palaeolithic?"

32 From *Hymn to Taurus*, quoted in Allen, *Star Names*, 392.

33 Andrews, *The Seven Sisters of the Pleiades*, 179ff; Allen, *Star Names*, 392.

34 Alfred Tennyson, "Locksley Hall," quoted in Allen, *Star Names*, 396.

35 "Origin of the Name Subaru."

36 Rappengluck, "The Pleiades in the 'Salle des Taureaux.'"

37 Quoted in Allen, *Star Names*, 407.

38 Aratus, *Phenomena*, 253.

39 Norris and Norris, "Why Are There Seven Sisters?"; see also Hamacher, *The First Astronomers*, 147ff.

40 Johnson, "Interpretations of the Pleiades," 293.

41 맨눈으로 관측 가능한 여섯 개의 별은 신화 속 일곱 자매 중 다섯 자매(알키오네, 메로페, 엘렉트라, 마이아, 타위게테)의 이름을 따온 것이고, 여섯 번째 별은 그리스 신화에 나오는 자매의 아버지 이름인 '아틀라스'라고 불린다. 아틀라스와 너무 가까워 맨눈으로 보이지 않는 일곱 번째 별은 자매의 어머니 이름인 '플레이오네'라고 불린다. 예외적인 상황이거나 시력이 좋은 사람이라면 더 많은 별을 식별할 수 있다. 케플러의 스승인 미하엘 메스틀린은 1579년 망원경 없이 별 14개를 세며 설명했다. 히파르코스는 7개, 콜롬비아의 바라사나는 8개, 페루 케추아족은 10개, 13개, 16개에 대해 설명했다. 아즈텍 고문서에는 9개, 호주 원주민의 나무껍질에는 13개가 표시됐다.

42 Norris and Norris, "Why Are There Seven Sisters?"; Norris and Norris, *Emu Dreaming*.

43 Eiseley, *The Immense Journey*, 50.

44 태양력은 정확히 365일이 아니므로 율리우스력 개혁으로도 계절과 역년 간의 차이를 완전히 없애지 못했다. 그리하여 또 다른 조정이 필요했고, 교황 그레고리 13세는 1582년 다시 달력을 개혁해 400으로 나눠지지 않는 윤년을 모든 세기에서 없앴다. 그리고 누적된 편차를 보완하기 위해 1582년 10월 5일은 10월 15일로 정했다. 영국과 영국 식민지에서 그레고리력 개혁이 채택된 것은 1752년으로, 11일의 손실과 그에 따른 임금 및 지불 혼란으로 런던에서는 폭동이 발생했다.

45 Krupp, *Beyond the Blue Horizon*, 67-68.

46 Norris, "Dawes Review 5," 27.이누이트족은 당시 지배적인 자연 현상의 이름을 따 다음 13개의 달을 명명했다. 뜨는 해, 상승하는 해, 새끼 바다표범의 조산, 새끼 바다표범, 장막을 드리운 달, 새끼 순록, 알, 순록의 털갈이, 두툼해진 순록 털, 껍질이 벗겨진 순록 뿔, 겨울의 시작, 듣기(이웃의 소식), 거대한 어둠. 이 마지막 달은 기간이 무한하므로 태양년과 동기화하기 위해 필요한 경우 생략한다(MacDonald, *The Arctic Sky*, 194ff).

47 Mithen, *The Prehistory of the Mind*, 149.

48 Keith, "Whence Came the White Race?" 인류학자 아서 키스(Arthur Keith)처럼 과학적 인종 차별과 백인 우월주의를 지지하는 사람들은 네안데르탈인이 소멸한 현상을 열등한 인종의 멸종을 정당화하는 자연 질서의 일부로 여겼다.

49 Mathews, "Message-Sticks," 292-293.

50 Bird et al., "Early Human Settlement of Sahul."

51 주의: 지금까지 발견된 네안데르탈인 화석은 약 300개에 불과하며, 수백만 개체가 지구 위를 걸었을 것이라 고려하면 증거 자료는 매우 적다.

5. 천상의 시계

별자리 신화에 관해서는 다음 문헌을 참조하라. Ridpath, *Star Tales*. 안티키테라 기계에 관해서는 다음 문헌에 설명되었다. de Solla Price, "Gears from the Greeks"; Freeth et al., "A Model of the Cosmos." 이집트 데칸에 관해서는 다음 문헌을 보라. Neugebauer, "The Egyptian 'Decans'"; van der Waerden,

"Babylonian Astronomy."

1 Mitchell, *Gilgamesh*, 162.

2 Ossendrijver, "Ancient Babylonian Astronomers."

3 A modern-day genetic explanation has been suggested by Ashrafian, "Ancient Genetics."

4 Bickel and Gautschy, "Eine Ramessidische Sonnenuhr."

5 이집트인은 지거나 떠오르지 않는 별이 있음을 알았고, 오늘날 이는 '주극성(circumpolar star)'이 라 불린다. 이집트인은 저 너머에 존재하는 축복받은 사람들의 영혼이 '당신은 죽지 않았다'라는 말을 들었다고 생각했다(Krauss, "Egyptian Calendars and Astronomy," 133).

6 Krupp, *Beyond the Blue Horizon*, 220.

7 Quoted in Krauss, "Egyptian Calendars and Astronomy," 131.

8 Quoted in Duke, "Hipparchus' Coordinate System," 428.

9 Quoted in Burton, *The History of Mathematics*, 26.

10 프랑스 혁명기의 합리주의자들은 1794년 10진법을 도입해 60진법 기반의 시간 측정 전통을 개 혁하려 시도했다. 10진법에서 하루는 10시간, 1시간은 100분, 1분은 100초였다. 10진법 강제 사 용은 불과 7개월 만에 종료되었다.

11 Bedini and Maddison, "Mechanical Universe," 18.

12 Quoted in Bedini and Maddison, "Mechanical Universe," 18.

13 de Solla Price, *Science Since Babylon*, 28.

14 혹은 독창성에도 불구하고 그를 고용한 거만한 왕립학회 동료들에게 하인 취급을 받았다. 과학 을 하는 것이 부유하고 게으른 신사의 고급스러운 취미였던 시절, 급여를 받는 '실험 철학자'는 사회 환경에 쉽게 적응하지 못했다(Shapin, "Who Was Robert Hooke?").

15 Bennett, "Robert Hooke as Mechanic," 36. 혹은 또한 공기 펌프를 완성해 새, 물고기, 자신을 대상 으로 실험하며 밀폐된 용기에서 공기를 빼내면 무슨 일이 일어나는지 조사했다(동물들은 죽었 고 그는 어지럼증을 느껴 실험을 중단했다). 실험에 대한 그의 갈증은 물리학의 세계에만 국한되 지 않았다. 갈비뼈와 횡격막을 모두 잘라내 개를 살려냈다는 그의 첫 번째 보고는 믿을 수 없다 는 반응을 얻었고, 이러한 반응에 그는 왕립학회의 '고귀한 동료'를 증인 삼아 끔찍한 해부 실험 을 반복할 만큼 분노했다(Shapin, "Who Was Robert Hooke?," 284).

16 Quoted in Shapin, "Who Was Robert Hooke?," 274

17 Lawson Dick, *Aubrey's Brief Lives*, 164.

18 Quoted in Bedini and Maddison, "Mechanical Universe," 15.

19 Quoted in Bedini and Maddison, "Mechanical Universe," 25.

20 Quoted in Bedini and Maddison, "Mechanical Universe," 26.

21 de Solla Price, "Leonardo Da Vinci and the Clock."

22 de Solla Price, *Science Since Babylon*, 29.

23 de Solla Price, *Science Since Babylon*, 12.

24 Quoted in Frank, *About Time*, 85.

25 Quoted in Bedini and Maddison, "Mechanical Universe," 20.

26 발견에 관한 모든 흥미로운 세부 사항은 다음 문헌에 보고됐다. Throckmorton, *Shipwrecks and Archaeology*, chap. 4.

27 de Solla Price, "The Prehistory of the Clock," 157.

28 Cicero, *Tuscalan Disputation*, I, 63, quoted in de Solla Price, "Gears from the Greeks," 57.

29 태양 원반의 유한한 크기 때문에 그노몬의 그림자가 선명하지 않으므로, 해시계의 최대 정밀도는 약 1분이다.

30 Quoted in Bedini, "Along Came a Spider, Part 2," 7.

31 Quoted in Turner, "Spiders in the Crosshairs," 10.

32 Quoted in Turner, "Spiders in the Crosshairs," 12. 거미줄을 대량 생산하기 위해, 2000년대 초 한 생명공학 스타트업은 산양유에서 귀중한 거미줄을 얻는다는 목표로 산양에 거미줄 생산 유전자를 이식하는 데 성공했다(Levy, "The Race to Put Silk").

33 Charlot et al., "The Third Realization of the International Celestial Reference Frame."

34 칼리고인에게는 낮과 밤의 교차와 자연의 1년 주기 외에 다른 시간 측정 수단이 없으며, 어쩌면 시간을 측정할 필요도 없을 것이다. 푸코의 사람들은 진자에 집착해 실수로 지구의 자전을 발견하면서 문제를 정반대로 몰고 간다. 진자의 진동 평면은 지구가 자전할 때도 일정하게 유지되며, 프랑스 물리학자 레옹 푸코는 1851년 파리의 팡테옹 돔에 길이 67미터 진자를 매달아 오늘날까지도 관측 가능한 진자 운동을 시연했다.

6. 세 겹의 청동과 참나무

투파이아의 인물상에 관해서는 다음 문헌을 참조하라. Salmond, "Tupaia, the Navigator-Priest"; Druett, *Tupaia*. 소벨(Sobel)의 탁월한 견해를 제외하고, 경도 포상금 관련 내용은 다음 문헌을 참조하라. Perkins, "Edmond Halley, Isaac Newton." The first-person accounts of Cook, *Captain Cook's Journal*, and Banks, Journal, are fascinating and revealing about the nature of their interactions with the people they encountered. In relation to Cook's navigation skills and his transit-of-Venus expedition, see Deacon and Deacon, "Captain Cook as a Navigator"; Woolley, "Captain Cook"; Beaglehole, "On the Character." 매스켈라인에 관한 문헌은 다음을 참조하라. Howse, *Nevil Maskelyne*. 전통적인 폴리네시아 항해법과 관련된 문헌은 다음과 같다. Low, *Hawaiki Rising*, and Lewis, *We, the Navigators*. 투파이아의 지도 제작 및 해석은 다음 문헌에 기술됐다. Finney, "Nautical Cartography"; Eckstein and Schwarz, "The Making of Tupaia's Map"; Di Piazza and Pearthree, "A New Reading." 본초 자오선에 관해서는 다음 문헌을 참조하라. Howse, *Greenwich Time*.

1 Horace, *The Odes*, Book I:III.

2 유럽과 아시아에서 부르는 명칭은 각각 '태양이 지는 지역(Ereb)'과 '태양이 뜨는 지역'(aṣû)을 뜻하는 페니키아어에서 유래했을 가능성이 있다.

3 Callimachus, *Iambus* I, 52, quoted in Kirk, Raven, and Schofield, *The Presocratic Philosophers*, 84. 플라톤에 따르면 탈레스는 별에 너무 몰두한 나머지 하늘을 바라보며 걷다가 우물에 빠진 적이 있다고 한다.

4 Homer, *The Odyssey*, Book V, translated in Boitani, "Poetry of the Stars," 289. 호메로스는 큰곰자리를 지평선 아래로 내려가지 않는 유일한 별자리로 잘못 꼽았다. 실제로 작은곰자리 또는 카시오페아 등 다른 별자리도 신화가 만들어진 시점과 현재 지중해 지역에서 주극성으로 관측된다. 호메로스는 1년 내내 길 찾기 도구로 활용 가능한 모든 별자리를 큰곰자리로 대표했는지도 모른다.

5 Bryant, "Hymn to the North Star."

6 Shakespeare, *Julius Caesar*, act 3, scene 1.

7 Allen, *Star Names*, 454.

8 오늘날에도 북극성은 실제 북극에서 1도(보름달 지름의 2배 거리) 떨어져 있어 정확하게 고정돼 있지 않다. 따라서 북극성 주위에는 작은 원이 형성된다.

9 북극성은 흔히 생각하는 것과 다르게 특히 눈에 잘 띄는 별은 아니다. 그런데 북두칠성 국자 끝에 있는 별 2개(또는 큰 마차 자리에서는 마차 뒷면)를 찾고 두 별의 방향을 따라 약 6배 간격으로 이동하면 북극성이 나타난다.

10 '아오테아로아'는 마오리족이 북쪽 섬에 붙인 이름으로, 뉴질랜드를 지칭한다.

11 Rodman and Stokes, "The Sacred Calabash," 하와이 항해자들은 물을 채운 바가지를 거울로 삼아 북극성의 고도를 측정하고 타히티에서 돌아올 때 위도를 측정했다고 주장했다. 그런데 이것은 논쟁의 여지가 있다. (Richards-Jones, "The Myth of the Sacred Calabash"). 또 다른 해석은 신성한 바가지에는 항해를 돕는 기능이 아닌, 유리하게 부는 바람을 제외한 모든 요소를 차단하는 마법 같은 기능이 있었다는 것이다(Makemson, *The Morning Star Rises*, 147).

12 Andía y Varela, "An Account of Traditional," 2:282. 조셉 뱅크스(*Journal*, 159ff)는 파히(pahi)라고 불리는 소시에테 제도의 항해용 카누를 자세히 설명한다. 두 개의 카누는 안정성을 위해 서로 고정돼 있고, 삼각형 돛이 장착된 돛대 한두 개가 달려 있다. 깃털로 만든 작은 깃발은 돛대 높이인 7미터 위에 달려 있어 바람이 불면 장관을 이룬다.

13 Lewis et al., "Voyaging Stars," 133.

14 통가 제도의 한 맹인 선장은 아들에게 별 몇 개의 위치를 알려달라고 부탁한 다음 길을 잃은 함대를 구했으며, 바닷물에 손을 담그고 수평선 너머 피지섬의 위치를 정확히 가리켰다고 한다 (Lewis et al., "Voyaging Stars").

15 Lewis et al., "Voyaging Stars," 141.

16 Andía y Varela, "An Account of Traditional," 2:284.

17 Quoted in Turnbull, "(En)-countering Knowledge Traditions," 68.

18 그가 선박을 카리브해에 정박한 동안 월식이 관측됐고, 결과적으로 경도가 22도(1494년) 그리고 38도(1504년)로 수천 마일에 해당하는 엄청난 오차가 발생했다(Randles, "Portuguese and Spanish Attempts," 236).

19 Costa Canas, "The Astronomical Navigation in Portugal"; Laguarda Trías, "Las longitudes geográficas," 172-173.

20 The Longitude Prize was set up after William Whiston (Newton's successor as Lucasian professor) and mathematician Humphrey Ditton proposed in all earnestness to anchor a fleet of signal boats at six-hundred-mile intervals across the oceans, firing guns at midnight so that mariners could set their clocks by them (Perkins, "Edmond Halley, Isaac Newton," 128; Sobel, *Longitude*, 48).

경도 포상금은 윌리엄 휘스턴(William Whiston, 뉴턴의 후임으로 부임한 루커스 석좌 교수)과 수학자 험프리 디턴(Humphrey Ditton)이 해양을 가로질러 600마일 간격으로 신호선을 정박시키고 선원들이 시계를 맞출 수 있도록 자정에 총을 쏘겠다고 본격적으로 제안한 계기로 제정됐다 (Perkins, "Edmond Halley, Isaac Newton," 128; Sobel, *Longitude*, 48).

21 Gingerich, "Cranks and Opportunists," 135.

22 Quoted in Sobel, *Longitude*, 52.

23 경도 문제를 해결하려는 갈릴레오의 시도에 관한 이야기는 다음 문헌을 참조하라. Grijs,

"European Longitude Prizes." 바다에서는 효과가 없었지만 육지에서는 훌륭한 결과가 나왔다. 그런데 숙련된 관찰자가 서로 다른 위치에서 목성의 위성을 가리는 일식을 동시에 측정해야 했다. 천문학자 조반니 도메니코 카시니(Gian Domenico Cassini)가 1693년 갈릴레오의 방식으로 만든 새롭고 정확한 프랑스 지도를 루이 14세에게 제시하자, 왕은 자신이 적보다 천문학자에게 더 많은 영토를 빼앗기고 있다며 한탄했다고 알려졌다(Van Helden, "Longitude and the Satellites of Jupiter").

24 왕립학회의 영리한 간청에 자부심을 느낀 왕은 자신의 돈 4,000파운드를 탐험대에 자금으로 지원했다. "영국은 고대와 현대를 막론하고 지구상 어느 국가보다 열등하지 않은 천문학 지식으로 학계에서 칭송받고 있다. 이 중요한 현상에 대한 정확한 관찰을 게을리한다면 영국에게 불명예가 돌아갈 것이다." (Carter, "The Royal Society," 251).

25 Hamilton, *Captain James Cook*, n.p.

26 Cook, *Captain Cook's Journal*, 317 (August 23, 1770).

27 Banks, *Journal*, 73 (April 13, 1769). 뱅크스는 엔데버호 항해를 최고의 여행으로 여겼으며, 쿡의 배를 타고 세계 일주하는 데 현재 200만 파운드에 해당하는 돈을 급여, 장비, 물품 구입에 썼다. 그는 늘 멋지게 여행하는 것을 좋아했으므로, 엔데버호에 탑승한 그의 수행원은 식물학자, 화가, 두 명의 예술가, 하인 4명(그레이하운드 두 마리 포함)으로 구성됐다. 뱅크스의 탁자에는 맥주, 포트와인, 포도주, 애플파이, 체셔 치즈가 놓여 있었다.

28 Cook, *Captain Cook's Journal*, 76 (June 3, 1769).

29 "Secret Instructions to Captain Cook," 1.

30 Cook, *Captain Cook's Journal*, 87 (July 13, 1769).

31 Banks, *Journal*, 109 (July 12, 1769). 1774년 쿡은 투파이아와 함께 두 번째 항해를 마치고 투파이아와 같은 섬 출신인 청년 마이(Mai)를 데려와 보호했다. 뱅크스는 런던 사교계에 마이를 소개했고, 이 이국적인 방문객은 궁정에서 이따금 조지 왕 및 샬롯 여왕을 영접했으며 오페라와 왕립학회 만찬, 여우 사냥에도 초대받았다. 마이는 체스와 주사위 놀이를 배우고 왕립극장에서 공연된 연극의 주인공이 되기도 했다. 초반의 화려한 일정 뒤 뱅크스는 자신의 임무에 지루함을 느꼈는데, 한 학자는 뱅크스가 "가르침을 받지 않고 깨달음을 얻지 못한 정신의 작용을 관찰하기 위해 마이를 호기심의 대상으로 삼는 것 같다"라고 썼을 정도였다. (quoted in Salmond, *The Trial of the Cannibal Dog*, 298; see also Shapin, "Keep Him as a Curiosity").

32 Banks, *Journal*, 110 (July 13, 1769).

33 Cook, *Captain Cook's Journal*, 118 (July 31, 1769).

34 Quoted in Williams, "Tupaia, Polynesian Warrior," 40.

35 Marra, *Journal*, 217.

36 Banks, *Journal*, 162 (Chapter VII).

37 Banks, *Journal*, 124 (August 9, 1769).

38 Cook, *Captain Cook's Journal*, 121 (August 15, 1769).

39 투파이아의 지도가 만들어지는 과정에 대해 알려진 사항은 쿡의 두 번째 항해에서 뱅크스를 대신한 박물학자 요한 포스터(Johann Forster)의 간접적인 설명에서 비롯됐다. "투파이아는 표의 의미와 사용법을 인식하고 자신의 설명에 맞춰 표를 만드는 방향을 제시했다. 그리고 항상 각 섬이 위치한 하늘의 일부를 가리키며 해당 섬이 타히티보다 큰지 작은지, 높은지 낮은지, 사람이 사는지 살지 않는지를 언급하고 이따금 섬에 관한 흥미로운 설명을 추가했다."(quoted in Finney, "Nautical Cartography," 447).

40 Turnbull, "(En)-countering Knowledge Traditions," 69.

41 하지만 투파이아의 지도만이 그의 기술을 암시하는 유일한 증거는 아니다. 투파이아는 그림에도 재능이 있어서 깜짝 놀랄 만한 수채화를 그렸다. 나무껍질 카누를 타고 노를 젓는 호주 원주민, 콧구멍으로 피리를 연주하는 타히티 음악가, 화려한 전통 의상을 입은 장례식장의 조문객, 나무껍질 옷만 걸친 현지인을 상대로 손수건과 커다란 붉은 가재를 조심스레 교환하는 뱅크스의 캐리커처 등을 유쾌하게 표현한 작품이 그 예다(Smith, "Tupaia's Sketchbook").

42 Quoted in O'Brian, *Joseph Banks*, 109.

43 Cook, *Captain Cook's Journal*, 229 (March 1770).

44 Quoted in Williams, "Tupaia," 40.

45 Quoted in Salmond, *The Trial of the Cannibal Dog*, 188.

46 Hornsby, "LIII. The Quantity of the Sun's Parallax."

47 Quoted in Howse and Hutchinson, *Clocks and Watches*, 194

48 제임스 쿡은 마지막 세계 일주를 하던 중 1779년 2월 하와이에서 사망했는데, 원주민들을 여러모로 자극한 까닭에 살해당한 것이었다. 쿡의 시신은 토막 났고, 그의 살은 정복당한 족장을 위한 전통 의식을 통해 불태워졌다. 오늘날 폴리네시아인들은 그가 남긴 유산에 의문을 제기한다. K-1은 쿡이 사망하고 두 달 만에 작동을 중단했다.

49 Brumfiel, "U.S. Navy Brings Back Navigation."

50 Quoted in Low, "Polynesian Navigation."

51 자철석(Lodestone)은 철을 끌어당기는 희소한 자연 자성 광물로, 자석 나침반으로 활용될 수 있어 영어로 '로드스톤'이라는 이름이 붙었다('항로의 돌'을 의미, 고대 영어에서 '길'을 뜻하는 단어 로드lode에서 유래함). 자철석은 기원전 4세기에 중국에서 처음 보고됐지만, 고고학적 발견에 따르면 그보다 1,000년 앞서 발견됐을 수도 있다(Carlson, "Lodestone Compass"). 자철석은 검은색을 띠어서 이따금 운석으로 오인된다.

7. 아름다움과 질서로부터

브라헤와 케플러의 인물상은 다음 문헌을 참조하라. the double biography of Ferguson, *The Nobleman*. 코페르니쿠스의 전기는 다음 문헌에 설명됐다. O'Connor and Roberts, "Nicolaus Copernicus." 갈릴레오와 케플러의 관계는 다음 문헌을 참조하라. Peterson, *Galileo's Muse*, chap. 8. 뉴턴의 인물상은 다음 문헌에 기술됐다. Westfall, *Never at Rest*; More, *Isaac Newton*. 하버드 천문대에서 여성 천문학자가 어떤 역할을 했는지는 다음 문헌에 설명됐다. Sobel, *The Glass Universe*. 우주망원경 사진의 미학은 다음 문헌을 참조하라. Kessler, *Picturing the Cosmos*; Castello, "The Art Behind."

1 Prescod-Weinstein et al., "The James Webb," 이 문헌은 웹이 동성애자를 차별하는 정책에 공동 책임이 있다고 주장하며, 해당 시기는 '라벤더 공포'로 알려졌다. NASA 수석 역사학자의 보고서에 따르면 웹이 라벤더 공포와 직접적으로 관련된 증거는 발견되지 않았다(Odom, "NASA Historical Investigation")

2 오목한 (가운데가 얇은) 렌즈와 볼록한 (가운데가 두꺼운) 렌즈의 조합으로 '멀리 또는 가까이에 있는 물체가 다른 모든 물체보다 커 보인다'는 것은 나폴리의 다재다능한 수학자 잠바티스타 델라 포르타(Giambattista della Porta)의 1589년 저서에 이미 언급됐지만, 그는 아이디어를 실행에 옮기지 않았다. 리페르스헤이가 특허를 받으려고 네덜란드 총독에게 발명품을 제출했을 때 유리

제조업자인 제임스 메티우스(James Metius)와 자카리아스 얀센(Zacharias Jansen)은 독립적으로 같은 아이디어를 냈다며 헛된 주장을 내세웠다.

3 Quoted in Rosen, "Galileo and the Telescope," 180.

4 Psalm 104:5 (King James Version).

5 Qur'an 21:33 (Yusuf Ali translation).

6 Quoted in Hoskin, *The Cambridge Illustrated History*, 92.

7 Quoted in Hoskin, *The Cambridge Illustrated History*, 97

8 Copernicus, *De revolutionibus*, 528.

9 화려한 우라니보르그에는 분수대, 정원, 천문대, 작업장, 방문객 숙소 등 무엇도 남지 않게 됐다. 1597년 브라헤가 새 왕과의 분쟁으로 망명한 뒤 주민들은 강제 노동의 상징인 그의 웅장한 성을 파괴해 증오하던 영주로부터 회복된 자유를 축하했다. 세계 최초이자 최고의 천문대가 있었던 자리에서는 한 세기 만에 망각의 양들이 풀을 뜯었다.

10 Quoted in Ferguson, *The Nobleman*, 183.

11 Johannes Kepler, quoted in Ferguson, *The Nobleman*, 189.

12 "Tycho Brahe Wasn't Poisoned After All."

13 Ferguson, *The Nobleman*, 279.

14 Ferguson, *The Nobleman*, 320.

15 Galilei, *The Sidereal Messenger*, 44-45.

16 Quoted in Sobel, *Galileo's Daughter*, 35.

17 Galilei, *The Sidereal Messenger*, 69-70.

18 Quoted in Partridge and Whitaker, "Galileo's Work," 411.

19 갈릴레오는 토성을 발견했을 때 "나는 가장 고귀한 행성인 삼중체 행성을 발견했다(Altissimum planetam tergeminum observavi)"라는 문장을 "smaismrmilmepoetaleumibunenugttaurias"로 뒤섞었다 (u와 v가 라틴어에서 동일한 문자임을 기억하라). 암호화된 발표는 루돌프 2세 궁정에서 케플러에게 전달됐고, 천문학자와 황제 모두 '암호를 이해하려 애쓰느라 미칠 것 같다'고 말했다 (Marcus and Findlen, "Deciphering Galileo," 965). 3개월 뒤 케플러는 그 문장을 '우박, 위성, 화성의 아이들(Salve umbistineum geminatum Martia proles)'로 해석했는데(ibid., 966), 이를 두고 화성에 위성 2개가 있다는 발표라고 믿었다. 실제로 화성의 위성은 1877년 천문학자 아사프 홀(Asaph Hall)이 발견했다(Bodifee, "La decouverte").

20 Joshua 10:13 (King James Version)

21 Quoted in Rosen, "Galileo and Kepler," 264.

22 Abbot, "Discovery of Galileo's Long-Lost Letter."

23 Wisan, "Galileo and God's Creation," 479.

24 D'Amico, *Giordano Bruno*, 385.

25 Quoted in Wisan, "Galileo and God's Creation," 482.

26 갈릴레오가 "그럼에도 지구는 돈다"라고 중얼거렸다는 유명한 일화는 전설로 간주된다. 그런데 갈릴레오가 재판을 받고 불과 13년 후 그려진 초상화에는 그 전설적인 문구가 명확하게 적혀 있다(Eve, "Galileo and Scientific History")

27 Gattei, *On the Life of Galileo*, 47

28 Newton, "Two Letters from Humphrey Newton." 아이작 뉴턴의 조수는 험프리 뉴턴(친척은 아님)으로, 그랜섬에 있는 같은 문법 학교 출신의 청년이었다(Westfall, *Never at Rest*, 343).

29 Macomber, "Glimpses of the Human Side," 304.

30 말년에 뉴턴은 최소 네 명에게 사과에 대한 이야기를 들려줬다. 다음은 뉴턴의 이복 조카인 리처드 컨두잇(Richard Conduitt)이 1727~1728년에 뉴턴의 삶을 작성한 기록에서 언급된 버전이다(Westfall, *Never at Rest*, 154).

31 Westfall, *Never at Rest*, 403.

32 Westfall, *Never at Rest*, 405.

33 Westfall, *Never at Rest*, 406.

34 Westfall, *Never at Rest*, 460.

35 Byron, *Lord Byron*, Canto 10.

36 Newton, "Two Letters from Humphrey Newton," 1.

37 Quoted in Westfall, *Never at Rest*, 470.

38 Quoted in Westfall, *Never at Rest*, 473.

39 Seneca, *Naturales quæstiones*, 7, XXVII, 2.

40 Quoted in Broughton, "The First Predicted Return," 125.

41 Seneca, *Naturales quæstiones*, 7, XXVI, 1.

42 Letter from Tommaso Campanella to Galileo Galilei, August 5, 1632; quoted in Lipking, *What Galileo Saw*, 11. The Italian original can be found at Archivio Tommaso Campanella, letter N. 92, https://www.iliesi.cnr.it/ATC/testi.php?tp=1&iop=Lettere&pg=92 (accessed April 23 2023).

43 Galilei, *The Sidereal Messenger*, 42-43.

44 Descartes, *The World*, chap. 6, para. 26.

45 Hoskin, *The Cambridge Illustrated History*, 211

46 Quoted in Hoskin, "Newton, Providence," 82-84.

47 Wright, *An Original Theory*, 76.

48 Herschel, "Address Delivered," 453.

49 Bessel, "A Letter from Prof. Bessel," 71.

50 Hafez, "Abd Al-Rahman Al-Ṣūfi," 351.

51 Quoted in Editors of Encyclopedia Britannica, "Simon Marius."

52 Quoted in Sobel, *The Glass Universe*, 13.

53 Leavitt, "1777 Variables," 107.

54 후자의 이론을 지지하는 사람들 중에는 새로 임명된 하버드 천문대 소장 할로 섀플리도 있었다. 그는 아이러니하게도 레빗의 법칙을 교정한 인물이었다. 허블이 최종 발견을 자랑스럽게 알리는 편지를 보냈을 때(이 편지는 "섀플리에게, 내가 안드로메다 성운에서 세페이드 변광성을 발견했다는 소식을 들으면 흥미로울 것입니다"라고 시작한다), 케임브리지 출신으로서 레빗의 오래된 책상을 물려받은 세실리아 페인(Cecilia Payne)은 섀플리의 반응을 목격했다. 섀플리는 "여기 내 우주를 파괴한 편지가 있다"라고 선언했다(Sobel, The Glass Universe, 204).

55 Quoted in Hoskin, "Newton, Providence," 96.

56 Newton, *Principia*, quoted in Snobelen, "The Myth of the Clockwork Universe," 160.

57 Quoted in Snobelen, "The Myth of the Clockwork Universe," 165.

58 Galileo's letter to G. Gallanzoni of July 16, 1611, quoted in Olschki, "Galileo's Philosophy," 354.

59 Quoted in Lubbock, *The Herschel Chronicle*, 310-311.

60 라플라스의 결론은 실제로 정확하지 않다고 밝혀졌다. 푸앵카레는 19세기 말 초기 조건의 작은 차이가 특정 물리 체계(대표적으로 태양계)에 극적으로 다른 결과를 초래할 수 있다는 '동적 혼돈' 개념을 도입했다. 확률 섭동은 시간이 흐를수록 증폭한다.

61 Kornei, "How Many of the Moon's Craters."

8. 악마가 풀려나다

라플라스의 악마(그외 다양한 유형)에 관해서는 다음 문헌을 참조하라. Canales, *Bedeviled*. 배비지의 인물상에 관해서는 다음 문헌에 설명됐다. Snyder, *The Philosophical Breakfast Club*; Swade, *The Difference Engine*. 배비지가 성공했다면 빅토리아 시대가 어떻게 바뀌었을지에 대해서는 다음 문헌을 참조하라. the counterfactual novel by Gibson and Sterling, *The Difference Engine*. 라플라스의 모습에 관해서는 Gillispie, *Pierre-Simon Laplace*, 라플라스가 통계학에 남긴 업적에 관해서는 Stiegler, *The History of Statistics*.를 참조하라. 우주의 기계론적 개념과 지질학 및 다윈 진화론과의 연관성은 다음 문헌에 설명됐다. Eiseley, *The Firmament of Time*.

1 Quoted in Newcomb, *Navaho Folk Tales*, 83.

2 For in-depth research about the origin of the phrase, see "Lies, Damned Lies and Statistics."

3 Laplace, *A Philosophical Essay*, 2.

4 Quoted in Burton, *The History of Mathematics*, 433

5 Lovering, "The Méchanique Céleste," 186.

6 Quoted in Simmons, *Calculus Gems*, 161.

7 Quoted in Hoskin, *The Cambridge Illustrated History*, 187.

8 Quoted in Foderà Serio, Manara, and Sicoli, "Giuseppe Piazzi," 21.

9 Quoted in Foderà Serio, Manara, and Sicoli, "Giuseppe Piazzi," 20-21.

10 Teets and Whitehead, "The Discovery of Ceres," 84.

11 Quoted in Dunnington, *Carl Friedrich Gauss*, 44.

12 Stigler, *The History of Statistics*, 158.

13 Jahoda, "Quetelet and the Emergence," 1.

14 디킨스가 잡지 〈Household Works〉에 기고한 글은 다음과 같다. Porter, "From Quetelet to Maxwell," 354.

15 Quoted in Stigler, *The History of Statistics*, 171.

16 Quoted in Jahoda, "Quetelet and the Emergence," 3.

17 Quoted in Jahoda, "Quetelet and the Emergence," 3.

18 Laplace, *A Philosophical Essay*, 4.

19 Fourier, *Oeuvres de Fourier*, Discours préliminaire, XIV.

20 Locke, *The Conduct*, 7-8.

21 Quoted in Burton, *The History of Mathematics*, 311.

22 Lardner, "Babbage's Calculating Engine," 274.

23 Quoted in Swade, *The Difference Engine*, 13.

24 Babbage, *Passages from the Life*, 42.

25 Babbage, *Passages from the Life*, 34.

26 "Fellows Deceased: Charles Babbage," 107.

27 Dreyer, *History*, 6.

28 Quoted in Buxton and Hyman, *Memoir of the Life*, 46. 배비지는 1839년 11월에 이렇게 회상했지만, 초기 버전의 이야기에서는 허셜이 기계적 해결책을 제안했는지 확신할 수 없다. 이에 관한 자세한 내용은 다음 문헌을 참조하라. Collier, "The Little Engines," chap. 2.

29 Quoted in Snyder, *The Philosophical Breakfast Club*, 92.

30 Quoted in Wilkes, "Herschel, Peacock," note 29.

31 Quoted in Schaffer, "Babbage's Intelligence," 207.

32 Swade, *The Difference Engine*.

33 1834년 휴얼은 다음과 같은 글을 썼다. "이 신사들(영국 과학진흥협회 회원들)에게는 자기 자신을 설명할 수 있는 일반 용어가 없었다. 철학자는 너무 광범위하며 고상하게 느껴졌고 사반(savan, 박식가)은 영어가 아닌 프랑스어라는 점에서 주제넘게 느껴졌다. 어떤 기발한 신사는 예술가와 유사하게 과학자(scientist)가 될 수 있다고 제안했지만, 일반적인 입맛에 맞지 않았다."(Whewell, "On the Connexion," 59). 그런데 '기발한 신사'는 휴얼이었다. 시인이자 철학자인 새뮤얼 콜리지(Samuel Coleridge)가 '행운의 실험을 한 모든 사람에게 철학자라는 이름을 붙이는 것'에 당혹감을 표출하자, 휴얼은 '과학자'라는 호칭으로 정했다(Schaffer, "Scientific Discoveries," 409-410). 1661년 '사이언트맨(Scientman)'도 제안됐지만 받아들여지지 않았다. 배비지의 파티에 관해서는 다음 문헌을 참조하라. Ticknor, *Life, Letters*, 144; Schweber, "The Origin," 286; Somerville, *Personal Recollections*, 140; Goldman, *Victorians and Numbers*, 45.

34 1837년 3월 14일부터 1840년 5월 26일까지 다윈이 배비지에게 보낸 편지는 7통 남아 있으며, 다윈은 유감을 표하거나("I am very much obliged for your kind invitation for tomorrow evening, and whether for beauty or for shells, I should have had great pleasure in accepting if I had not happened to be engaged." "Letter no. 349," Darwin Correspondence Project, accessed on February 8, 2023, https://www.darwinproject.ac.uk/letter/?docId=letters/DCP-LETT-349.xml) 손님 동반을 허락해달라고 요청한다("My sister is at present staying with us, will you be so kind as to allow me to bring her to your party on Saturday, that she may see the World." "Letter no. 479," Darwin Correspondence Project, accessed on February 8, 2023, https://www.darwinproject.ac.uk/letter/?docId=letters/DCP-LETT-479.xml).

35 Babbage, *The Ninth Bridgewater Treatise*, 44-46

36 Darwin, *Charles Darwin's Notebooks*, Red Notebook, 127-130. 이 노트에는 날짜가 기입되지 않았지만, 1837년 3월 중순 무렵 작성됐을 가능성이 높다(Darwin, *Charles Darwin's Notebooks*, introduction, 18). 그의 서신(Darwin, "To Caroline Darwin, 27 February 1837")에 따르면 다윈은 1837년 3월 4일 배비지의 파티에 처음으로 참석했다.

37 "Charles Babbage," 28.

38 Snyder, *The Philosophical Breakfast Club*, 354.

39 Quoted in Woodhouse, "Eugenics," 129.

40 "Documenting the Numbers of Victims."

41 Quoted in Canales, "Exit the Frog," 178.

42 Quoted in Mollon and Perkins, "Errors of Judgement," 102

43 Canales, "Exit the Frog," 181-186.

44 Quoted in Mumford, *Technics and Civilization*, 146.

45 Poincaré, *The Value of Science*, 88.

46 Quoted in McPhee, *Annals*, 73.

47 지구의 지질과 생태를 형성하는 과정에 소행성이나 혜성 충돌 등 재앙적 사건이 미치는 영향은 최근 외계 천체와의 주요 충돌 빈도에 비추어 재평가되고 있다(Sweatman, "The Younger Dryas Impact Hypothesis").

48 Herschel to Lyell, February 20, 1836, quoted in note 5 in Darwin, "To Caroline Darwin."

49 Darwin, "To Caroline Darwin."

50 Darwin, "To W. D. Fox."

51 Joly, *The Birth-Time of the World*, 3

52 Quoted in Becker, "Halley on the Age of the Ocean," 461.

53 Stacey, "Kelvin's Age of the Earth"; Lord Kelvin quoted in Darwin, "Radio-Activity and the Age of the Sun," 496.

54 Darwin, "Radio-Activity and the Age of the Sun."

55 Galilei, *The Assayer*, 238.

56 Quoted in Rosenthal-Schneider, Braun, and Miller, *Reality and Scientific Truth*, 74.

57 Dirac, "Quantised Singularities," 60.

58 Wigner, "The Unreasonable Effectiveness."

59 Anderson, "The End of Theory."

60 Poincaré, *The Value of Science*, 84.

9. 우리 자신을 비추는 거울

점성술의 역사에 관해서는 다음 문헌을 참조하라. Campion, *A History of Western Astrology*. 태양 관련 신화는 다음 문헌에 설명됐다. Frazer, *The Worship of Nature*; in connection to the Moon, see Cashford, *The Moon*. 로마의 미트라 숭배는 다음 문헌을 참조하라. Adrych et al., "Reconstructions."

1 Frazer, *The Worship of Nature*, 465ff.

2 Frazer, *The Worship of Nature*, 491. For the etymology, see Curtius and Windisch, Grundzüge, 399-400.

3 St. Augustine, "Sermon 190," 24.

4 Barnes, "The First Christmas Tree."

5 Berger, *Palace of the Sun*, 2-3.

6   Jung, "The Archetypes," paragraph 87.

7   Quoted in Hirsch, "Coming Out into the Light," 13.

8   Quoted in Cashford, *The Moon*, 65.

9   Quoted in Cashford, *The Moon*, 65.

10 Gospel of Matthew 12:40 (King James Version).

11 Frazer, *The Worship of Nature*, 561.

12 Anaxagoras, fragment 18.

13 Quoted in Cashford, *The Moon*, 179.

14 Revelation 12:1 (King James Version).

15 Jung, "The Archetypes," paragraph 6.

16 Cashford, *The Moon*, 67.

17 Quoted in Cashford, *The Moon*, 158.

18 Emerson, *Nature*, 9-10.

19 Jung, *Jung on Astrology*, 23-24.

20 Ripat, "Expelling Misconceptions," 117n9.

21 Campion, *Astrology and Cosmology*, 95.

22 Tacitus, *Historiæ*, I, 22.

23 Walker, *Spiritual and Demonic Magic*, 206-208.

24 Quoted in Kollerstrom, "Galileo's Astrology," 427. The Latin original can be found in Galilei, "Astrologica Nonnulla," 119-120. See also Favaro, "Galileo, Astrologer."

25 Campion, *Astrology and Cosmology*, 169.

26 As related by Conduitt, cited in Whiteside, "Isaac Newton," 58.

27 Related by Conduitt, in Whiteside, Hoskin, and Prag, *The Mathematical Papers*, 1:15-19.

28 Tacitus, *Historiæ*, I, 22.

29 Ciardi and Williams, *How Does a Poem Mean?*, 9.

30 Quoted in Copeland, "Sources of the Seven-Day Week," 175.

31 Quoted in Lista, *La stella d'Italia*, 42-43.

32 Mendelson, "Baedeker's Universe."

33 *Handbook for Visitors to Paris*, 37.

34 명예의 거리가 유래한 기원은 신화 속에 묻혀 있다. 잡지 〈로스앤젤레스〉(Rozbrook, "The Real Mr. Hollywood," 19-20)는 1953년 할리우드 사업가이자 극장 매니저인 해리 슈가먼(Harry Sugarman)이 자신의 술집 가운데 한 곳의 음료 메뉴에서 영감을 받아 황금별 액자에 담긴 유명인의 초상화를 만들었다고 주장한다. 현재까지 헌정된 별 개수는 2,700개로, 이는 매우 어두운 하늘에서 볼 수 있는 실제 별의 수와 거의 같으며 빛 공해가 심한 로스앤젤레스에서 실제로 볼 수 있는 별보다는 훨씬 많다.

35 "Early New York City Police 'Badges.'"

10. 별을 다시 바라볼 시간

1 Rilke, *Duino Elegies*, Elegy 1.

2 Schechner, *Comets*,151-152.

3 "Double Negative. 1969."

4 Gillieron, "La Tour Eiffel de l'espace."

5 Notarbartolo, "Some Proposals for Art Objects," 140.

6 O'Connor, "Apollo 17 Coverage."

7 Tuckner, "One Man's Mission."

8 Brown, "Pi in the Sky."

9 Cohen, Villes éteintes.

10 아폴로 11~17호 승무원들이 달 탐사선 외부에서 활동한 시간은 총 80시간 32분이었다("Extravehicular Activity").

11 Lawrence, *Losing the Sky*.

12 Rawls et al., "Satellite Constellation."

13 Lawrence et al., "The Case for Space Environmentalism," 5; McDowell, "The Low Earth Orbit."

14 천문학자의 우려에 대응해 스페이스X는 반사를 최소화하도록 위성의 태양 전지판 방향을 변경하고, 눈부심을 줄이기 위해 새로운 태양 전지판에 가림막을 추가했다. 이는 부분적으로만 성공했다(Mallama, "The Brightness of VisorSat-Design"; Horiuchi et al., "Multicolor and Multi-spot Observations").

15 The JWST, orbiting as it does 1.5 million kilometers away, is mercifully being spared.

16 Venkatesan et al., "The Impact of Satellite Constellations," 1043.

17 Emerson, *Nature*, 9.

18 Turner, "Chinese Scientists."

19 Kessler and Cour-Palais, "Collision Frequency." 궤도 위성 4만 개의 충돌 빈도를 탐구한 최근 연구 모형에 따르면, 위성을 파괴하는 심각한 충돌의 횟수가 위성 보충 속도를 능가할 가능성이 높다 (Lawrence et al., "The Case for Space Environmentalism").

20 Mallick and Rajagopalan, "If Space Is 'the Province of Mankind,'" 7.

21 Roulette, "How Much Does a Ticket to Space on New Shepard Cost?"

22 Shatner, "William Shatner."

23 Yaden et al., "The Overview Effect."

24 Quoted in Weibel, "The Overview Effect," 11.

25 Worden, *Hello Earth*, 27-30.

26 Quoted in Homans, "The Lives They Lived."

27 Quoted in Weibel, "The Overview Effect," 20.

28 Sanders et al., "A Meta-analysis of Biological Impacts."

29 Van Doren et al., "High-Intensity Urban Light Installation."

30 Berry, Booth, and Limpus, "Artificial Lighting and Disrupted SeaFinding Behaviour."

31 Knop et al., "Artificial Light at Night."

32 Quoted in Lister, "Seeing the Northern Lights."

33 Darwin, *The Autobiography*, 139.

34 McPhee, *Annals*, 89.

35 Einstein, "The 1932 Disarmament Conference."

36 Powers, *The Overstory*, 482.

37 Harvey, "UN Says."

38 Carrington, "Flying Insect Numbers."

39 Bodio, "A Feathered Tempest."

40 Eiseley, *The Firmament of Time*, 203.

41 "About Blue Origin."

42 Heath, "How Elon Musk."

43 Sagan, *Pale Blue Dot*, 312. '장기주의(longtermism)'를 옹호하는 사람들은 인간 존재의 가장 높은 목적이 은하를 식민지화하고 생물학적 방법, 인공두뇌학적 방법, 컴퓨터 시뮬레이션 등으로 가능한 한 많은 지각이 있는 존재에게 '순 긍정적인 삶'을 제공하는 것이라 생각한다. 장기주의자는 인류의 '잠재력'을 충족시킨다는 목표를 달성하기 위해 단기적 인간 고통(수천 년간 지속)과 전체 생태계 파괴조차 지불할 가치가 있다고 주장한다. 우주 확장주의와 전능하고 자비로운 초지능의 창조가 이들 계획의 중심이다(Torres, "Against Longtermism").

44 이론물리학자들은 빛의 속도 장벽을 우회하기 위한 추측성 아이디어를 제시했다. 이를테면 가상의 우주선을 중심으로 시공간을 왜곡해 빛보다 빠른 이동을 달성한다는 소위 알큐비에레 드라이브(Alcubierre drive) 같은 아이디어다(Alcubierre, "Letter to the Editor"; Van Den Broek, "A 'Warp Drive'"). 스타 트렉에서 영감을 받은 알큐비에레 드라이브는 반경 100미터 규모로 시공간을 왜곡하려면 태양 질량과 같은 규모의 '음의 에너지'가 필요하며, 엔터프라이즈호에 있는 가상의 딜리튬 원자로만큼이나 환상적이다(Sternbach and Okuda, *Star Trek: The Next Generation*).

45 기술 낙관주의자들은 쉽게 낙담하지 않으며, 전체 생물권을 재설계해 화성을 살기 좋은 곳으로 만든다는 테라포밍 판타지(terraforming fantasy)로 반박한다. 하지만 이는 환상에 불과하다.

46 Mumford, *The Myth of the Machine*, 11-12.

47 Osnos, "Doomsday Prep."

48 Salk, "Are We Being Good Ancestors?"; "Could You Patent the Sun?"

49 Shakespeare, *Julius Caesar*, act 1, scene 2.

50 Eiseley, *The Immense Journey*, 10.

에필로그

1 보이저호의 골든 레코드 제작 과정에 대해서는 다음 문헌을 참조하라. Sagan, *Murmurs of the Earth*. 골든 레코드의 일부 내용은 goldenrecord.org.에서 확인할 수 있다.

2 Carter, "Voyager Spacecraft Statement."

옮긴이 **김주희**

서강대학교 화학과와 동 대학원 석사 과정을 졸업하고 SK이노베이션에서 근무했다. 글밥아카데미 수료 뒤 바른번역 소속 번역가로 활동하고 있으며, 옮긴 책으로《블루 머신》,《자연은 언제나 인간을 앞선다》,《천문학 이야기》,《양자역학 이야기》 등 다수가 있다.

우리는 별에서 시작되었다

초판 1쇄 인쇄 2025년 2월 28일 | 초판 1쇄 발행 2025년 3월 13일

지은이 로베르토 트로타 | 옮긴이 김주희 | 감수 지웅배

펴낸이 신광수
출판사업본부장 강윤구 | 출판개발실장 위귀영
단행본팀 김혜연, 조기준, 조문채, 정혜리
출판디자인팀 최진아, 김가민 | 저작권 김마이, 이아람
출판사업팀 이용복, 민현기, 우광일, 김선영, 이강원, 신지애, 허성배, 정유, 정슬기, 정재욱, 박세화, 김종민, 정영묵, 전지현
출판지원파트 이형배, 이주연, 이우성, 전효정, 장현우

펴낸곳 (주)미래엔 | 등록 1950년 11월 1일(제16-67호)
주소 06532 서울시 서초구 신반포로 321
미래엔 고객센터 1800-8890
팩스 (02)541-8249 | 이메일 bookfolio@mirae-n.com
홈페이지 www.mirae-n.com

ISBN 979-11-7347-383-8 (03400)